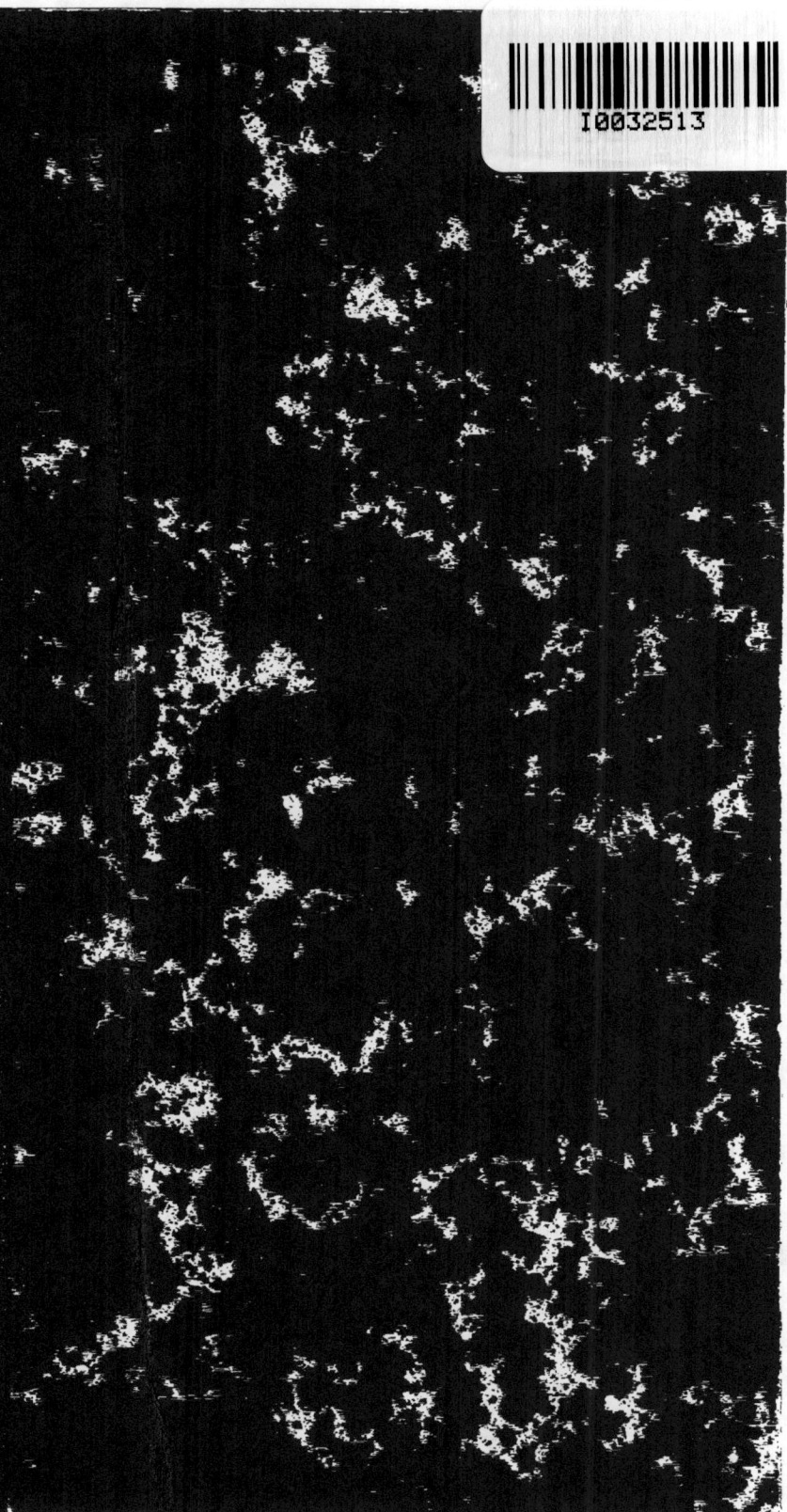

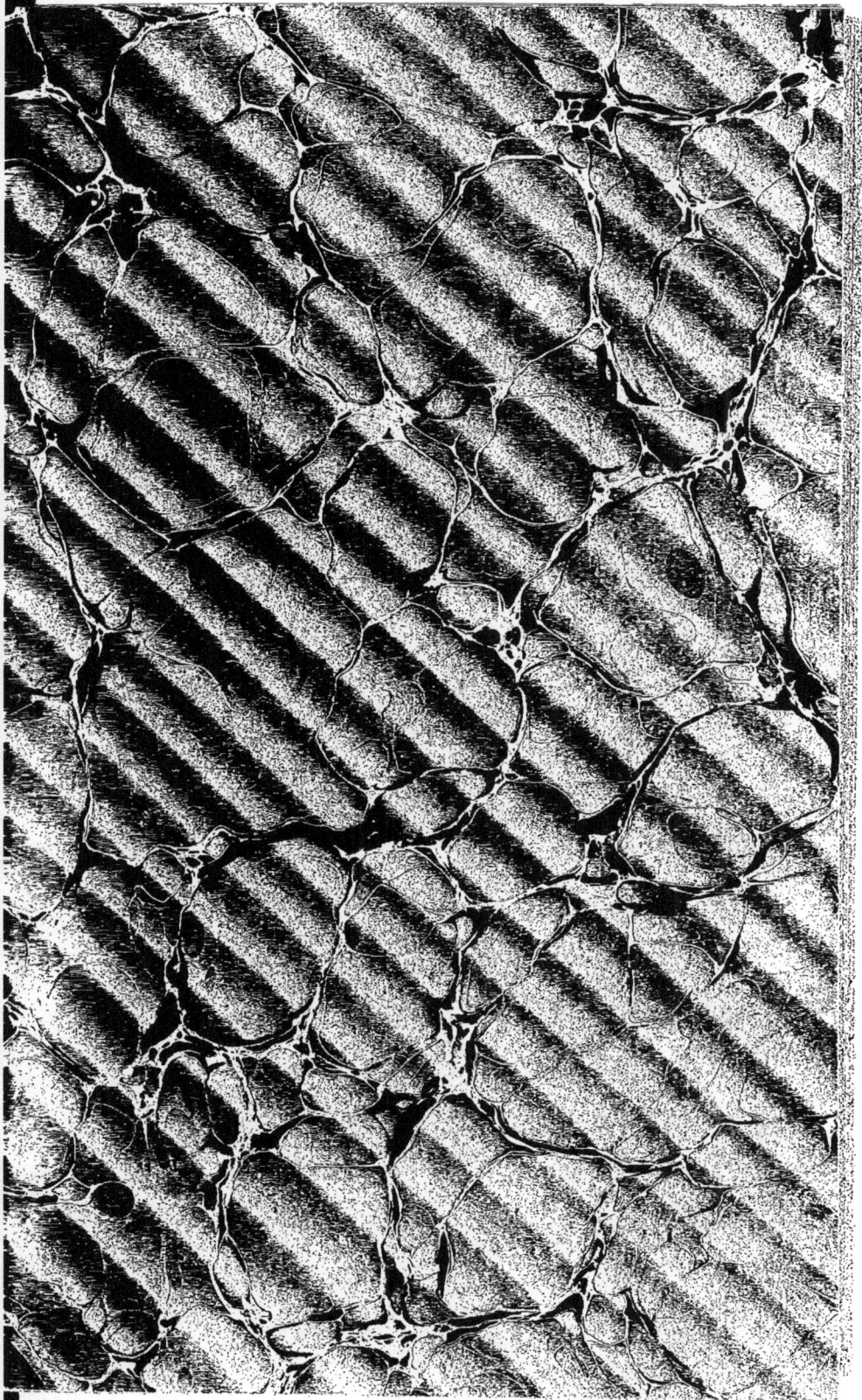

28173

LES CONGRÈS

DE

VIGNERONS

FRANÇAIS

ANGERS, IMPRIMERIE DE COSNIER ET LACHÈSE

C.

LES CONGRÈS

DE

VIGNERONS

FRANÇAIS

PAR

M. GUILLORY AINÉ

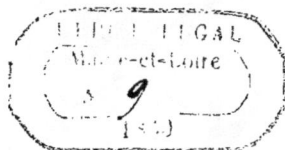

Chevalier de la Légion-d'Honneur, président de la Société industrielle d'Angers, correspondant de la Société impériale et centrale d'agriculture; des Académies des géorgiphiles de Florence, agraire de Turin, Stanislas de Nancy, des sciences de Dijon et de Rheims; des Sociétés des sciences de Mons, d'agriculture de Genève, Carlsruhe, Chambéry, Lyon, Rouen, Caen, Dijon, Montpellier, Nîmes, Tours, Le Mans, Moulins, Saint-Étienne, Évreux, Grenoble, La Rochelle; des Sociétés Linnéennes de Bordeaux, Lyon; de celles industrielles de Mulhouse, de Laval d'émulation de Liége, d'Abbeville; des Sociétés d'horticulture de Mayence, de Lyon; membre honoraire de la Société de statistique de Marseille, etc.
Membre de l'Institut des Provinces, de la Société Linnéenne et du Comice horticole d'Angers.

FONDATEUR DES CONGRÈS DE VIGNERONS FRANÇAIS

PARIS

LIBRAIRIE AGRICOLE DE LA MAISON RUSTIQUE

26, RUE JACOB, 26

1860

INTRODUCTION.

PROPOSITION D'INSTITUER EN FRANCE

LES CONGRÈS DE VIGNERONS

faite à la Société industrielle d'Angers et du département
de Maine et Loire, dans sa séance du 2 février 1842,

PAR SON PRÉSIDENT.

———✦———

L'industrieuse Allemagne, qui elle aussi cherche à
nous devancer dans la voie des progrès sur toutes les
branches de l'économie rurale, nous donne depuis plusieurs années un bel et utile exemple à suivre : nous
voulons parler des congrès de vignerons, congrès
passés presqu'inaperçus pour nous et qui cependant ont
exercé une féconde influence chez nos persévérants
voisins.

Une Société d'hommes expérimentés dans l'agriculture
et surtout dans la culture des vignes s'est formée pour
contribuer à perfectionner cette industrie agricole. On y
est convenu de se réunir chaque année pour se communiquer réciproquement le résultat de ses expériences, et

1

d'appeler à ces assemblées tous les vignerons de l'Allemagne, pour rendre ces réunions plus générales. Chaque année ces sessions se tiennent dans une cité différente, afin de les faciliter et de les rendre plus utiles. C'est ainsi qu'en 1839 le premier de ces congrès de vignerons a eu lieu à *Heidelberg*, dans le grand-duché de Bade, qui a probablement dû cette faveur à sa position au milieu des beaux et riche vignobles de Tretzingen, de Berghausen, de Sellingen, de Mersebourg et d'Uberlinger. Peut-être aussi cette préférence a-t-elle été en partie déterminée par la renommée du fameux tonneau d'Heidelberg entouré de cercles en cuivre et contenant 2192 hectolitres d'un vin de cent vingt ans. On sait que la réputation de ce tonneau et du vin qu'il renferme est européenne, depuis qu'il a été célébré par les poètes et les romanciers allemands du commencement de ce siècle.

En 1840, Mayence, place importante du grand-duché de Hesse-Darmstadt, a été le siége du deuxième Congrès de vignerons allemands. Centre de grandes exportations de vins pour l'Angleterre, la Hollande, le Danemarck, la Suède, la Russie et pour tous les états de l'Allemagne, Mayence, dont les environs font des vins estimés par leur parfum, leur délicatesse et un goût fort agréable, avait plus d'un titre à cette faveur.

Wurtzbourg, en Bavière, a reçu en 1841 le troisième congrès des vignerons allemands. Son territoire, l'un des plus fertiles de l'Allemagne, fournit au commerce une grande quantité de bons vins, dont quelques-uns sont rangés parmi les plus estimés de la Confédération germanique.

L'association des congrès de vignerons qui, comme l'association douanière, tend chez nos voisins à augmenter la richesse de tous les peuples qui y prennent part, nous fournit aussi un bel exemple de patriotisme.

Ces assemblées représentent une véritable république technique dans laquelle se trouvent réunis amateurs, agriculteurs et simples vignerons. Ces derniers surtout ont trouvé dans cette association des éléments d'émulation et des moyens d'expérience qui leur manquaient par l'isolement antérieur. Des progrès notables viennent déjà constater ces faits. L'on est parti du même principe dans l'admission des grands propriétaires à côté des vignerons et des négociants en vins. Ceux-ci surtout ont donné aux premiers des enseignements fort utiles.

Il nous est bien agréable, Messieurs, de pouvoir payer ici notre tribut de reconnaissance aux deux hommes honorables dont les bienveillantes communications nous ont fait comprendre en même temps que les détails d'exécution, toute la portée des congrès de vignerons allemands. Par une aimable prévenance, M. Engelhand, consul de France à Mayence et M. Humann, négociant en vins, président de la Société mayençaise, ont été au devant de tous les éclaircissements que nous pouvions désirer.

Deux journaux de la capitale, le *Globe* et le *Journal d'Agriculture pratique*, en rendant compte, il y a quelques mois seulement, du *deuxième congrès des vignerons allemands*, qui avait eu lieu à Mayence en 1840, contenaient les réflexions suivantes: « S'il est une industrie à la prospérité de laquelle doivent s'intéresser le Gouvernement et la nation, et dont l'état de souffrance doive profondément les émouvoir l'un et l'autre, c'est sans contredit l'industrie vinicole..... »

« Les coteaux de la Champagne, de la Bourgogne, de la Gascogne, de la Guyenne, du Languedoc, de la Provence, du Roussillon, de l'Orléanais, de l'Aunis, de la Saintonge et de la Corse sont couverts d'une multitude de ceps dont la nomenclature bizarre est en même temps un véritable chaos. Non-seulement on est bien loin de connaître toutes les espèces et toutes les variétés qui se cultivent sur les divers points de la France, mais on ignore même les modifications que la même espèce subit, selon qu'on la cultive en Bourgogne ou en Languedoc, en Provence ou en Champagne, dans le Nord ou dans le Midi. Telles espèces qui, depuis des siècles, ne produisent que du vin médiocre, en produiraient d'excellent, transportées dans une localité différente; d'autres, dont la culture s'est répandue successivement dans plusieurs provinces, dans plusieurs contrées, portent dans chacune d'elles un nom particulier. Comment se reconnaître au milieu de cette confusion? Le progrès est-il possible là où règne l'anarchie? On ne doit pas espérer de parvenir à améliorer les espèces de ceps par la transplantation ou le mélange des terres, tant qu'on n'en connaîtra pas la nature et l'origine, tant qu'on ne pourra pas examiner comparativement les raisins qui produisent au moins nos vins les plus renommés. »

« Ne doit-on pas attribuer en partie la diminution annuelle de notre exportation à ce que l'étranger, en travaillant chez lui à l'amélioration de la culture de la vigne, est parvenu à force d'art à triompher des obstacles du climat, et à obtenir des vins qui remplacent avantageusement les nôtres? Si chez nous-mêmes la consommation du vin diminue d'année en année, n'est-ce pas surtout parce qu'une grande partie des consommateurs sont mal servis? Pour que la consommation augmente à l'intérieur, pour que nos vins puissent soutenir la concurrence sur les marchés étrangers, trois conditions sont indispensables : améliorer la qualité, produire plus et livrer à plus bas prix. Et on peut le faire. La France ne se connaît pas encore, a-t-on dit souvent; cela est vrai surtout de la France vinicole. Cependant il est temps qu'elle se mette à étudier ses ressources, afin d'apprendre à en tirer parti. »

« Les vignerons allemands qui se sont réunis en congrès à *Mayence* étaient au nombre de trois cents. Les deux Hesse, la Vétaravie, le Palatinat, le grand-duché de Bade, le Wurtemberg, la Bavière, le Nassau, la Prusse rhénane y avaient envoyé leurs cultivateurs les plus distingués. De ceux qui s'étaient trouvés dans l'impossibilité de venir, on avait reçu des mémoires, des dissertations et des lettres plus ou moins volumineuses. Toute la portion éclairée de la population mayençaise, et cette portion est considérable, se fit un devoir d'assister aux séances. On avait rassemblé là une grande quantité d'espèces et variétés de raisins de tous les côteaux de l'Allemagne, ainsi que des échantillons de quatre-vingt-sept sortes de vins. C'était une intéressante exposition, et il serait à souhaiter que chez nous on en fît de ce genre, dans notre riche et beau pays de France, où chaque province donne son nom à quelque produit remarquable : quel spectacle à la fois curieux et instructif ce serait là? Qu'elle fasse donc pour l'œnologie ce qu'elle a fait pour l'industrie manufacturière et pour les arts; qu'elle lui ouvre, comme l'Allemagne, des salles où elle puisse étaler ses richesses, et qu'en même temps elle convie, comme elle, à des congrès, l'élite de ses cultivateurs. »

« Il est à désirer qu'on fasse en France ce qui se fait en Allemagne, que chaque année nos vignerons se réunissent en congrès, tantôt dans une ville, tantôt dans une

autre, à Lyon, à Bordeaux, à Metz, à Dijon, à Angers,
partout enfin où l'on cultive la vigne, et que dans ce congrès chaque département soit représenté par des échantillons de ses divers produits vinicoles. Nous aimons à
croire que nos vignerons sont aussi amis de la science et
du progrès que leurs confrères d'outre-Rhin, et qu'ils se
décideraient sans peine à imiter leur exemple. D'ailleurs
la force même des choses doit les amener à prendre ce
parti, et le plus tôt sera le mieux. »

« Nos voisins propagent et améliorent la culture de la
vigne, multiplient les relations entre les producteurs par
des réunions annuelles où ils peuvent comparer ensemble
les produits des diverses contrées de l'Allemagne. Il est
temps que nous les imitions en cela comme en beaucoup
d'autres choses ; profitons de la paix pour introduire chez
nous le plus d'améliorations possible, et songeons que la
culture du sol est de toutes nos industries celle qui en a
le plus besoin. »

Voilà, mes chers collègues, une belle, une noble tâche
à remplir. Pourquoi la Société industrielle ne l'essaierait-
elle pas ? Pourquoi ne serions-nous pas les importateurs
en France des *congrès de vignerons*, comme nous y
avons été les fondateurs des *comices* vinicoles ? Si la
France s'est empressée d'emprunter à l'Angleterre, sa ri-
vale, les congrès scientifiques, pourquoi ne s'enrichirait-
elle pas aussi par l'emprunt d'une institution non moins
heureuse, due à nos voisins de l'Allemagne ? Mettons-
nous hardiment à l'œuvre et nos efforts, nous en avons la
conviction, seront couronnés de succès. Dans cette industrie vinicole, notre Société possède assez d'hommes de
science, d'expérience et de dévouement pour nous assurer
la réussite. Mettons-nous à l'œuvre et l'année 1842 sera

encore marquée dans les fastes de la Société industrielle par un immense service rendu au pays !

Ayez-en la ferme volonté, et vous aurez à Angers l'avantage de recevoir le premier Congrès de vignerons français à l'automne prochain !

Vous savez, mes chers collègues, ce qu'a déjà obtenu de son persévérant dévoûment au progrès de son pays l'un de nos plus honorables confrères, M. de Caumont, en introduisant en France les congrès scientifiques et les réunions archéologiques ; apportons à l'œuvre philanthropique dont nous vous parlons le même esprit, nous aurons doté notre belle patrie d'une institution nouvelle.

(Extrait du discours prononcé à la Société industrielle d'Angers, dans sa séance du 11 février 1842).

Décision de la Société industrielle, pour qu'un Congrès de vignerons ait lieu à Angers au mois de septembre 1842.

Il y aura à Angers, au mois de septembre prochain, un congrès de vignerons ; pendant sa durée, qui sera de trois à cinq jours, on formera une exposition de vignes, raisins et vins ; un appel sera fait par l'intermédiaire des Sociétés et des journaux œnologues de tous les départements où l'on cultive la vigne en grand ; cet appel sera même étendu à l'Allemagne, à la Suisse, à l'Italie et à l'Espagne ; une Commission spéciale composée de cinq membres, sera formée dans le sein de la Société, avec mission de préparer et organiser le Congrès de vignerons, et d'en provoquer la réussite par tous les moyens en son pouvoir.

Font partie de cette Commission, MM. Frédéric Gaultier, Oscar Leclerc-Thouin, André Leroy, Charles Persac, Vibert et Sébille–Auger.

(Extrait du procès-verbal de la séance du 11 février 1842).

———————

Proposition relative à la réunion dans le Congrès de vignerons, des producteurs de cidre, faite à la Société industrielle, dans sa séance du 6 juin 1842, par son président.

« Messieurs,

» La position topographique de la ville d'Angers qui se trouve pour ainsi dire sur la ligne de démarcation des contrées vinicoles, d'une part, et de celles qui produisent du cidre, de l'autre, nous a suggéré la pensée de vous proposer de réunir dans le Congrès dont vous avez déjà arrêté l'organisation pour le mois de septembre prochain, aux vignerons et aux œnologues, les œnomélologues, c'est-à-dire les *personnes qui cultivent la science du vin de pommes*

» En effet, si la culture des arbres à fruits à cidre est pour une partie des départements qui nous avoisinent ce que l'industrie de la vigne est pour la majeure partie des départements de l'Ouest, du Sud et de l'Est de la France, ne devons-nous pas également porter notre sollicitude vers une branche de l'économie rurale dont les produits entrent pour une part si notable dans la boisson habituelle de près du quart des habitants de notre patrie ?

» Ainsi, dans cette réunion, si nous pouvons appeler l'attention des œnomélologues sur le choix et la bonne conduite des arbres à fruits et sur les améliorations dont la fabrication du cidre est susceptible, nous contribuerons aux progrès simultanés de deux bien importantes productions et à l'avancement dans notre pays de l'œnologie et de l'œnomélologie.

» Nous vous proposons donc, Messieurs, d'arrêter que le Congrès de septembre prochain, qui d'abord devait être spécialement consacré à la viticulture et à l'œnologie, le sera aussi à l'œnomélologie, et que, par conséquent, les producteurs de vin et de cidre seront appelés en même temps à concourir aux travaux de cette réunion. »

L'assemblée adopte cette proposition et nomme M. Oscar Leclerc – Thouin, secrétaire général de la première session du Congrès de vignerons et producteurs de cidre.

(Extrait du procès-verbal de la séance du 6 juin 1842).

Circulaire pour annoncer le premier Congrès de vignerons et de producteurs de cidre, à Angers (Maine et Loire). — Session de 1842.

La vigne est incontestablement un des végétaux les plus précieux pour la France. Ses produits, appropriés à notre climat mieux qu'à aucun autre du globe, fécondent les terrains les plus ingrats, enrichissent directement le trésor, et sont encore, au profit du sol natal, l'objet d'une importante exportation. Cependant l'industrie vinicole est en souffrance sur beaucoup de points; elle n'a presque nulle part atteint le degré de perfection dont elle est susceptible, et chaque jour, à force d'art, de nouveaux concurrents, profitant de notre inertie, menacent plus sérieusement notre commerce extérieur.

La Société industrielle s'est naturellement préoccupée

d'un tel état de choses. Elle fait aujourd'hui un appel à tous ceux qui ont un intérêt quelconque à le voir cesser.

Il est à désirer qu'on imite en France ce qui se fait en Allemagne, que chaque année nos vignerons se réunissent en Congrès, tantôt dans une ville, tantôt dans une autre, et que dans ce Congrès chaque département soit représenté par des échantillons de ses divers produits vinicoles.

Les côteaux de la Champagne, de la Bourgogne, de la Gascogne, de la Guyenne, du Languedoc, de la Provence, du Roussillon, de l'Anjou, de l'Orléanais, de l'Aunis, de la Saintonge et de la Corse sont couverts d'une multitude d'espèces de ceps dont la nomenclature bizarre est un véritable chaos. Non—seulement on est bien loin de connaître toutes les espèces et toutes les variétés qui se cultivent sur les divers points de la France, mais on ignore les modifications que la même espèce subit, selon qu'on la cultive en Bourgogne ou en Languedoc, en Provence ou en Champagne, dans le Nord ou dans le Midi. Telles races qui, depuis des siècles, ne produisent que du vin médiocre, en produiraient peut-être d'excellent, transportées dans une localité différente ; d'autres, dont la culture s'est répandue successivement dans plusieurs provinces, dans plusieurs contrées, portent dans chacune d'elles un nom particulier. Comment se reconnaître au milieu de cette confusion ? Le progrès est-il possible là où règne l'anarchie ? On ne doit pas espérer de parvenir à améliorer les espèces de ceps par la transplantation ou le mélange des terres, tant qu'on n'en connaîtra pas la nature et l'origine, tant qu'on ne pourra pas examiner comparativement les raisins qui produisent au moins nos vins les plus renommés.

Ce n'est pas à provoquer indiscrètement l'extension des vignobles français et l'augmentation de quantité des vins médiocres que doivent tendre les œnologues. Leurs intérêts sont en cela parfaitement d'accord avec les intérêts généraux de l'économie rurale ; mais nul doute qu'il ne soit d'un haut intérêt de chercher à simplifier chez nous, à perfectionner la viticulture et la fabrication du vin , de manière à abaisser le prix de revient, même sur les sols médiocres, tout en améliorant encore la qualité, et à soutenir ainsi en France, aussi bien que dans le reste du monde, une réputation de supériorité qui peut, mieux que tout le reste, assurer les débouchés qu'elle nous a jadis ouverts. Une telle entreprise s'adresse à tous les intérêts, sans en blesser aucun. Elle est à nos yeux éminemment nationale.

D'un autre côté, la production des cidres est pour une partie des départements qui avoisinent celui de Maine et Loire ce que la production du vin est aux autres. Un quart peut-être des habitants de la France en font leur boisson habituelle. La position topographique de la ville d'Angers, placée en quelque sorte sur les limites des deux cultures, était trop favorable à l'étude de cette branche importante pour que la Société industrielle n'accueillît pas avec empressement la pensée de s'en occuper et de faire marcher de front l'*œnologie* et l'*œnomélologie*.

Sur la proposition de son président, elle a donc décidé que tous les vignerons et les producteurs de cidre régnicoles seraient invités à se réunir, cette année même , à Angers, dans un premier Congrès, dont une commission serait chargée de préparer l'organisation.

En conséquence, le 11 février 1842, cette commission fut ainsi formée :

MM. Frédéric GAULTIER, auteur de plusieurs rapports sur
la vigne ;

Oscar LECLERC-THOUIN, membre des Sociétés royale
et centrale d'agriculture et d'horticulture de Paris,
professeur au Conservatoire d'arts et métiers, etc. ;

André LEROY, correspondant de la Société royale et
centrale d'agriculture de Paris, horticulteur-pépi-
niériste à Angers ;

Charles PERSAC, de Saumur, auteur de rapports sur
la culture de la vigne ;

SÉBILLE-AUGER, de Saumur, auteur de mémoires et
rapports sur la culture des vignes, la fabrication
et la conservation des vins et sur les pressoirs ;

VIBERT, membre de la Société royale d'horticulture
de Paris, auteur de plusieurs mémoires sur les
vignes.

Dans la même séance, la Société industrielle résolut
d'étendre son invitation aux œnologues de l'Allemagne,
de la Suisse, de l'Italie et de l'Espagne ; il fut également
arrêté que rien ne serait négligé de ce qui pourrait rendre
à ces étrangers le séjour d'Angers agréable, et leur prouver tout le prix qu'on attache à leur coopération.

**Programme arrêté par la commission d'organisation du
1ᵉʳ congrès de vignerons et de producteurs de cidre. —
Dispositions réglementaires.**

1° Le premier Congrès de vignerons et de producteurs
de cidre français s'ouvrira à Angers le 12 octobre prochain, à neuf heures précises du matin, dans l'une des
salles de l'hôtel de la Préfecture.

La souscription est fixée à 5 francs par chaque adhérent, qui devra les verser entre les mains du trésorier.

2° Appel spécial est fait à toutes les personnes qui portent intérêt au progrès de l'œnologie et de l'œnomélologie françaises, pour qu'elles veuillent bien s'associer aux travaux du Congrès. Les académies, sociétés d'agriculture et d'industrie sont invitées à lui communiquer la statistique de leurs travaux, en ce qui se rapporte à la spécialité et au but de cette réunion, et à s'y faire représenter par un ou plusieurs de leurs membres.

3° La durée de la réunion sera de cinq jours au moins.

4° Les travaux du Congrès seront répartis en quatre sections :

L'une relative aux travaux applicables aux vignobles ;

L'autre à la fabrication, l'amélioration et la conservation des vins ;

La troisième à la culture des pommiers et la fabrication des cidres ;

La quatrième à l'exposition des produits divers de ces deux cultures et de cette double industrie.

5° A l'ouverture de la première séance, et sous la direction du président de la Société industrielle, l'assemblée nommera le président et les deux vice-présidents du Congrès, ainsi que les deux secrétaires des séances, qui, avec le secrétaire-général et le trésorier, compléteront l'organisation définitive du bureau central.

6° Immédiatement après l'installation du Congrès, les sections procéderont elles-mêmes à leur organisation particulière, en choisissant chacune un président, un vice-président, un secrétaire et un vice-secrétaire. Elles fixeront ensuite le lieu et l'heure de leurs séances.

7° Cette opération s'exécutera sous la présidence de

fonctionnaires provisoirement délégués par le président du Congrès ; aussitôt qu'elle sera terminée, les sections feront connaître à l'assemblée générale le résultat de leur organisation particulière ; après quoi elles commenceront leurs travaux respectifs.

8° Les membres du Congrès, en se groupant en sections, devront nécessairement choisir celles qui se rattachent le plus directement à leurs études spéciales et à leurs travaux antérieurs. Néanmoins, ce choix une fois fait, chacun pourra assister aux réunions des autres sections, et prendre part à leurs travaux.

9° Toutes les communications faites au Congrès seront dépouillées par le bureau central, et renvoyées par lui aux sections respectives, immédiatement après leur organisation.

Celles-ci se subdiviseront en commissions pour examiner, s'il y a lieu, plusieurs questions simultanément.

10° Chaque section, après avoir entendu les rapports des commissions formées dans son sein, présentera l'ensemble de ses travaux. Ceux-ci seront lus et discutés en présence du plus grand nombre possible de membres du Congrès, et de tous ceux qui composent les bureaux des sections, en des réunions journalières fixées à des heures autres que celles des réunions générales ou des réunions de sections. Le président du Congrès réglera l'ordre des matières.

11° Les assemblées générales seront quotidiennes, et auront lieu à deux heures précises de l'après-midi, dans le local déjà indiqué. Au commencement de chaque séance, l'un des secrétaires du bureau lira le procès-verbal de la réunion de la veille ; les secrétaires des sections donneront aussi lecture des procès-verbaux des séances particulières tenues dans la matinée. L'assemblée entendra ensuite la lecture de mémoires, rapports et les communications verbales.

12° Nul ne pourra prendre la parole à une séance sans l'autorisation du président, qui réglera avec le bureau l'ordre du jour.

13° Toute discussion sur des matières politiques, religieuses ou étrangères au but proposé est interdite.

14° Des excursions scientifiques pourront avoir lieu pendant et après la durée du Congrès.

15° Les personnes qui ne pourraient pas se rendre au Congrès sont invitées à adresser au secrétaire-général les communications qu'elles auraient préparées à cet effet.

16° Le trésorier de la première session est chargé de la comptabilité, et le secrétaire-général remplira les fonctions d'archiviste du dépôt des ouvrages dont il sera fait hommage au Congrès.

17° Les souscripteurs recevront le volume qui renfermera les travaux de la session, et qui sera publié ultérieurement par les soins du secrétaire-général, du secrétaire du bureau et des secrétaires de chaque session.

18° Afin de compléter le cadre des travaux du Congrès et d'en faciliter l'exécution, une exposition comprenant des échantillons des diverses espèces ou variétés de vignes et d'arbres à cidre cultivés en France, sera ouverte à la même époque et pour le même temps. Chaque échantillon, formé d'un rameau couvert de ses feuilles et de ses fruits, devra porter le nom vulgaire et, autant que possible, le nom scientifique sous lequel il est connu, ainsi que l'indication de ses principaux caractères botaniques, économiques, et de ses qualités pour la fabrication.

— 16 —

19° Les vins et les cidres seront admis avec les noms des exposants, et, toutes les fois que faire se pourra, avec un échantillon des fruits de même espèce que ceux dont on les aura extraits. Tous renseignements adressés au Congrès sur le climat, la nature et l'exposition des terres, de chaque vignoble ou de chaque pommeraie, le mode de fabrication et les soins d'entretien de la liqueur qui en proviendra seront accueillis avec empressement.

20° Il en sera de même des instruments et appareils nouveaux ou perfectionnés employés à la culture de la vigne ou du pommier, à la fabrication des vins, des cidres ou des poirés; des modèles ou des dessins représentant des procédés de culture, de vinification; en un mot, de tout ce qui se rattache à l'œnologie ou à l'œnomélologie.

21° Tous les envois ayant cette destination devront être adressés francs de port au président de la Société industrielle, à Angers, assez à temps pour être disposés dans les salles de l'exposition, c'est-à-dire au moins trois jours avant l'ouverture des séances du Congrès.

Une commission spéciale sera nommée sous la direction du président de la même société pour recevoir et classer convenablement les produits envoyés.

22° Avant de se séparer, le Congrès fixera la date et le lieu de la deuxième session, et nommera le secrétaire-général de cette session.

23° Chaque membre du Congrès signera le présent règlement en retirant sa carte d'entrée chez le trésorier.

Les membres de la commission d'organisation :

O. Leclerc-Thouin, Vibert, Frédéric Gaultier, Sébille-Auger, C. Persac, A. Leroy.

Angers, ce 15 juin 1842.

PREMIÈRE SECTION. — Viticulture.

1º Rechercher quelles sont les principales espèces ou variétés de cépages cultivées dans nos diverses contrées vinicoles; établir leur nomenclature synonymique, leur classification méthodique.

2° Etudier leur mérite relatif, eu égard au sol, au climat et à la qualité des vins qu'on en obtient; leur précocité, leur rusticité, etc , etc.

3º Comparer entre eux les meilleurs modes de reproduction de la vigne, les différents procédés de plantation, de conduite et d'entretien des ceps.

4° Comparer l'emploi des fumiers et des amendements divers, indiquer l'influence qu'ils exercent, soit sur la durée de la vigne, soit sur la quantité ou la qualité de ses produits.

DEUXIÈME SECTION. — Fabrication des vins.

1° Indiquer les améliorations auxquelles semble pouvoir se prêter le mode actuel des vendanges.

2° Faire connaître les pressoirs qui remplissent le mieux et le plus économiquement leur but dans l'état actuel des choses, les perfectionnements qu'ils pourraient recevoir encore de la mécanique.

3° Signaler les différentes préparations qu'on fait subir aux raisins avant le cuvage ou le pressurage , discuter leur *à-propos* et le choix des meilleurs appareils qu'elles réclament.

4° Faire connaître les données théoriques et les obser—vations pratiques relatives au cuvage, au décuvage, et, en général, à la fermentation vineuse, afin de parvenir à régler celle-ci de la manière la plus avantageuse dans tous les cas.

5° Traiter des divers modes d'amélioration des vins, et des soins de conservation qu'ils réclament après leur fabrication.

TROISIÈME SECTION. — Culture des pommiers et fabrication des cidres.

1° Rechercher quelles sont les principales espèces ou variétés de pommiers cultivées dans nos diverses contrées à cidre, établir leur nomenclature synonymique, leur classification méthodique.

2° Etudier leur mérite relatif, eu égard au sol, au climat et à la qualité de la liqueur qu'on en obtient.

3° Faire comprendre l'influence que le choix des espèces, parfois la conduite des arbres et le mélange des fruits de variétés différentes peuvent exercer sur la qualité du cidre.

4° Rechercher les meilleurs modes connus de fabrication des cidres sous le double rapport de la salubrité et de la bonté.

5° Signaler les perfectionnements dont cette fabrication semble encore susceptible, soit dans le procédé du pilage, soit dans celui de l'expression du jus, et faire connaître les appareils les plus propres à remplir économiquement l'un et l'autre but.

6° Indiquer les meilleurs moyens de conservation des cidres.

———

Les sociétés ou les personnes disposées à adhérer au Congrès, sont priées de faire connaître leurs intentions le plus promptement possible, pour que leur nom puisse figurer sur la liste des membres, qui sera publiée avant l'ouverture de la session.

___

Les sociétés des départements sont invitées à communiquer au Congrès la statistique de leurs travaux vinicoles et œnomélologiques, et à s'y faire représenter par un ou plusieurs de leurs membres.

___

Circulaire du Président de la Société industrielle, accompagnant le programme du 1er Congrès de vignerons et de producteurs de cidre.

Monsieur,

La Société industrielle d'Angers et du département de Maine et Loire, instruite des heureux résultats produits en Allemagne par les Congrès de vignerons, aujourd'hui à leur quatrième année d'existence, a compris l'avantage que pourrait retirer notre patrie d'une semblable institution.

Mais elle a pensé qu'en présence d'un but aussi désirable il ne suffisait pas de formuler des vœux. Confiante dans le concours de tous les œnologues français, elle n'a pas craint de prendre l'initiative. Elle est bien convaincue que chacun verra dans cette démarche de sa part un effort conçu dans l'intérêt de tous nos vignobles et dont le complet développement réaliserait une pensée de progrès pour notre industrie vinicole.

La Société industrielle ne s'est point dissimulé l'importance de la tâche qu'elle entreprenait; aussi est-ce avec la résolution de ne rien négliger pour conduire à bonne fin cette innovation qu'elle s'est mise à l'œuvre. Elle est surtout encouragée par l'espérance que les sociétés académiques d'agriculture et d'industrie de nos départements vinicoles lui viendront en aide. Comme elle, ces compagnies ne peuvent manquer de comprendre toute la portée des Congrès de vignerons et d'apprécier l'heureuse influence que cette institution est appelée à exercer sur l'une de nos plus importantes cultures nationales.

La position topographique de Maine et Loire a déterminé la Société industrielle à comprendre dans les travaux de cette première session du Congrès de vignerons l'œnomélologie (1); la production et la fabrication du cidre étant d'un intérêt majeur pour tous les départements qui avoisinent le nôtre au nord, tandis que des autres côtés il est limité par la contrée vinicole.

Ainsi en s'imposant cette double et patriotique mission, notre société locale a dû compter sur la sympathie de tous les hommes qui comprennent de quelle importance est pour la France l'industrie vinicole et celle du cidre, et combien ces deux produits, déjà si haut placés dans l'évaluation de la richesse nationale, peuvent encore éprouver d'améliorations. Ils sentiront surtout quel avantage il y aurait à rendre plus fructueuse cette double branche de notre industrie sans y consacrer une plus forte portion du sol; c'est-à-dire en améliorant la condition du propriétaire de vignes et d'arbres à cidre.

La ville d'Angers n'a d'autre titre à devenir le foyer de la féconde institution dont il s'agit, que le mérite de l'essayer la première. Les 500,000 hectolitres de vin et les 40,000 hectolitres de cidre que le département produit

(1) Science de la fabrication du cidre.

moyennement chaque année, n'auraient pu la déterminer à prendre cette initiative, si une de nos cités, centre
d'une production plus considérable, était entrée en lice
dans cette noble lutte. Elle se serait volontiers associée à
des efforts tentés ailleurs, et elle l'eût fait avec d'autant
plus d'empressement, qu'elle y aurait vu un moyen d'y
ranimer une branche précieuse de notre économie rurale,
aujourd'hui sous le coup d'un malaise dont on cherche
vainement à la tirer.

Si nous avons compris tous les avantages que notre
pays devait retirer de notre congrès vinicole, nous ne
nous sommes pas dissimulé les obligations qui par cela
même nous étaient imposées ; les sessions extraordinaires
tenues à Angers en 1841 par la Société géologique de
France et la Société française pour la conservation des
monuments historiques, sont là pour garantie de notre
zèle à les remplir.

Située pour ainsi dire sur la ligne de démarcation de
la culture de la vigne et de celle des arbres à cidre, la
ville d'Angers devient un point central qui offre plus
d'un attrait au voyageur que le désir de prendre part aux
travaux de cette première session y attirera. Des sites admirables, de riches cultures, des monuments de tous les
âges et des collections publiques d'un grand intérêt,
contribueront à y charmer ses loisirs.

La curieuse et peut-être unique école de vignes de
M. Vibert, fruit de treize années de soins et d'expériences ;
la riche collection de vignes et arbres à fruits de toute
espèce du jardin fruitier de la Société d'agriculture,
sciences et arts ; ainsi que les collections particulières des
importantes pépinières de nos horticulteurs seront, à

Angers, un ample dédommagement pour l'étranger qui n'aura pas craint les fatigues du voyage.

A quelques kilomètres de cette ville et sur les bords de la Loire, le beau clos de la Coulée-de-Serrant, dont les vins sont si renommés, et les coteaux de Saumur qui, dans les bonnes années, exportent en Belgique et en Hollande leurs produits si estimés dans ces contrées, pourront donner lieu à d'intéressantes et agréables excursions.

La Société industrielle qui, dans ces dix dernières années, a fait d'importantes publications sur la culture de la vigne, la fabrication et la conservation des vins, espère que sa pensée sera comprise et que son appel sera entendu par toutes les personnes qui, comme elle, portent intérêt à la culture de la vigne et à celle des arbres à cidre. Elle se plaît en outre à espérer que les motifs ci-dessus exposés légitimeront sa proposition de réunir à Angers le premier Congrès de vignerons et de producteurs de cidre, réunion qui l'année prochaine devra se renouveler *sur un autre point de la France*. Enfin la Société est heureuse de croire que les mêmes motifs vous détermineront, Monsieur, à lui prêter votre collaboration, dans la vue du bien-être que la réalisation du projet proposé peut procurer à nos producteurs de vins, de raisins et de pommes, ainsi qu'aux consommateurs de ces produits.

L'exposition spéciale qui doit accompagner cette réunion, ne sera pas l'un des faits les moins intéressants qu'elle présentera à l'observateur à qui elle offrira une utile étude. Déjà la Société industrielle se croit en droit de compter pour cette exposition, sur l'obligeant concours des œnologues et des œnomélologues les plus distingués.

ce qui lui donne la certitude que, dès son début, cette partie des travaux du Congrès ne sera pas sans importance.

Si, comme nous l'espérons, Monsieur, vous vous associez à notre projet, nous vous prions aussi de communiquer notre proposition aux personnes qu'elle peut intéresser et de les inviter à répondre à notre appel.

Veuillez, Monsieur, agréer l'assurance de mes sentiments les plus distingués, etc.

Circulaire adressée aux Présidents des Sociétés académiques, agricoles et industrielles de France, au sujet du Congrès de vignerons et producteurs de cidre, à Angers.

Angers, le 12 juillet 1842.

Monsieur et très-honoré collègue,

J'ai l'avantage de vous remettre ci-joint le programme du premier Congrès de vignerons et de producteurs de cidre qui doit se réunir à Angers le 12 octobre prochain ; ce programme est accompagné de ma circulaire du 15 juin dernier, qui a pour but de compléter et de faire comprendre sous tous ses aspects la pensée qui a présidé à l'adoption de cette utile réunion.

Pour me conformer à la décision prise par la Société industrielle dans sa séance du 11 février dernier, je viens vous prier, monsieur le président, de vouloir bien transmettre à votre compagnie et à chacun de ses membres en particulier notre appel pour ce Congrès de vignerons et de producteurs de cidre, dont nous espérons les plus heureux résultats dans l'intérêt de l'œnologie et de l'œno-mélologie françaises.

En prenant l'initiative en cette circonstance, la Société industrielle d'Angers a compté que les autres Sociétés nationales de tous les départements producteurs de vin et de cidre, voudraient bien lui prêter un appui, sans lequel cette tentative, quoique conduite avec tout le zèle possible, ne présenterait pas des résultats aussi importants.

Ainsi, monsieur et très-honoré collègue, j'ai mission spéciale de solliciter votre coopération personnelle, celle de votre compagnie et de ses membres qui, par leur spécialité, peuvent nous seconder dans cette importante entreprise, et aussi de vous prier de vouloir bien donner à notre appel par vos publications et les journaux de votre département toute la publicité possible, afin que toutes les personnes succeptibles de joindre leurs efforts aux nôtres aient occasion de le faire.

J'ose espérer, monsieur le président, qu'appréciant l'importance des services que peut rendre à notre économie rurale ce pacifique Congrès, vous voudrez bien nous seconder et donner la plus grande publicité à l'annonce de cette réunion par tous les moyens qui sont à votre disposition.

Veuillez recevoir, Monsieur, l'assurance de la haute estime et de la parfaite considération avec laquelle j'ai l'honneur d'être, etc.

P.-S. Le premier Congrès de vignerons et de producteurs de cidre, devant, avant de se séparer, fixer la date et choisir le lieu de la deuxième session, il est important qu'on veuille bien indiquer les localités qui présenteraient des éléments d'organisation suffisante, afin que le Congrès puisse successivement y tenir ses sessions annuelles.

Nomination du secrétaire-général du Congrès.

M. le président annonce que M. O. Leclerc–Thouin vient de lui faire savoir que, forcé de partir pour la capitale avant l'époque indiquée pour la réunion du premier Congrès de vignerons et de producteurs de cidre, il ne peut accepter les fonctions de secrétaire–général, qui lui ont été conférées dans la séance du 6 juin dernier.

Après en avoir délibéré, l'assemblée décide que M. Sébille-Auger, président du comice de Saumur et membre titulaire de la Société, sera invité à vouloir bien se charger de ces fonctions auprès dudit Congrès.

(Extrait du proces-verbal de la séance générale de la Société industrielle, du 1er août 1842).

CONGRÈS
DE VIGNERONS

ET

DE PRODUCTEURS DE CIDRE

DE FRANCE.

PREMIÈRE SESSION TENUE A ANGERS,

EN OCTOBRE 1842.

PROCÈS-VERBAUX DES SÉANCES GÉNÉRALES.

PREMIÈRE SÉANCE GÉNÉRALE TENUE LE 12 OCTOBRE 1842.

A dix heures du matin les membres du Congrès étant réunis à l'hôtel de la Préfecture, dans la salle du conseil général, M. Guillory aîné, président provisoire, ouvre la séance ; M. Sébille-Auger, secrétaire-général, forme avec le président le bureau provisoire.

Après cette constitution, M. Guillory se lève et prononce le discours suivant :

« Messieurs,

» L'intérêt dont chacun de vous témoigne par sa présence pour l'institution nouvelle que nous avons été appelés à provoquer dans notre patrie, nous est un sûr garant des services qu'elle est destinée à y rendre.

» Cette institution se présente ici sous un double aspect, et c'est sous ce double point de vue que nous devons envisager les résultats qu'elle doit produire.

» Les congrès de vignerons ont déjà, en Allemagne, prouvé, par quatre années d'existence, tout ce que les diverses branches de l'œnologie pouvaient attendre de l'élan imprimé à cette science par la fréquente réunion des hommes qui la cultivent avec le plus de succès.

» Ces progrès sont immenses et malheureusement pour nous incontestables. Oui, Messieurs, c'est un malheur pour l'industrie vinicole française, que la même industrie chez nos voisins se soit ainsi perfectionnée dans ces dernières années, puisque nous en avons ressenti le contre-coup par la privation de débouchés qui depuis longtemps nous étaient acquis.

» Ayons donc confiance aujourd'hui dans l'avenir que peut nous procurer une institution qui parmi nous devra exercer un jour une influence non moins heureuse que de l'autre côté du Rhin.

» Quant à ce qui concerne la production des cidres, si importante aussi pour notre patrie, nous en augurons également bien; elle doit retirer aussi de nombreuses améliorations de ces réunions d'hommes spéciaux, ayant pour but unique ses progrès.

» Cependant nous ne nous sommes point dissimulé que pour réunir ces deux branches de notre économie rurale,

Angers se trouvait dans une position tout exceptionnelle que bien peu de villes pourraient présenter.

» Nous avons senti que, dans la session prochaine, notre congrès devra se séparer en deux branches, celui de *vignerons*, se transportant dans le Midi, et celui de *producteurs de cidre*, se dirigeant vers le Nord.

» Si, pour la réunion des *producteurs de cidre*, nous ne pouvons vous indiquer de précédents à suivre, puisqu'elle est toute nouvelle pour nous, le zèle de ceux d'entre vous qui cultivent cette spécialité nous garantit l'utile direction que vous allez donner à vos travaux, d'autant plus intéressants qu'ils serviront de point de départ ultérieur à cette portion du congrès actuel.

» Il n'en est pas de même pour les *vignerons*, car nous empruntons à la Germanie une œuvre mûre et déjà féconde en heureux résultats.

» Par là nous avons éveillé l'attention et les sympathies de cette contrée, et elle a maintenant les yeux fixés sur nous.

» A cette occasion, qu'il nous soit permis, Messieurs, de vous faire connaître sommairement, d'après les renseignements que nous avons pu nous procurer, ce qui a été fait par nos devanciers, dans les différentes sessions tenues par les vignerons allemands.

» Et alors que nous saurons la route qui a été suivie par nos émules, nous pourrons diriger nos travaux avec peut-être plus d'assurance vers le but que nous indiquera l'intérêt de notre industrie nationale.

» En 1838, lors de sa quatrième session, la Société d'économic rurale de l'Allemagne étant réunie à *Carlsruhe*, l'un de ses membres, M. Metzger d'*Heidelberg*, conservateur du Jardin des plantes, lui proposa de créer une section vinicole, composée des vignerons de l'Allemagne méridionale, cette section devant fonctionner à part en cas du choix d'une ville dans le nord, pour les réunions annuelles de la Société d'économie ; elle devait être regardée, dans le cas contraire, comme faisant partie intégrante de cette Société, si les réunions avaient lieu dans une ville de l'Allemagne centrale ou dans le midi. Cette motion était fondée sur l'observation que le nord de l'Allemagne n'offrant pas de renseignements sur les questions de culture de la vigne, et cette spécialité étant confiée à la section vinicole, ses travaux ne devaient pas être interrompus par le déplacement inutile de ses membres et des produits soumis à l'examen de la section.

» La ville d'*Heidelberg* ayant été désignée comme siége de la prochaine réunion, le projet de M. Metzger fut rejeté après avoir été longuement discuté, et on décida d'organiser une section vinicole à *Postdam* et une seconde à *Heidelberg*.

» Ce fut alors que M. Metzger, d'accord avec M. le vicomte Babo de *Weinheim*, proposa de réunir les deux sections vinicoles, et d'y ajouter la section des cultivateurs d'arbres fruitiers, ce qui fut enfin adopté.

» L'autorisation des autorités des différentes principautés ayant été obtenue, l'ouverture des travaux de la réunion d'Heidelberg fut fixée au 7 octobre 1839.

» Voici quels furent les principaux travaux de ce premier Congrès de vignerons et de pomologistes allemands, qui s'ouvrit à Heidelberg, seulement le 21 octobre, et compta quatre-vingt-seize membres.

» Après s'être occupé de questions d'intérêt général, on passa aux questions spéciales dans tous leurs détails ; la culture, l'énumération des différentes espèces, leur nomenclature, les engrais verts, la classification des grappes de raisin d'après la forme de leurs grains et leurs feuilles plus ou moins veloutées, furent successivement passés en revue.

» Plusieurs notices sur des questions qui n'étaient pas à l'ordre du jour furent écoutées avec intérêt et reproduites dans les actes du congrès : deux, entre autres, l'une sur le choix de l'emplacement d'une vigne, et l'autre sur la culture du vin nommé *Mieszling*.

» Avant de se séparer, le Congrès de vignerons et de pomologistes allemands, décida que sa deuxième session aurait lieu à *Mayence* en 1840.

» Cette session commença le 21 octobre, et dura jusqu'au 24 : cent soixante-une personnes y prirent part. Voici le programme qui avait été dressé pour stimuler ses travaux :

» 1° Examen des différentes espèces de grappes de raisin aux diverses époques de maturité, pendant plusieurs années consécutives, en déterminant, par des procédés chimiques, le volume de sucre et la sécrétion des acides occasionnés par la maturation, afin de trouver l'époque précise de la maturité.

» 2° Quelle amélioration produit sur la qualité des vins, le placement des raisins sur les clisses claies ?

» 3° Indication des espèces cultivées dans le *Wurtemberg*, le *Rheingau*, à *Bensheim*, à *Deidesheim*, *Wachenchem*, à *Handschusheim*, à *Pluffendorf*, à *Meiningen*, et dans les *Vosges*, dont on demande une description exacte et coordonnée.

» 4° Système de couper les ceps, ou de laisser les rejetons, examiné sur toutes les faces.

» 5° Renseignements sur la maladie des ceps, nommée

consomption noire, et en outre les causes qui influent sur le changement des ceps, qui se couvrent d'une teinte jaune.

» 6º Les semences d'une espèce de vigne, produisent-elles exclusivement la même espèce, ou bien une variété de la même espèce ?

» 7º On recommande des essais et on demande des renseignements précis sur l'emploi des engrais verts.

» 8º Indications exactes sur le degré de maturité qui, si on continue de laisser des grappes pendantes, ou posées sur les clisses, augmente le volume du sucre aux dépens des acides : circonstance favorable pour l'amélioration des vins, sans compter l'évaporation des humeurs aqueuses.

» 9º Les décompositions chimiques qui se forment dans les grappes trop mûres, favorisent-elles la continuation de la formation du sucre, ou bien les acides formés d'abord disparaissent–ils par suite d'une autre cause ?

» 10º Quelle influence le terrain exerce-t-il sur la marche ascendante des sucs, et pourrait–on parvenir à obtenir une espèce particulière des vins piqués en diminuant cette marche ascendante par une maturité précoce et artificielle, et par suite l'engrais abondant, en augmentant la végétation des grappes, influe-t-il sur la qualité des vins ?

» 11º Observations relatives au remplacement en France des supports en bois par des fils en fer tendus, qui résistent plus et coûtent moins.

» 12º Essais sur l'emploi des chassis en treillage pour remplacer les échalas ; renseignements sur les vins ainsi cultivés.

» 13º Conditions qui permettent la culture des vignes

sans l'emploi des supports, et dans quels cas ces supports deviennent indispensables.

» 14° Causes qui font que le bouquet du même vin varie suivant la position et la diversité du sol.

» Le second Congrès de vignerons ouvrit ses travaux par une revue rétrospective de ceux de 1839, et s'occupa ensuite des communications qui lui furent faites sur les sujets suivants :

» Destruction de la mousse sur les ceps de vigne ;

» Introduction d'une balance normale ;

» Des maladies dans les vignes ;

» Conservation et usage du marc de raisin ;

» Principes pour la construction des pressoirs ;

» Examen des raisins envoyés à la Société et d'un liquide produit par les raisins desséchés ;

» Traduction d'un extrait de Columelle : *Liber de Arboribus*. — Culture des vignes ;

» Reproduction de *vitis labrusca*. — Ceps produits par les graines de raisin ;

» Visite d'un établissement de vin du Rhin mousseux ;

» Manière de cueillir les grappes de raisin, conservation des ceps, choix des grappes ;

» Sur les moyens de garantir les raisins des gelées de mai et d'octobre ;

» Vues sur la fabrication des vins ;

» Et enfin sur diverses questions qui, rentrant dans la section des pépiniéristes, ne, doivent pas trouver leur place ici.

» Après le Congrès de Mayence est venu, en 1841, celui de Wurtzbourg, sur lequel il nous a été impossible jusqu'à ce jour de nous procurer des renseignements. Et enfin cette année, vient d'avoir lieu, à Stuttgard, le qua-

3

trième Congrès des vignerons allemands, dont les détails n'ont point encore eu le temps de nous parvenir.

» Vous voyez, Messieurs, quelle marche suit cette institution chez nos voisins : cherchons à les imiter, en admettant ce qui nous paraît bien dans leurs antécédents, et en modifiant ce qui nous paraîtra susceptible de l'être. Nous obtiendrons ainsi de nos réunions les résultats avantageux qu'on est en droit d'en espérer.

» Permettez-moi, Messieurs, de vous offrir nos remerciements de l'empressement que vous avez mis à répondre à notre appel, et à contribuer ainsi à doter notre patrie de la double institution des Congrès de vignerons et de producteurs de cidre. La ville d'Angers conservera le souvenir de cette première réunion d'hommes de mérite, animés du noble désir de contribuer à l'utilité publique, désir qui fera la force de ces Congrès et en assurera la splendeur. »

M. le président provisoire fait ensuite connaître à l'assemblée qu'on va procéder à la nomination des dignitaires qui doivent compléter le bureau définitif.

M. le secrétaire-général fait l'appel nominal, et le scrutin ouvert donne le résultat suivant :

M. Guillory aîné, ayant obtenu l'unanimité des suffrages, est proclamé président;

M. Petit-Lafitte, de Bordeaux, est proclamé premier vice-président;

M. le comte de Quatrebarbes, deuxième vice-président;

M. l'abbé Picard, des Deux-Sèvres, est proclamé premier secrétaire.

M. Boutet-Delisle, de Saumur, est aussi proclamé deuxième secrétaire ;

M. le président ayant invité ces titulaires à venir pren-

dre place au bureau, il se trouve définitivement constitué
de la manière suivante ·

MM. Guillory aîné, président.
Petit-Lafitte,
Comte de Quatrebarbes, } vice-présidents.
Sébille-Auger, secrétaire-général.
L'abbé Picard,
Boutet-Delisle, } secrétaires.

M. Guillory remercie le Congrès de la flatteuse distinction dont il vient de l'honorer. Il comprend, dit-il, toute
l'importancede la haute mission qui lui est déférée et cherchera par un dévouement et un zèle de tous les instants,
à répondre dignement à la confiance qu'on vient de lui
témoigner.

M. le président engage alors les membres du Congrès
à se former en sections, conformément aux articles 6, 7
et 8 du programme.

M. Hunault trouve incomplet le cadre des sections; les
questions économiques et statistiques qui se rattachent à
l'industrie vinicole ne figurant point au programme, il
demande que cette omission soit réparée.

M. le président déclare que c'est avec intention que
ces questions n'ont point été admises, que le but du
Congrès, déterminé par le programme, est de s'occuper
uniquement de questions purement technologiques, sans
entrer aucunement dans l'examen des questions économiques et statistiques.

M. Hunault retire alors sa proposition.

On s'occupe immédiatement de la formation des sections.

Quatre listes sont ouvertes à cet effet par MM. les membres du bureau, et chacun s'empresse de se faire inscrire pour la section de laquelle il se propose de faire partie.

La séance générale étant suspendue, les membres ainsi groupés en sections, se retirent dans les salles particuliè- res pour se livrer à l'organisation de ces sections.

A midi, MM. les membres du bureau central repren- nent leurs places, et M. le président annonce que la sé- ance, momentanément suspendue, va être continuée.

MM. les secrétaires des sections font alors connaître leur organisation, qui se trouve ainsi arrêtée :

PREMIÈRE SECTION. — *Viticulture.*

Président, M. Frédéric Gaultier.
Secrétaire, M. Edouard Boutard, de la Rochelle.

DEUXIÈME SECTION. — *Fabrication des vins.*

Président, M. Royer.
Secrétaire, M. Charles Hunault.

TROISIÈME SECTION. — *Culture des pommiers et fabri- cation des cidres.*

Président, M. André Leroy.
Secrétaire, M. Mahier, de Châteaugontier.

QUATRIÈME SECTION. — *Exposition.*

Président, M. Baudron.
Secrétaire, M. Charles Giraud.

Le Congrès ainsi définitivement organisé dans toutes ses parties, a pu commencer à se livrer à ses travaux.

M. le président fait connaître à l'assemblée que, sur sa demande, M. le maire de la ville d'Angers s'est empressé de donner des ordres pour que tous les établissements publics de la cité fussent ouverts à toute heure du jour à MM. les membres du Congrès, pendant toute la durée de la session.

M. le secrétaire-général fait connaître, dans l'ordre suivant, les Sociétés qui ont adhéré au Congrès et dont quelques-unes y ont délégué un ou plusieurs de leurs membres :

Bordeaux. — Société d'agriculture de la Gironde.
Délégué M. Auguste Petit-Lafitte.

Idem. Société Linnéenne.

Carlsruhe. — Société centrale d'agriculture du grand-duché de Bade.

Champagne. — Comice agricole, arrondissement de Bellay, département de l'Ain.

Lausanne. — Société pour l'amélioration de la culture de la vigne, canton de Vaud (Suisse).

Moulins. — Société d'agriculture de l'Allier.

Niort. — Société d'agriculture du département des Deux-Sèvres.
Délégués MM. l'abbé Picard.
Le docteur Palustre.

Rennes. — Société d'agriculture et d'industrie d'Ille-et-Vilaine.

Rochelle (la). — Société royale d'agriculture de la Rochelle (Charente-Inférieure).
Délégué M. Boutard aîné.

Rouen. — Société centrale d'agriculture de la Seine-Inférieure.

Toulon. — Comice agricole du département du Var.

Tours. — Société d'agriculture, de sciences, d'arts et de belles-lettres d'Indre-et-Loire.
Délégués MM. le comte Odart.
Viot-Prud'homme.

M. le président, avec l'assistance de MM. les autres membres du bureau, a donné communication de la correspondance manuscrite ainsi qu'il suit :

M. de Caumont, dont le nom aujourd'hui européen et le zèle pour le progrès des sciences non moins connu, M. de Caumont à qui l'institution des Congrès scientifiques et archéologiques en France est redevable de leur existence, félicite le président de la Société industrielle sur l'heureuse idée qu'il a eue d'importer en France les Congrès de vignerons, dont il prévoit les féconds résultats, ainsi que les éminents services qu'ils sont appelés à rendre à l'une des plus importantes branches de notre économie rurale.

Voici quelles sont ses expressions :

« Je vous félicite de la bonne idée que vous avez eue de convoquer à Angers un *Congrès de vignerons* ; cette idée ne peut manquer d'être féconde en résultats utiles et j'y applaudis bien sincèrement. »

M. le comte Odart, si connu par ses intéressants travaux sur l'ampélographie, témoigne de sa sympathie pour le Congrès de vignerons auquel il se propose de prendre part.

M. le président de la Société d'agriculture, de sciences, d'arts et de belles-lettres de Tours, témoigne au nom de sa compagnie des sentiments analogues, et annonce qu'elle a fait choix de deux délégués pour la représenter au Congrès, M. le comte Odart et M. Viot-Prud'homme.

M. le Président de la Société d'agriculture de Compiègne se rend l'interprète des vœux que forme sa compagnie, pour la réussite du Congrès.

M. le directeur de la Société d'agriculture du grand-duché de Bade, adresse de Carlsruhe la lettre suivante :

LA SOCIÉTÉ CENTRALE D'AGRICULTURE DU GRAND-DUCHÉ DE BADE,

A M. le président de la Société industrielle d'Angers et du département de Maine et Loire.

Monsieur le Président,

Nous avons reçu votre aimable lettre du 18 juillet dernier, par laquelle vous nous faites l'honneur de nous inviter à prendre part au Congrès de vignerons et de producteurs de cidre, qui doit se réunir à Angers le 12 octobre prochain. Veuillez recevoir nos sincères remerciements pour votre obligeante invitation, et être persuadé, monsieur le Président, que nous donnerons à votre réunion scientifique toute la publicité qui dépendra de nous, et en faisant insérer l'annonce dans notre feuille hebdomadaire agricole.

L'intérêt que nous prenons aux progrès de l'agriculture est trop grand, pour que nous ne voyons pas avec le plus vif plaisir votre Congrès vinicole, et nous n'aurions pas manqué d'y députer l'un de nos pomologues et œnologues, si cette année ne devait avoir lieu à Stuttgart, le Congrès agricole et forestier allemand auquel se rendra indubitablement la majeure partie de nos agronomes.

Pour nous indemniser en quelque sorte de ne pouvoir assister au Congrès vinicole d'Angers, nous serions charmés, monsieur le Président, qu'à votre loisir, vous voulussiez bien avoir la bonté de nous communiquer le résultat de vos délibérations, heureux si, à notre tour, nous pouvons vous être de quelque utilité.

Nous vous prions de recevoir l'assurance de la haute estime et de la parfaite considération avec laquelle nous avons l'honneur d'être,

Monsieur le Président,

Votre très-dévoué collègue,
Le Directeur de la Société centrale d'agriculture
Dr VOGELMANN.

MM. le docteur Hunault et G. Bordillon appellent l'attention de l'assemblée sur l'importance d'une correspondance de cette nature, et proposent d'arrêter l'insertion au procès-verbal de toutes les lettres contenant des renseignements statistiques ou témoignant de l'intérêt en faveur de l'institution du Congrès.

M. le président fait observer que le bureau avait arrêté en principe qu'il proposerait l'adoption de cette mesure après le dépouillement de la correspondance.

Après cette explication, il a été arrêté que la correspondance sera analysée ou portée littéralement au procès-verbal suivant son importance.

M. le sénateur Jaquemond, président de la chambre d'agriculture et du commerce du duché de Savoie, adresse de Chambéry, le 5 août 1842, la lettre suivante :

CHAMBRE ROYALE D'AGRICULTURE ET DU COMMERCE DU DUCHÉ DE SAVOIE.

Chambéry, le 5 août 1842.

Monsieur et très-honoré collègue,

Je vous fais mille remerciements pour l'envoi du programme que je viens de recevoir de votre obligeance. Je l'ai lu avec le plus vif intérêt, et je me serais rendu au Congrès des vignerons, sans l'obligation où je me trouve de siéger dans notre sénat, à l'époque de la réunion du Congrès. Je me suis occupé une douzaine d'années de la culture de la vigne, et de rechercher la meilleure méthode pour faire le vin, en étudiant les causes de la fermentation et les moyens de la bien diriger. Je possède une riche collection de plants de vigne, que je me suis procurée en Espagne, en France, en Italie et en Allemagne ; j'aurais donc éprouvé une grande satisfaction, s'il m'eût été possible de me mettre en relation avec les membres de la Société industrielle d'Angers et d'entendre les précieuses observations qui sortiront nécessairement des discussions scientifiques du Congrès. Veuillez du moins me permettre de m'associer à l'heureuse pensée qui a déterminé la Société savante que vous présidez à appeler d'une manière spéciale l'attention publique sur les progrès d'une branche aussi importante des produits agricoles. En vous priant d'accepter mon adhésion, je vous aurais une grande reconnaissance, si vous aviez la bonté de m'envoyer la publication des actes du Congrès.

Je vous prie d'agréer le témoignage de ma haute considération avec laquelle j'ai l'honneur d'être,

Monsieur et très-honoré collègue,

Votre très-humble et très-obéissant serviteur,

JACQUEMOND.

La Société royale et centrale d'agriculture de Paris, par l'organe de son secrétaire perpétuel, M. Soulange-Bodin, s'exprime dans les termes suivants :

SOCIÉTÉ ROYALE ET CENTRALE D'AGRICULTURE.

Paris, le 10 août 1842.

Monsieur,

La Société a reçu, avec la lettre que vous avez bien voulu lui adresser le 15 juillet dernier, les exemplaires du programme relatif au Congrès de vignerons convoqué à Angers pour le mois d'octobre prochain, et la circulaire qui y était jointe. Elle m'a chargé de vous offrir ses remerciements pour cette communication qui a été accueillie avec intérêt.

Il y a tout lieu d'espérer que cette réunion donnera une salutaire impulsion au perfectionnement de la culture de la vigne et des pommiers, ainsi qu'à la fabrication du vin et du cidre. La Société recevra avec empressement, Monsieur, toutes les communications que vous pourrez avoir à lui faire ultérieurement sur les résultats de la tenue de ce Congrès.

Recevez, je vous prie, Monsieur, l'assurance de ma considération distinguée.

Le secrétaire perpétuel, SOULANGE-BODIN.

M. Reynier, directeur de la pépinière départementale du Vaucluse, a témoigné de la manière suivante de sa sympathie pour notre Congrès :

Monsieur le président,

J'ai reçu la lettre que vous avez daigné m'écrire ainsi que les exemplaires du programme relatif au Congrès œnologique qui doit avoir lieu à Angers, qui l'accompagnaient, et que vous me chargez de distribuer.

Je sais gré au digne M. Oscar Leclerc, de vous avoir mis dans le cas de compter sur mon zèle, et j'accepte de grand cœur le soin que vous voulez bien me confier dans l'intérêt de l'institution si utile que vous êtes appelé à présider.

Vu l'urgence je vais mettre tout en œuvre pour utiliser le plus promptement possible tant les exemplaires que vous m'avez transmis que ceux que vous avez précédemment fait adresser à notre chambre de commerce. En attendant de vous faire part du résultat de mes démarches, je vous remets ci-joint mon adhésion au Congrès. Quant à la rétribution attachée à cette adhésion, elle sera comptée à votre trésorier par mon ami, M. le docteur Baumes, de Nîmes, œnologue de distinction, père du *Tokai-Princesse*, qui, plus heureux que moi, se trouve en position de pouvoir assister au Congrès et se réserve ce grand avantage.

J'accompagne, M. le Président, de mes vœux et de ma sympathie l'accomplissement de la noble tâche que vous avez embrassée, et vous prie de me croire avec la plus haute considération,

Votre très-humble et très-obéissant serviteur.

REYNIER.

Avignon, 24 août 1842.

Dans une autre lettre écrite de Bollwiller par MM. Joseph Baumann et fils, pépiniéristes renommés, se trouve la phrase suivante : « L'idée heureuse de cette intéressante institution portera certainement son fruit, et nous avons de grands regrets que la distance qui nous sépare avec les occupations qui nous retiennent, nous empêchent d'aller vous complimenter de vive voix pour le 12 octobre prochain, sur la plus belle entreprise vinicole qui se soit présentée. »

La Société d'agriculture du département de la Gironde, accuse réception de la circulaire relative au Congrès, et annonce qu'elle a été renvoyée à la section vinicole pour statuer sur son contenu.

M. le comte Pierre de Groëss, président de la Société impériale d'agriculture de Vienne (Autriche), écrit en ces termes à la date du 12 août 1842 :

Monsieur le Président,

Veuillez agréer mes remerciements pour votre obligeant envoi du programme de la première réunion du Congrès des vignerons et des producteurs de cidre, qui doit avoir lieu le 12 octobre prochain. Je regrette vivement qu'aucun des membres de notre Société ne puisse s'y rendre, eu égard aux Congrès d'œnologues et de naturalistes à Stuttgart et Mayence, fixés à la même époque. Veuillez néanmoins être convaincu de l'intérêt que nous portons à la résolution des questions que vous allez traiter à Angers, et dont votre obligeance nous fait espérer la communication.

La culture des vignes en Autriche, ainsi que dans l'Allemagne occidentale, a fait depuis quelques années d'assez grands progrès, et surtout par l'inauguration des meilleurs ceps.

La fabrication du cidre, qui depuis longtemps est très-répandue en Autriche, en Haute-Autriche, en Styrie et Carinthie, est d'un intérêt majeur pour l'agriculture, et les progrès de l'une et de l'autre sont un des buts continuels de nos efforts.

Nous avons à Vienne une pépinière de vignes qui contient la plus grande partie des espèces de la monarchie d'Autriche, y compris la Hongrie, et qui se trouve sous la direction de M. Zahlbruckner, membre du conseil d'administration permanent de notre Société, lequel s'occupe sans relâche de la régularisation des synonymes de vignes en général, des particularités des diverses sortes, et surtout de la production des nouvelles variétés par la semence, ou par la génération hybride.

Nous avons lu avec un plaisir distingué le précieux Mémoire de M. Vibert, votre compatriote, et nous désirons beaucoup entrer en rapport avec son persévérant rédacteur, afin d'échanger mutuellement nos idées et nos expériences, acquises dans la production des nouvelles variétés de vignes dont nous possédons déjà d'assez remarquables, et dont l'origine est aussi sûre qu'instructive. Pour voir réaliser ce souhait, nous vous invitons, Monsieur le Président, de vouloir bien nous prêter votre obligeante intervention.

Dans l'espoir que, de la part de la Société agricole, quelques-uns des membres pourront se rendre à un autre de vos Congrès de vignerons et de producteurs de cidre en 1843, je vous prie de compter sur mon empressement à activer nos rapports scientifiques; tandis que je saisis cette occasion pour vous exprimer la parfaite considération, avec laquelle j'ai l'honneur d'être,

Monsieur le Président,

Votre très-dévoué serviteur,

PIERRE, *comte de Goëss.*

Vienne, ce 12 d'août 1842.

M. Bouchereau, conseiller de préfecture à Bordeaux, propriétaire du crû renommé de Château-Carbonnieux, sur lequel existe une des plus belles collections de vignes de France, écrit la lettre suivante :

Bordeaux, le 29 août 1842.

Monsieur,

J'ai reçu la lettre que vous nous avez adressée le 11 courant pour nous faire part du Congrès de vignerons et producteurs de cidre, qui doit avoir lieu à Angers. De son côté, la Société d'agriculture m'a renvoyé la lettre que vous lui avez écrite pour en faire part à la commission des vignes que je préside, et le secrétaire de la Société a été chargé de vous en accuser réception. J'adhère au Congrès, et vous prie de me compter au nombre de vos souscripteurs. Je regrette vivement de ne pouvoir y assister à cause de l'époque fixée qui sera celle de nos vendanges, mais je m'unirai d'intention avec vous. Toutefois, je ne saurais partager votre avis de réunir les vignerons aux producteurs de cidre : si cela est possible dans votre localité, il n'en pourrait être de même dans notre contrée et dans tout le Midi. Je crois que, pour que l'institution que vous fondez ait de l'avenir, il faudra nécessairement séparer le cidre du vin, comme on sépare l'ivraie du bon grain.

Voudriez-vous être assez bon pour m'envoyer le catalogue des vignes de M. Vibert, je vais m'occuper très-prochainement de la réimpression du catalogue de ma nombreuse collection qui est épuisé, je m'empresserai de vous l'adresser ainsi que toutes les publications qui paraîtront ici sur la vigne, de nature à vous intéresser, et je vous prierai d'agir de même de votre côté, comme aussi de disposer de moi pour tous les documents, cépages, etc., que vous pourriez désirer.

Agréez, Monsieur, l'expression de ma considération la plus distinguée,

BOUCHEREAU,

Conseiller de préfecture, correspondant de la Société royale et centrale d'agriculture, etc.

M. Demerméty, œnologue très-distingué de Dijon, donne sur ses travaux les détails suivants, que le Congrès a renvoyés à l'examen de sa deuxième section. :

Dijon, ce 10 septembre 1844.

Monsieur,

Il est très certain qu'une réunion de vignerons, telle que vous la projetez, amènera des améliorations dans les produits de la vigne; mais malgré le désir que j'ai d'y assister, bien des choses s'y opposent, mon âge, car je ne suis plus jeune, la distance des lieux, deux vendanges éloignées de huit lieues que j'aurai à faire, une collection de vignes dont j'aurai à ré-colter les premiers essais de vins, car je n'en ai fait que de trois espèces étrangères au département l'année passée, tandis que cette année j'en aurai de vingt-cinq à trente à essayer. Mon intention est d'introduire avec amélioration de nouveaux cé-pages dans nos cultures (non de Chambertin, de Bromanci, de Richebour, des premiers crûs, je ne le crois pas possible), mais dans les qualités moyennes et inférieures. Pour arriver à ce résultat, j'ai fait construire un gleucomètre, d'une très-petite dimension, en sorte que la moitié d'un raisin me suffit pour apprécier le sucré d'un produit; sucré sans lequel il n'est point de vin possible. Sur l'indication de mon gleuco-mètre, j'ai propagé les ceps dont les raisins portaient le plus haut degré. Pour faire mes essais de vins en petit (le produit de cinquante ceps me suffit), j'ai fait faire des barils de 15 à 20 litres et au dessus, j'y introduis mes raisins écrasés, je scelle avec un liége percé d'un trou, par lequel passe un tube en verre recourbé, en sorte qu'il plonge d'un bout dans le gaz qui surnage dans le baril, qui n'est pas entièrement rem-pli de moût, et de l'autre bout qui est recourbé, il plonge dans un gobelet plein d'eau; par ce moyen, le moût n'ayant aucune communication avec l'air extérieur, peut évaporer son gaz acide carbonique, en faisant bouillonner l'eau sans ris-quer de s'acidifier. Cela ainsi disposé, je place mon baril sur un bain de sable, chauffé à 30 ou 36 degrés centigrades, où il reste une heure, et le place ensuite dans une chambre, dont la température est de 15 à 18 degrés. — Je décuve lorsque al fermentation arrêtée ne fait plus bouillonner l'eau du gobelet. Par ce moyen, j'obtiens du vin ; mais ce vin fait en petit, malgré toutes ces précautions, n'a pas la qualité qu'il devrait avoir s'il avait été fait en grand, et ne m'apprendrait rien, si je ne m'étais pas préparé une comparaison, qui est de faire fermenter en même temps, et dans des conditions semblables, des raisins du pays ; on conçoit que de la comparaison de ces divers produits, je puis obtenir une appréciation exacte. — Je vous le répète, Monsieur, toutes ces choses me retiennent ; je ne puis assister à votre Congrès, mais je m'y associe trèsvolontiers, et je joins à cette lettre mon consentement, mon adresse, et les 5 francs de l'association, espérant que vous me ferez passer le compte-rendu de vos travaux ; je vous envoie 5 autres francs, comptant sur votre obligeance pour vous prier de me faire copier, en écriture bâtarde (ce qui rend les noms plus faciles à lire), le catalogue des vignes de votre Société, que je vous serai obligé de m'envoyer le plus tôt possible par la diligence ; je joins à cet effet à la présente une rescription qui à votre bureau de poste aux lettres, sera acquittée à présentation.

Il serait à désirer, Monsieur, que dans votre compte-rendu, les nom, prénoms et domicile, enfin les adresses des assistants et associés, y fussent inscrits, ce qui donnerait des moyens de correspondance très-utiles pour éclairer des faits, résoudre bien des questions, ou se procurer avec certitude divers cépages, ce qui est actuellement d'une extrême difficulté.

Monsieur, ne connaissant M. Vibert que par deux notices sur ses semis de vignes, je désirerais savoir si des cépages présentant quelque avantage qu'il a obtenus de semis, il donne des crossettes, les vend ou les garde pour lui ; sur votre réponse, dans les deux premiers cas, je lui ferai cet automne une demande.

Monsieur, l'envoi que vous avez fait le 15 juillet à la Société a été reçu et les programmes distribués.

J'ai l'honneur d'être avec la considération la plus distinguée,

Votre très-humble et très-obéissant serviteur,

DEMERMÉTY.

Membre du comité central d'agriculture du
département de la Côte-d'Or.

L'extrait suivant d'une lettre de M. Jullien, de Paris, à la date du 14 septembre 1842, est communiqué à l'assemblée.

EXTRAIT DE LA LETTRE DE M. JULLIEN, DE PARIS.

Paris, 14 septembre 1842.

Monsieur,

J'ai reçu votre aimable lettre, en date d'Angers du 8 courant, et l'envoi que vous y avez joint. J'ai fait prendre chez le libraire, M. Derache, les Nᵒˢ 1 et 2 du bulletin de la Société industrielle, que vous avez bien voulu me destiner, et j'ai vu, avec une vive satisfaction et un intérêt tout sympathique, les louables efforts de vos honorables compatriotes et confrères, auxquels vous vous associez avec tant de zèle et d'activité, pour développer les germes d'industrie et de richesse agricoles qui existent dans vos contrées. J'aimerai à connaître et à propager les résultats de votre Congrès vinicole, qui doit se réunir dans le courant de ce mois. L'esprit d'association, bien compris et bien appliqué, produit des miracles et doit, peu à peu, faire diminuer ou disparaître les abus et les maux, et faire triompher, par des voies et paisibles et progressives, les réformes et les améliorations en tout genre que désirent les bons citoyens.

M. Cazalis-Allut, œnologue distingué de l'Hérault, adresse de son domaine d'Aresquiès, la lettre pleine d'intérêt dont suit la transcription ·

Aresquiès, le 17 septembre 1842.

Monsieur le Président,

Je suis vraiment honteux de ne répondre qu'aujourd'hui à votre lettre du 9 du mois dernier. Des constructions qui nécessitaient une surveillance continuelle, et mes préparatifs de vendange, sont les excuses que je peux faire valoir. Mais si j'ai gardé le silence, j'ai agi cependant, et, pour me conformer à vos instructions, j'ai fait une visite, avant mon départ pour la campagne, à notre Président, pour le prier de mettre sous les yeux de la Société les documents que vous lui avez envoyés. J'ignore le résultat de l'examen qui en a été fait à la dernière séance, mais sans doute que notre Président vous l'aura fait connaître. Je voudrais bien que quelqu'un de nos collègues eût le loisir d'assister à vos travaux. Ils devront être fort intéressants pour nous tous, et il serait vraiment fâcheux que l'absence d'un représentant de notre Société, nous privât de l'avantage de recevoir communication des documents qui émaneront du Congrès. Le 12 octobre est une époque de grande occupation pour nos propriétaires de vignes : ils font tous valoir eux-mêmes leurs vignobles, et par conséquent il leur est impossible de s'absenter dans ce moment-là. Je regrette personnellement de ne pouvoir prendre part à vos travaux. M'occupant, avec persévérance, depuis nombre d'années, d'œnologie, j'aurais pu recevoir d'utiles enseignements des hommes distingués qui composeront le Congrès, et peut-être leur aurais-je démontré, en leur faisant déguster les vins que j'ai obtenus avec les cépages de Bordeaux, de Bourgogne, de Tokai, de Malaga, etc., etc., qu'il est possible, dans le Midi, d'obtenir des qualités comparables aux meilleurs crûs des pays que je viens de citer, quoique certains œnologues n'aient pas craint d'affirmer que le Midi ne pouvait produire que des vins fort ordinaires. — Nous sommes en pleine vendange. Nous aurons moins de vin que l'année dernière et la précédente, mais il est à craindre que nos prix ne s'élèvent pas à

4

cause des excédants qui nous restent. Le prix commun de nos vins noirs, dits de Montagne, pendant les années 1818 à 1840 a été de 9 fr. 32 c. l'hectolitre. Ces mêmes vins, en 1841, ne se sont vendus que 5 fr. Cependant la consommation et l'exportation s'accroissent chaque année : ce ne sont donc pas là les motifs de la baisse. Le motif principal est la trop grande production. Nos plaines les plus fertiles ont été plantées en vignes. Ces terres vierges de vignes donnent d'énormes produits, et ces énormes produits, en détruisant l'équilibre entre la production et la consommation, ont dû avoir pour résultat l'avilissement de nos prix. — Je récoltai, en 1817, 1,015 hectolitres de vin rouge et 23 de muscat. L'année dernière, j'en eus 6,132 hectolitres de rouge et 245 de muscat. Que de propriétaires qui ont augmenté dans une plus grande proportion ! D'après cela, ne suis-je pas fondé à croire que le principal motif de la baisse est la trop grande production ?

Veuillez agréer, Monsieur le Président, l'assurance de ma parfaite considération.

CAZALIS-ALLUT.

M. Dupuits de Maconnex, auteur d'un Manuel du vigneron publié par la Société d'agriculture du Rhône, élève de l'École polytechnique et horticulteur de Lyon, établi depuis plusieurs années à Bordeaux, s'excuse dans les termes suivants de ne pouvoir prendre part au Congrès :

Gradignan, ce 20 septembre 1842.

Monsieur,

Je vous remercie de l'invitation particulière dont vous m'avez honoré et dont je suis très-flatté.

Agriculteur par goût, j'ai refusé toutes les carrières pour celle de l'agriculture, qui a pour moi un attrait invincible. Vous n'avez donc pas trop présumé de moi, en pensant que je devais m'intéresser à l'idée d'un Congrès de vignerons, pour lequel la Société industrielle d'Angers a pris l'initiative.

Aussi c'est avec un profond regret que je me vois dans l'impossibilité absolue d'accepter votre invitation. Sur mon exploitation, je n'ai personne qui puisse me remplacer. Or, c'est le moment de la rentrée et de la vente d'une partie de mes récoltes. En outre, j'ai un vignoble important, *le premier crû de ma commune*. Le vin de l'année sera probablement encore dans les cuves au 12 octobre. Enfin, pour certains travaux et certaines récoltes, je suis obligé de travailler manuellement, pour asseoir et maintenir la réputation que mes produits ont acquise à Bordeaux et dans les environs.

Par les mêmes causes, il m'est impossible de vous envoyer aucun mémoire sur les objets à traiter par le Congrès. Si j'avais eu plus de temps je me serais fait un devoir de répondre à votre invitation, en rédigeant un travail approprié à la circonstance.

J'espère, Monsieur, que vous voudrez bien apprécier ces motifs, et agréer l'expression de mes regrets et de ma considération très-distinguée.

DUPUITS.

M. le Président de la Société pour l'amélioration de la culture de la vigne à Lausanne, écrit de cette ville en date du 6 octobre ·

Lausanne, le 6 octobre 1842.

Monsieur le Président de la Société industrielle d'Angers et du département de Maine et Loire.

Ce n'est que dernièrement qu'en ma qualité de Président de notre Société pour l'amélioration de la culture de la vigne, j'ai reçu communication de l'invitation que fait aux vignerons la Société industrielle d'Angers, d'assister à un Congrès qui doit avoir lieu dans votre ville le 12 octobre prochain, pour s'occuper des matières qui intéressent particulièrement les propriétaires et cultivateurs de vignes.

En rendant hommage aux principes philanthropiques qui ont dirigé votre Société, qui a bien voulu comprendre dans

son invitation tous les amis de l'agriculture, sans distinction
de Français et d'étrangers, je viens, Monsieur le Président,
vous remercier au nom de la Société de Lausanne de votre
obligeante invitation. Les termes dans lesquels elle est conçue,
l'importance des matières qui seront traitées dans cette assemblée et les lumières qui ne peuvent manquer de jaillir des
discussions qui auront lieu, toutes ces considérations seraient
sans doute bien propres à engager quelques-uns de nos membres à se rendre à Angers pour assister à ce Congrès ; mais
je crains bien que, malgré la communication que je viens de
leur faire dans ce but, l'éloignement où ils se trouvent de
votre ville, et surtout les vendanges qui vont commencer dans
notre contrée, et qui nous appellent tous du plus au moins à
demeurer stationnaires dans nos pressoirs et nos celliers ; je
crains bien que ces motifs n'empêchent ceux de nos Messieurs
qui pourraient avoir l'envie de faire ce voyage, de se réunir à
vous dans cette circonstance. Mais ils n'en prennent pas moins
le plus vif intérêt aux résultats avantageux que produira cette
assemblée des amis de l'agriculture et spécialement des pays
vinicoles.

C'est ce que je suis chargé, Monsieur, de vous exprimer
de leur part. Je présume que les mémoires qui auront été lus,
les rapports qui auront été faits et les discussions qui se seront
engagées à leur sujet, seront imprimés et publiés, et je désirerais beaucoup en avoir communication ; oserais-je vous
prier, Monsieur, de me faire parvenir en son temps un exemplaire de ces documents.

Je prie M. Goël fils, étudiant en chirurgie à Paris, de vous
faire compter de ma part la contribution de cinq francs, fixée
par le programme, et de vous remettre en même temps quelques rapports et comptes-rendus par des associations qui s'occupent dans notre canton de l'éducation de l'enfance malheureuse et des moyens de fournir du travail aux pauvres.

Je désire, Monsieur, que leur lecture puisse vous intéresser
et vous fournir quelques renseignements utiles sur des ma-

.tières qui occupent depuis si longtemps les amis de l'humanité.

Veuillez, Monsieur le Président, agréer l'assurance de la considération distinguée, avec laquelle j'ai l'honneur d'être,

Votre très-dévoué,

BERDEZ,

président de la Société pour l'amélioration de la culture de la vigne, à Lausanne.

M. Versepuy, pharmacien et membre du comice de Riom (Puy-de-Dôme), adresse une notice sur la fabrication du vin dont il sollicite l'examen, et que le Congrès renvoie à sa deuxième section.

M. des Colombiers, président de la Société d'agriculture de Moulins, et correspondant de la Société industrielle d'Angers, adresse un mémoire en réponse aux questions proposées par le programme du Congrès. Ce travail est renvoyé aux première et deuxième sections.

M. Fleuriau de Bellevue, président de la société d'agriculture de la Rochelle, exprime les sentiments d'approbation de cette compagnie pour le Congrès, et fait connaître qu'elle a délégué pour la représenter aux séances, M. Boutard aîné, très habile pépiniériste de la Charente-Inférieure.

M. Persac, de Saumur, s'excuse de ne pouvoir en personne prendre part à une solennité qu'il a contribué à organiser.

M. le Président ajoute ici :

Un autre de nos collègues, dont les connaissances œnologiques auraient pu nous être d'un grand secours. M. O. Leclerc-Thouin, manque aussi à notre réunion.

Après avoir concouru aux travaux préparatoires du Congrès, M. Leclerc-Thouin s'est vu dans l'impossibilité de rester parmi nous, par suite de l'obligation qu'il avait contractée antérieurement de se trouver avant la fin de septembre dans le département de la Corrèze, où l'appelait une affaire importante.

Une autre lettre de la Société d'agriculture de la Gironde, fait connaître le choix qu'a fait cette compagnie de l'un de ses membres, M. Auguste Petit-Lafitte, professeur d'agriculture à Bordeaux, pour la représenter au Congrès.

Le rapport qui a motivé cette décision, sera également imprimé dans le compte-rendu des travaux du Congrès.

M. Damase-Parriaux, membre titulaire de la Société d'agriculture de l'Allier, etc., fait suivre son adhésion au Congrès des réflexions ci-dessous transcrites :

« Je m'empresse de témoigner à M. Guillory ma vive sympathie, pour l'heureuse initiative qu'il a prise dans l'établissement de Congrès de vignerons. C'est un grand service rendu à notre pays. Ces réunions sont infiniment utiles sous tous les rapports. »

Depuis il a adressé la lettre suivante :

Château de Chermont, par Cusset (Allier), ce 13 septembre 1842.

A Monsieur le Président de la Société industrielle d'Angers, etc.

Monsieur et très-honorable collègue,

L'honorable et zélé Président de notre Société d'agriculture de l'Allier, M. des Colombiers, m'ayant fait passer, le 7 du courant, une invitation pour assister au Congrès de vignerons à Angers, je me suis empressé de vous adresser, courrier par courrier, mon adhésion signée, avec un mandat de cinq francs sur la poste, pour ma souscription au compte-rendu des travaux du Congrès; j'espère que le tout vous sera parvenu sans retard.

M. des Colombiers me fait encore aujourd'hui, par lettre particulière, une invitation pressante pour vous envoyer de nos produits et des renseignements sur nos vignobles, dans le cas où je ne pourrais pas aller à Angers.

Je m'empresse de vous témoigner le vif regret que j'éprouve de ce-que le temps et les circonstances ne me permettent point de m'absenter en ce moment, ni de vous envoyer en temps utile de nos produits et des notes préparées qui puissent mériter la prise en considération.

L'époque du Congrès est bien choisie, parce qu'elle donne la possibilité d'exposer les plants de vignes avec de la feuille et des raisins, ce qui est indispensable pour la connaissance et l'appréciation des différents cépages. Le lieu de la réunion me convenait d'autant plus que sa climature approche de la nôtre, et que j'aurais vu avec grand intérêt les produits des différents cépages, notamment du *Côt*, dont parle M. le comte Odart dans son ouvrage sur la culture de la vigne. Ce plant nous conviendrait parfaitement par ses différentes qualités, notamment par celle d'être tardif à la pousse, et assez tardif à la maturité de son fruit; ce qui lui donne l'avantage immense pour nous, d'éviter les gelées de printemps et d'automne, auxquelles nous sommes très-exposés dans le canton de Cusset, à cause de la proximité des montagnes de l'Auvergne et du Forez, qui rendent très-casuels les produits de la vigne. Aussi une vigne mal tenue ne paie point les frais de culture, et les vignerons travaillant à moitié fruits sont obligés d'avoir recours à la culture des terres à la bêche pour se procurer les objets de première nécessité. On est obligé de débiter les vins sur les lieux; l'exportation à Paris, au moyen de la rivière de l'Allier, est devenue impossible, par la grande affluence qui s'y fait de tous les vignobles plus à proximité, et par les frais énormes de conduite, de commission, de coulage et autres, qu'on ne peut évaluer à moins de 9 f. par hectolitre

et de 9 f. pour valeur des tonneaux, ce qui fait 27 f. par tonneau de deux hectolitres. Nos vins ont de la verdeur, surtout
lorsque la maturité est tardive; puis les gelées arrivant, il
faut nécessairement vendanger. Néanmoins les vins se con-
servent longtemps et ne craignent point les chaleurs, ils sont
apéritifs et très-sains; les procédés de vinification pourraient
recevoir des améliorations.

Trois espèces de cépages forment la base de notre vignoble :
la première dite : *bon span, Bourguignon, Lyonnais*; la seconde, *gros span, vache femelle, vache noire*; la troisième,
gros span, vache mâle, vache grande. Elles sont ici placées
dans leur ordre de bonté et de maturité. Les deux dernières espèces, mêlées à la première dans une proportion convenable,
donnent du corps et de la couleur au vin, lorsqu'elles peuvent arriver à maturité suffisante. Elles doivent être séparées
dans la plantation, car leur pousse vigoureuse fait souffrir la
première, finit par envahir le vignoble et par détériorer la
qualité des vins; la production plus abondante de la dernière
espèce surtout, jointe à sa croissance facile dans tous les terrains, excite encore sa multiplication, malgré son infériorité.
— Mais il faudrait des plants et des fruits pour distinguer et
souvent reconnaître sous d'autres noms, dans d'autres vignobles, les mêmes cépages; c'est pourquoi je ne m'étendrai pas
davantage, et je regrette infiniment de n'avoir pu vous en faire
parvenir cette année. Déjà, en 1839, j'en ai fait passer à
M. des Colombiers, qu'il a transmis avec d'autres à M. le
comte Odart, de Tours, et en 1840, j'ai aussi fait un envoi
pour M. le duc de Cazes, qui réorganisait dans le jardin
du Luxembourg l'école de culture de la vigne établie par
M. Chaptal. Je suis réduit à faire des vœux pour le prochain
Congrès; celui-ci est un jalon planté qui servira de direction
et appellera le concours des nombreux intéressés à la prospérité de l'industrie vinicole. Qu'est-ce qui pourrait empêcher
un nouveau Congrès à Angers, où la Société est composée de
tant d'hommes éminents dans cette spécialité ? Combien j'au-

rais été heureux de pouvoir y assister cette année et me trouver parmi les personnes honorables qui en feront partie ! Que
de communications agréables, aussi utiles à l'intérêt social
qu'à l'intérêt matériel ! Que de questions subsidiaires à traiter,
sur les bans de vendanges, sur les droits qui frappent les vins,
sur les débouchés ! etc., etc. Que d'expériences, que de bons
procédés sont perdus par l'isolement ! Il est bien vrai que la
France ne se connaît pas ; les Congrès me semblent en effet
le seul moyen de changer l'état des choses, et d'arriver promptement et véritablement au but, parce qu'ils se composent des
vrais amateurs de tous les progrès utiles et positifs, qui vont
ensuite reporter dans toutes les directions du pays les connaissances que procurent certainement les relations qui s'établis-
sent dans ces réunions que j'appelle fraternelles.

Cette lettre vous arrivera, Monsieur, probablement après
la tenue du Congrès ; vous en ferez l'usage qu'il vous plaira ;
elle est un témoignage de ma bien vive sympathie pour l'heureuse initiative que vous avez prise dans l'établissement des
Congrès de vignerons, que je considère comme un grand
service rendu au pays par les résultats qu'ils doivent produire ;
je recevrai avec un grand intérêt et grande reconnaissance le
compte-rendu des travaux.

Veuillez agréer l'expression de la considération très-distinguée avec laquelle j'ai l'honneur d'être,

Monsieur et très-honorable collègue,

Votre très-humble et obéissant serviteur,

DAMASE-PARRIAUX,

membre titulaire de la Société d'agriculture de l'Allier, etc.

M. le docteur Hunault fait hommage au Congrès, au
nom de la Société d'agriculture, sciences et arts d'Angers,
de la Statistique horticole de Maine et Loire.

M. Petit-Lafitte obtient la parole et s'exprime ainsi .

« Ce qui a lieu dans la Gironde au sujet de la vigne et
de la fabrication des vins, est de nature à intéresser vive-

ment l'attention des membres du Congrès, qui ne peuvent manquer de tourner souvent leurs regards vers cette terre classique de la vigne.

» J'aurais désiré, pour justifier autant qu'il était en moi l'attente du Congrès, me munir avant de partir de renseignements et d'échantillons que l'époque des vendanges ne m'a pas malheureusement permis de réunir.

» Cependant, pour commencer, j'ai l'honneur d'offrir à l'assemblée :

» 1º Le mémoire rédigé par la Société d'agriculture de la Gironde, en réponse à une demande du ministre de l'agriculture sur l'état de la culture de la vigne dans cette portion du royaume, depuis le 18ᵉ siècle ;

» Le numéro de septembre 1842, du journal mensuel que je publie sous le titre de l'*Agriculture comme source de richesse, comme garantie du repos social.* Dans ce numéro se trouve la description avec figure du cuvier (1) perfectionné qui existe sur le beau domaine de *Château-Lanessan,* commune de Cussac (Médoc), chez M. Delbos aîné.

» J'ajouterai encore un mot au sujet de l'influence tout-à-fait fâcheuse que semble avoir produite l'épidémie de la suette dans les localités de Lot-et-Garonne, où elle a sévi avec le plus de violence sur les végétaux cultivés. Les agriculteurs-pratiques assurent en effet que l'état misérable des pruniers et autres arbres fruitiers, la mort de plusieurs ceps de vigne, même de plusieurs arbres forestiers, n'a pas d'autre cause. »

(1) On comprend dans le Bordelais sous cette dénomination les vaisseaux et appareils servant à la fabrication du vin et l'édifice qui le renferme.

MM. Hunault et G. Bordillon prennent texte de cette dernière communication, pour soumettre à l'assemblée des réflexions qui s'y rattachent et que celle-ci accueille avec un vif intérêt.

M. A Leroy est conduit par cet incident à parler du pêcher dont la taille offre tant de difficultés, à cause de l'impossibilité que l'on supposait de pouvoir le conduire à développer des bourgeons adventifs. Il résulte de son expérience que le retranchement des branches, sur des sujets malades ou vieux, opéré dans la dernière quinzaine de juin, est toujours suivi du développement de ces bourgeons. Dès-lors, ce serait un changement de pratique qui ne porterait que sur la différence du temps où cette taille est opérée par les jardiniers.

En ce moment, M. le comte Odart, que recommandent ses grands travaux œnologues avec son collègue de la Société d'Indre-et-Loire, M. Viot-Prud'homme, entrent dans la salle où leur présence produit la plus agréable sensation sur tous les membres présents.

Peu d'instants après entrent aussi les deux délégués de la Société d'agriculture des Deux-Sèvres. Voici la lettre du président de cette Société au Congrès de vignerons :

SOCIÉTÉ D'AGRICULTURE DU DÉPARTEMENT DES DEUX-SÈVRES.

La Société d'agriculture du département des Deux-Sèvres, désirant seconder les utiles projets de la Société industrielle de Maine et Loire, et s'associer à ses efforts en faveur des producteurs de vin et de cidre, a délégué Messieurs Palustre, docteur-médecin, et l'abbé Picard, curé de la Chapelle-Gaudin, pour la représenter au Congrès de vignerons qui se réunit à Angers le 12 octobre prochain.

Le Président de la Société d'agriculture des Deux-Sèvres,

Le vicomte de LOSVIC St-JAL.

Avant de lever la séance, M. le président, d'après la proposition de M. le docteur Hunault, invite messieurs les membres du Congrès à commencer immédiatement leurs excursions scientifiques, par la visite du jardin fruitier de la Société d'agriculture, sciences et arts d'Angers, et la collection de vignes et de semis de M. Vibert.

A trois heures la séance est levée.

DEUXIÈME SÉANCE GÉNÉRALE TENUE LE 15 OCTOBRE 1842.

(Présidence de M. GUILLORY aîné, président.)

La séance est ouverte à deux heures.

Sont présents au bureau MM. Auguste Petit-Lafitte, vice-président, Sébille-Auger, secrétaire-général, l'abbé Picard, secrétaire du bureau.

Le procès-verbal de la dernière séance est lu par M. Sébille-Auger, secrétaire-général du Congrès, et adopté après quelques modifications.

M. le président au nom du bureau, prenant la parole propose à l'assemblée de déférer à M. le comte Odart, si connu par ses travaux œnologiques, le titre de président honoraire du congrès. Cette proposition approuvée par toute l'assemblée est immédiatement adoptée, et M. le comte Odart vient prendre place au bureau à la droite de M. le président.

L'honorable membre offre à l'assemblée deux de ses ouvrages; la première partie de son travail sur l'ampélographie et le compte-rendu de sa mission œnologique en Hongrie.

M. Frédéric Gaultier donne lecture du travail qu'il a rédigé au nom de la Société industrielle d'Angers, dans le but d'initier le Congrès à tout ce qu'a fait cette Société

— 61 —

pour les progrès de la culture de la vigne et de la fabrication du vin.

Après cette lecture, pleine d'intérêt et dont l'impression
est ordonnée, M. Petit-Lafitte demande qu'en son nom et
en celui des autres membres du Congrès étrangers à la
ville d'Angers, il soit exprimé des témoignages de satisfaction en faveur d'une société qui a tant fait dans l'intérêt de la spécialité dont s'occupe le Congrès.

L'assemblée donne son entier assentiment à cette proposition.

Une autre lecture du même genre, mais relative aux
travaux de la Société d'agriculture, sciences et arts, et du
Comice horticole d'Angers, est faite par M. le docteur
Hunault, membre de cette société.

Après quelques observations de M. A. Leroy, tendant
à compléter ce travail, son impression est également ordonnée avec la même mention qui, conformément à la
proposition de M. Petit-Lafitte, doit suivre le précédent.

M. le comte Odart expose au Congrès le plan de la division qu'il a adopté pour la description qu'il doit faire
dans la seconde partie de son ouvrage ampélographique,
des variétés de vignes cultivées en France et dans le
monde viticole.

M. le docteur Hunault croit devoir entrer dans quelques développements au sujet de cette classification tout
agricole, en s'appuyant sur les divisions par régions
adoptées par Olivier de Serres et Arthur Young, pour
les productions territoriales de la France.

M. Petit-Lafitte fait observer à l'orateur que le choix à
faire de bases pour une classification tout en général, est
une chose purement arbitraire, et qui doit varier selon le
point de vue où se place celui qui l'établit;

Que dès-lors on ne peut se refuser à admettre celle de M. le comte Odart, quelles que soient les différences avec les travaux œnologiques cités par le docteur Hunault. Au surplus, ajoute l'orateur, cette observation ne porte point sur la critique qui pourrait être faite plus tard, soit du choix de M. Odart en lui-même, soit des conséquences qu'il tirera des bases adoptées pour cette classification.

Après cet incident, M. le comte Odart est invité à compléter par de nouveaux développements le plan qu'il vient d'exposer. Cédant à ce désir de l'assemblée, l'habile œnologue donne successivement lecture de l'intitulé et du sommaire de chacun des chapitres qui composent son ouvrage.

Le Congrès désirant voir figurer dans le compte-rendu de ses travaux ce que M. le comte Odart vient de lui communiquer, sollicite de son zèle la rédaction de ces intéressants documents.

M. Mahier, de Châteaugontier, invité par M. le président à faire des communications pour lesquelles il s'est fait inscrire, donne successivement lecture de deux mémoires étendus, l'un sur le vin et l'autre sur le cidre.

Ces mémoires, qui sont un résumé de tout ce que la science possède sur ces deux points importants, et qui contiennent également des aperçus et des applications nouvelles, sont renvoyés par l'assemblée à l'examen de ses deuxième et troisième sections.

Après l'indication de l'ordre du jour du lendemain, la séance est levée à cinq heures.

TROISIÈME SÉANCE GÉNÉRALE TENUE LE 14 OCTOBRE 1842.

(Présidence de M. GUILLORY aîné , président.)

La séance est ouverte à deux heures.

Sont présents au bureau MM. le comte Odart, président honoraire, Auguste Petit-Lafitte, vice-président, Sébille-Auger, secrétaire-général, l'abbé Picard, secrétaire du bureau.

Le procès-verbal est lu par M. l'abbé Picard, l'un des secrétaires, et adopté après plusieurs rectifications proposées par MM. le comte Odart et Hunault.

M. le président fait connaître à l'assemblée que le bureau s'est transporté près de M. le préfet, pour lui exprimer, au nom du Congrès, toute sa gratitude de ce qu'il avait bien voulu mettre à sa disposition la salle nécessaire à ses réunions, ainsi que de l'intérêt que ce magistrat avait pris à ses travaux ; que cette députation avait reçu l'accueil le plus gracieux de M. le préfet, qui lui avait témoigné ses regrets de ce que ses occupations ne lui avaient pas permis de concourir personnellement à l'œuvre entreprise dans l'intérêt de la culture de la vigne et des arbres à cidre.

Il est décidé que cette démarche sera mentionnée au procès-verbal.

M. Edouard Boutard, de la Rochelle, prend immédiatement la parole et communique une notice du plus haut intérêt sur les vignobles de la Charente-Inférieure, ainsi que le catalogue des espèces de vignes cultivées dans l'arrondissement de la Rochelle, et dans les pépinières de M. Boutard aîné.

L'impression de ces deux documents devra avoir lieu dans le compte-rendu de cette session.

M. Sébille-Auger donne lecture d'une note de M. des Colombiers, président de la Société d'agriculture de l'Allier, note où sont consignés ses procédés de culture de la vigne et de fabrication du vin.

M. Sébille propose, au nom de la deuxième section, l'impression de la communication de M. des Colombiers, auquel des remerciements sont adressés pour l'empresment qu'il a mis à concourir à l'exposition de la session. Cette proposition est adoptée par le Congrès.

M. Mahier prend ensuite la parole au nom de la deuxième section et se livre à l'examen du mémoire sur la fabrication des vins, présenté par M. Versepuy, de Riom.

Adoptant les conclusions du rapporteur, le Congrès décide que des remerciements seront adressés à l'auteur et que ce rapport sera inséré au compte-rendu.

M. l'abbé Picard, des Deux-Sèvres, entretient aussi le Congrès de l'état vinicole de son département, et des principales variétés de vignes qui y sont cultivées.

L'impression de ce travail est ordonnée.

Enquête. — M. le président annonce à l'assemblée qu'on va procéder à l'enquête sur les questions proposées par le programme, et il donne lecture de l'article 1er ainsi conçu :

PREMIÈRE SECTION. — *Viticulture.*

« 1° Rechercher quelles sont les principales espèces ou variétés de cépages cultivés dans nos diverses contrées vinicoles; établir leur nomenclature synonymique, leur classification méthodique. »

M. le comte Odart fait part à l'assemblée de la remarque qu'il a été à même de faire, c'est qu'il existe dans les collections d'Angers et celles de Paris, un cépage connu sous le nom de Saint-Pierre, sous lequel il l'a lui-même cultivé pendant 5 ou 6 ans et qu'il a reconnu depuis être le Jouannenc des Bouches-du-Rhône. Une discussion s'établit à ce sujet entre MM. Boutard, Picard et Odart, et il en résulte que l'espèce désignée sous ce nom dans chacune des localités citées, est bien loin d'être identique et de ressembler à celui que M. des Colombiers envoie comme type véritable du Saint-Pierre de l'Allier.

M. le docteur Hunault dit que malgré la diversité de qualité des vins récoltés en Maine et Loire sur les deux rives de la Loire, il n'en est pas moins vrai que le pineau est le cépage dominant dans tous les vignobles de cette contrée.

Art. 2. *du programme.* — « 2° Etudier leur mérite relatif, eu égard au sol, au climat et à la qualité des vins qu'on en obtient; leur précocité, leur rusticité, etc., etc. »

M. Royer développe une opinion de laquelle il résulte que le sol est ce qui influe de la manière la plus directe sur la qualité du vin, et ce qui détermine surtout cette qualité. Les exemples qu'il cite à l'appui, puisés dans sa longue pratique, lui paraissent tout-à-fait dignes d'être pris en considération.

M. le comte Odart, à propos de la rusticité qui est le partage de quelques cépages et qui dans plusieurs circonstances doit en constituer le mérite, donne encore lecture du passage suivant du manuscrit déjà cité.

Si les *Côts* sont extrêmement répandus dans les anciennes provinces de Bourgogne, Bourbonnais et Lyonnais, ils sont à peine connus dans plusieurs de nos départements plus au centre, notamment le Cher, Loir et Cher, et Indre et Loire. Ils y sont remplacés par un cépage qui lui paraît être le plus nombreux de tous ceux

5

qui sont cultivés en France, car il est non seulement la base des vignobles du Cher et de ceux de la Loire, mais aussi de ceux du Lot, du Tarn, de la Garonne, et il croit même qu'il n'y a guère de vignobles en France où il ne s'en trouve quelques souches.

Le voici, ajoute M. Odart, sous les différents noms que je lui connais, et je ne doute pas que sa synonymie ne soit infiniment plus nombreuse; toutefois je dois prévenir que cette famille se composant de trois à quatre variétés, ces noms ne désignent pas tous exactement la même.

Côt (Indre et Loire). — Cahors (Loir et Cher). — Côt, Cauli, Jacobin (Vienne). Plant de Roi (Seine). Quille du Coq (vignobles d'Auxerre). — Auxerrois (Lot). — Bouyssoulis et Bouchalis (Tarn-et-Garonne et Haute-Garonne). — Pied Rouge, Pied de Perdrix, Pied Noir, Côte-Rouge, Magro (en plusieurs départements, notamment dans la Gironde, Tarn-et-Garonne, la Dordogne). Noir de Preissac (Gironde). — Estranger (Ariège et Gironde). — Ces sept derniers noms désignent particulièrement la variété à pédoncules et pédicelles violets. Bourguignon noir (Meurthe, Saône-et-Loire, Ain). — Moysa (Gironde). Le Malbec qu'en Touraine nous nommons Côt de Bordeaux, en est aussi une variété. Enfin Quercy, vers la Charente. Parmentier et plusieurs auteurs qui l'ont copié ont eu tort de lui donner pour synonymes Grosse, Serine et Damas.

Ce cépage est assez reconnaissable même quand il n'a pas de raisins, par sa vigueur, par les nœuds du sarment bien prononcés, par la couleur de l'écorce rayée de lignes rouges qui brunissent à la chute des feuilles, par son bois qui se soutient bien quand sa vigueur naturelle, accrue par sa jeunesse et un bon terrain, est apaisée, ses grappes sont

peu serrées, peu volumineuses, mais les grains bien noirs
en sont beaux, on peut les dire ronds, cependant ils sont
quelquefois légèrement oblongs, du moins en comparaison de ceux de son compagnon ordinaire de nos vignes,
le Grolot qui a les siens ronds comme des balles : ces
raisins, d'une forme peu régulière, sont très-bons à
manger, non-seulement sur les coteaux du Cher et du
Lot, où il est extrêmement commun, mais aussi dans le
Haut-Rhin, car voici ce que m'écrivait à ce sujet un des
frères Baumann, célèbres pépiniéristes : « Ne connaissez-
vous pas une excellente espèce précoce nommée *Quercy*,
du meilleur goût, sucrée et même parfumée. » Ils m'en ont
envoyé, mes vignerons le reconnurent tout de suite au
bois pour être du Côt, et moi, depuis que j'en ai vu le
fruit, l'ai jugé parfaitement identique avec celui-ci.
Toutefois, soit que le sol des frères Baumann soit d'une
nature particulière, soit que chez moi l'organe du goût
ne soit pas d'une égale finesse, je ne me suis pas aperçu de
cette qualité d'être parfumé.

Le vin que sa vendange produit est d'une riche couleur,
a beaucoup de corps et un bon goût, ce qui donne la facilité aux marchands de le mêler à des vins blancs
d'un moindre prix, qui lui communiquent en retour un
peu de spirituosité dont il est faiblement pourvu.

Ce cépage convient mieux que tout autre à cause de sa
vigueur naturelle aux sols maigres, et il a besoin, lors de
la taille, qu'on lui laisse une verge outre le courson en
brochette; il se recommande aussi par son peu de sujétion
aux gelées printanières, vu qu'il est fort tardif à entrer
en végétation. C'est particulièrement du Côt à pédoncules
et pédicelles verts dont j'ai entendu parler; celui dont
presque toutes les parties herbacées de la grappe sont

d'un rouge brun est meilleur au goût et pour la qualité du vin, mais il rapporte moins, étant fort sujet à la coulure ; aussi est-il beaucoup plus rare dans les vignes, et c'est cette couleur rouge qui lui a fait donner le nom de Pied de Perdrix, Pied Rouge, etc. La troisième variété que les Bordelais appellent Malbec, n'est guère connue en Touraine que depuis une trentaine d'années, sous le nom de *Côt de Bordeaux*. Elle est plus productive que nos anciens côts, mais on s'accorde généralement à trouver le vin qui en provient moins coloré et d'une moindre qualité que celui de nos anciens plants. Les feuilles sont moins découpées, les grains sont moins gros et la grappe d'une forme conique plus régulière. Il me paraît certain que M. Joannet de Bordeaux est tombé dans une erreur en le faisant synonyme du Mansenc, qui est bien plus tardif à mûrir.

Revenant sur l'influence exercée par le sol sur la qualité des vins, M. Petit-Lafitte expose les différents caractères géologiques que présentent dans la Gironde les terrains complantés en vigne. (La note qu'il lit à ce sujet, sera imprimée).

Art. 3 *du programme.* — « 3° Comparer entre eux les meilleurs modes de reproduction de la vigne, les différents procédés de plantation, de conduite et d'entretien des ceps. »

M. Sébille-Auger ayant traité cette troisième question pour Maine et Loire, en donne le résumé (qui sera également inséré au compte-rendu).

M. le docteur Hunault prend la parole pour exposer d'une manière claire et succincte, les différents modes de reproduction de la vigne usités dans les environs d'Angers : boutures, plants enracinés, provins et greffes. Il

ajoute que depuis quelque temps certaines personnes préconisent la voie des semis, et notamment M. Vibert,
qu'il engage à donner à cet égard des renseignements
au Congrès.

M. Vibert, résumant tout ce qu'il a déjà écrit à ce sujet,
insiste sur ce point qu'il lui a toujours paru possible de
soumettre la vigne au même traitement que grand nombre de plantes dont on obtient par semis des variétés nouvelles et mieux appropriées au sol et au climat ou plus
hâtives; voici du reste un nouveau développement de son
opinion.

M. Vibert fait observer que les moyens qu'il emploie
pour parvenir à ce but, ne sont autres que ceux pratiqués
pour les autres végétaux. Que la réunion sur un espace
borné des variétés ou espèces de vignes propres à remplir
le but que l'on se propose, amène nécessairement des fécondations entre elles. Que ces fécondations naturelles
généralement prouvées par l'immense quantité de variétés
de vignes cultivées depuis des siècles sur une partie du
globe, que les expériences auxquelles il se livre depuis
quatorze ans ne peuvent laisser aucun doute sur cette incontestable vérité. M. Vibert fait observer que les modifications si variées, si nombreuses, si extraordinaires
même dont l'art a provoqué le développement, n'ont pas
seulement porté sur la forme, la saveur ou le volume
des fruits, mais qu'elles ont encore eu lieu relativement à
l'époque de la maturité de ces mêmes fruits, témoin pour
les vignes les raisins de la Madelaine, d'Ischia, de Grenache, d'Alcantino, le Morillon hâtif du Jura, celui de
Gênes et d'autres encore qui tous mûrissent, dans ce climat, dans le courant d'août. Qu'en présence des progrès
que l'industrie horticole a faits depuis 25 ans et des succès

éclatants qu'elle a obtenus, il serait téméraire de nier la possibilité d'une amélioration par la seule raison qu'elle ne s'est pas produite encore ; que des faits bien constatés ont d'ailleurs une valeur réelle lorsqu'ils s'appuient sur les lois de l'analogie. S'autorisant d'un exemple emprunté à ses expériences, M. Vibert ajoute et rappelle, qu'en aidant la nature, il a obtenu un Muscat noir, qui mûrit du 10 au 15 août ; si donc, dit-il, dans une sorte de raisins généralement tardive, j'ai pu obtenir quarante jours au moins de précocité, n'est-il pas rationnel de penser qu'une précocité de 20 à 25 jours peut être obtenue de même par des plants de semences réunissant les qualités de nos meilleurs cépages, et déjà il en existe. Tout en reconnaissant l'urgence et l'utilité de soumettre à de bonnes expériences comparatives beaucoup de nos bons cépages, M. Vibert n'en persiste pas moins dans l'opinion que des semis de vignes convenablement dirigés peuvent sensiblement améliorer et varier nos raisins de table et exercer, sous le rapport de leur précocité, une influence remarquable à l'égard de ceux destinés à faire du vin.

M. le comte Odart reconnaît que quelques-uns des avantages signalés pourraient résulter de pareilles tentatives, pour lesquelles du reste il loue le zèle de M. Vibert ; mais il ajoute qu'il ne lui semble pas convenable de fonder sur cette manière de procéder des espérances, que les tentatives d'œnologues, de plusieurs naturalistes et notamment de Duhamel, Bosc, de Candolle, Van Mons, Moreillot de Dijon, etc., semblent condamner ;

Considérant, en outre, que jusqu'à ce jour les semis nombreux qui ont été faits n'ont rien produit qui valût ce que nous avions déjà ; considérant aussi la lenteur et l'incertitude des résultats de cette méthode, persiste dans la conclusion qu'il a déjà précédemment motivée.

A propos de de Candolle et de la vigne qui porte son nom et que ce botaniste avait obtenue de semis, M. Guillory, contrairement au peu de cas que paraît en faire M. Odart, cite des raisins de cette variété qui lui ont été envoyés par M. l'abbé Locatelli, de la Pointe, près d'Angers, raisins dont le goût lui a paru assez agréable et dont le développement était tel qu'une seule grappe recouvrait une assiette ordinaire. Il fait remarquer également que les trois quarts des grains composant ces grappes, avaient atteint leur maturité complète vers le 15 septembre.

M. Petit–Lafitte admettant d'abord ce fait capital, que tous les terrains complantés en vignes sont loin de donner des qualités de vins également remarquables, que dès lors on pourrait penser que ceux qui ne donnent que des vins médiocres ou mauvais attendent encore la variété de vigne qui leur ferait donner des produits plus appréciables; et cela avec d'autant plus de raison qu'il est notoire que maintes fois on a cherché à transporter les cépages des vins fins du Bordelais, de la Bourgogne, de la Champagne, là où existaient ces vignes sans qualité; l'orateur, d'après tout cela, ne serait pas éloigné de penser que la voie des semis pourrait peut-être amener pour les localités, qui jusqu'ici les ont cherchées en vain, les variétés au moyen desquelles leurs produits acquerraient plus de valeur.

Ces considérations le conduisent à manifester de nouveau tout l'intérêt qu'il porte aux travaux persévérants de M. Vibert, et que selon lui le congrès doit partager.

M. A. Leroy, sans contester cette manière de voir, croit cependant que le remplacement des cépages médiocres, que maintient l'habitude, par les cépages des vignobles renommés, est un moyen d'amélioration plus direct, plus sûr et surtout moins généralement tenté que ne le suppose M. Petit-Lafitte.

Ce dernier, pour corroborer son opinion et prouver mieux encore que le changement de cépage n'assure pas toujours la qualité du vin, cite les essais suivants tentés à Bordeaux par l'honorable M. Bouchereau, si dévoué aux améliorations œnologiques.

1° Du *Bourgogne blanc*, imitation du *Montrachet*, avec les cépages nommés dans ce pays *Pineau blanc*; 2° du vin *blanc du Rhin*, imitation de *Johannisberg*, avec le cépage nommé dans ce pays *Reschling*; 3° du *vin blanc de l'Hermitage*, avec les cépages nommés dans ce pays *Grosse* et *Petite Roussette*; 4° du *vin rouge de Bourgogne*, avec les cépages nommés dans ce pays *Pineau franc, Meunier, Liverdun, Gamet*, etc.; 5° enfin du *vin rouge de l'Hermitage*, avec les cépages nommés dans ce pays *Grosse* et *Petite Syrrha*.

Ces vins d'essai qui furent goûtés notamment par M. Soulange-Bodin, le 2 mars 1840, et qui dénotaient des qualités que l'on ne pouvait comparer ni à celles du crû renommé de Carbonieux, ni même à celle des vins dont ils portaient le nom, ne tardèrent pas à devenir tout à fait insignifiants.

M. le comte Odart, qui déjà dans ses écrits a soutenu une opinion analogue à celle de M. Leroy, ne veut pas admettre les résultats des essais qui viennent d'être cités comme entièrement convaincants. Il assure au contraire que les vignobles de la Touraine doivent leur amélioration à l'introduction de plants venant de la Bourgogne.

Cependant M. Royer, toujours en s'appuyant sur sa

propre expérience, assure que dans son vignoble de la
Calonnière, les espèces de choix introduites par lui ont
presque immédiatement dégénéré de la manière la plus
sensible.

M. Vibert dépose sur le bureau une grappe de raisin
qui lui a été envoyée de Laval par M. Léon Leclerc, horticulteur distingué, et accompagnée de la note suivante
dont il donne lecture : « Cette grappe est de mes semis et
provenue de pepins venus de Schiras, et à moi donnés
par M. Bosc. »

M. le docteur Hunault annonce à MM. les membres du
congrès qui voudraient faire une excursion viticole sur
les deux rives de la Loire, après la clôture de la session,
qu'il se fera un plaisir de les diriger dans cette entreprise.

M. le président, au nom de l'assemblée, remercie
M. Hunault et invite les personnes qui seraient disposées
à profiter de son offre de le faire connaître.

M. le président, après avoir indiqué l'ordre du jour de
demain, lève la séance à cinq heures.

QUATRIÈME SÉANCE GÉNÉRALE TENUE LE 15 OCTOBRE 1842.

(Présidence de M. GUILLORY aîné, président.)

Sont présents MM. le comte Odart, président honoraire ; Aug. Petit-Lafitte, vice-président ; comte de Quatrebarbes, vice-président ; Sébille-Auger, secrétaire-
général, et l'abbé Picard, secrétaire.

Le procès-verbal de la séance du 14 est adopté après de
légères rectifications.

M. Viot–Prud'homme, délégué de la Société d'agriculture d'Indre-et-Loire, fait un rapport sur le vendangeoir qu'a fait construire sur sa propriété de Château-Lanessan, en Médoc (Gironde), M. Delbois aîné. Il conclut à l'impression de la notice sur ce vendangeoir et à la reproduction de la lithographie qui l'accompagne. Ces conclusions sont adoptées par l'assemblée.

M. Boutard, délégué de la Société d'agriculture de la Rochelle, rend compte dans un rapport du résultat de l'excursion faite par les membres du congrès à l'établissement de M. Vibert, d'Angers, et de l'examen des vignes obtenues de semis par ce savant horticulteur. M. le rapporteur approuve ce mode de procéder et conclut en réclamant une manifestation du congrès en faveur des persévérants travaux de M. Vibert.

M. le comte Odart, tout en approuvant cette manifestation, renouvelle son opinion déjà connue sur l'inefficacité de ce moyen de reproduction, et demande l'ajournement du vote jusqu'à ce que M. le rapporteur ait pu prendre communication du mémoire où il a manifesté sa conviction sur l'inutilité des semis de vigne.

M. Petit-Lafitte signale d'abord ce qui lui paraît une erreur de la part du rapporteur, alors qu'il a dit que toutes les variétés de vignes existantes sont sans nul doute des résultats de semis plus ou moins anciens. Il croit qu'à cette cause, qu'il ne conteste pas, il faut joindre le transport de boutures dans des contrées plus ou moins éloignées, où le sol, le climat, la nature ont pu les changer à tel point qu'il en sera résulté plus tard de véritables variétés jusque là inconnues.

M. Boutard présente à l'appui de son opinion de nouvelles considérations, d'où il résulte que si les cépages

ont subi de nombreuses modifications par leur transport
d'une contrée dans une autre, il n'en est moins vrai que
ce n'est que par les semis que le nombre des variétés s'est
augmenté et il compare à ce sujet la vigne avec les poiriers dont les collections se sont tant enrichies par les
semis.

M. le comte Odart dit qu'il ne conteste pas les résultats
obtenus par les semis dans diverses parties de notre horticulture, mais qu'il ne croit pas la vigne susceptible de
présenter les mêmes avantages.

M. Boutard reproduit quelques faits nouveaux et déclare persister dans son opinion.

M. le comte Odart déclare qu'il ne peut adopter les
idées émises par M. Petit-Lafitte et en revient toujours à
sa profonde conviction sur l'inutilité des semis de la vigne.
Passant à l'examen du rapport de M. Boutard, M. le comte
Odart croit que le rapporteur a commis un erreur en faisant considérer comme un raisin hâtif le *Grenache*, tandis
que son expérience lui a démontré que ce plan est d'un
produit tout à fait tardif.

La parole étant accordée à M. Vibert, celui-ci s'attache
à démontrer la réalité de l'assertion de M. Boutard sur
la précocité du *Grenache* qu'il dit découler d'une pratique
de plusieurs années. M. Vibert reconnaît que dans le
Bordelais il existe une variété de raisin connue sous le
nom de Grenache, qui n'est pas celle cultivée dans le
jardin de la Société d'agriculture d'Angers sous le nom
de raisin hâtif de Gênes, lequel est le même que le Grenache qu'il cultive chez lui. Ainsi le même nom s'appli-
querait à deux variétés différentes. Il reproduit ensuite
d'une manière sommaire les principaux arguments, qu'il a
déjà fait valoir dans plusieurs écrits remarquables, sur

l'opportunité de la reproduction de la vigne par semis. Il insiste surtout sur les faits résultant de ses expériences.

M. le comte de Quatrebarbes, dans son désir de concilier les deux opinions qui partagent l'assemblée, expose des faits empruntés aux arbres fruitiers notamment, qui viennent à l'appui de l'utilité des travaux de M. Vibert. Il termine par cette conclusion, qui est favorablement accueillie, que les semis peuvent bien être conseillés aux amateurs, mais que les voies ordinaires de reproduction doivent continuer à fixer de préférence l'attention des cultivateurs proprement dits.

Il croit que les semis et les transplantations sont deux modes qui ont leur valeur et leur utilité. Les semis lui semblent convenables comme moyen de perfectionnement ultérieur et lent ; les transplantations sont plus à l'usage des cultures. Les semis sont donc excellents pour les amateurs, parce qu'ils peuvent en attendre les résultats qui ne s'obtiennent qu'avec le temps, tandis que les transplantations sont préférables pour les propriétaires qui veulent opérer dans un bref délai et le plus immédiatement possible.

M. Hunault pense, comme le précédent orateur, que les deux moyens de reproduction, sans s'inquiéter d'une manière trop directe des résultats du premier, doivent également être approuvés par le Congrès. Il ne lui paraîtrait pas convenable qu'on condamnât d'une manière absolue les semis dont l'art viticole, après tout, pourra peut-être avoir à se louer.

M. F. Gaultier fait encore remarquer qu'en admettant dans l'espèce vigne deux types primitifs, la rouge et la blanche, M. Boutard a avancé un fait que l'expérience

condamne, en montrant chaque jour le passage successif
de vignes de l'une à l'autre couleur.

A ce sujet M. Vibert dit que tous les jours on trouve
dans un même cépage des produits rouges et blancs.

M. le comte Odart cite la circonstance remarquable d'un
plant noir qu'il a apporté de Hongrie, semis de *Cardacus*
qui chez lui a donné du raisin blanc.

M. Vibert fait connaître qu'il a obtenu du *Morillon
panaché*, tantôt des raisins noirs, tantôt des raisins
blancs.

M. Genest–Buron vient de récolter sur un même plant
des raisins noirs et blancs.

M. le Dr Palustre, délégué de la Société d'agriculture
des Deux–Sèvres, cite plusieurs faits analogues.

M. Chapuis, de Champigny, dit que dans son enclos il
existe quelques ceps qui produisent habituellement dans
la même grappe des raisins noirs et blancs.

M. Petit–Lafitte a vu pareil phénomène dans les en–
virons de Bordeaux.

Ainsi il résulte de ces faits que des pépins de raisin
noir ont produit des vignes à grains blancs et réciproque–
ment, et que même on a vu des raisins des deux couleurs
sur le même pied et jusqu'à des grains aussi différents en
couleur dans le même raisin; aussi M. Sébille-Auger en
conclut que la couleur du raisin est loin d'être un carac–
tère solide pour la classification des cépages.

M. Petit-Lafitte poussant plus loin cet argument, ne
croit pas déraisonnable de n'admettre pour toutes les va–
riétés de vignes qu'un type unique. Sous ce rapport il en
serait de la vigne comme du seigle, comme de grand
nombre d'espèces d'animaux domestiques, dont on n'a
pas songé à faire de nouvelles espèces, malgré les carac–

tères tranchés qui distinguent cependant les diverses races de localité à localité.

M. le comte Odart est convaincu que le système avancé par M. Petit-Lafitte n'est fondé sur rien de solide.

M. Hunault déclare qu'il est tout à fait contraire, comme le préopinant, à cette opinion, que le précédent orateur du reste n'a émise que sous forme d'induction.

M. le comte Odart dit qu'il y a à Séville (Espagne) une vigne plantée depuis 4 à 500 ans, connue sous le nom de la *Tobie*, et qui est parfaitement identique avec celles qu'on plante aujourd'hui. D'où il tire la preuve, selon lui, que les variétés sont plus persistantes qu'on ne le suppose, et que dès-lors ce n'est pas de leurs modifications indéfinies qu'a pu venir le grand nombre que nous en comptons aujourd'hui. Il persiste dans sa proposition d'ajournement des conclusions du rapport de M. Boutard, qu'il invite de nouveau à prendre communication de son mémoire sur l'inutilité des semis.

M. Frédéric Gaultier s'oppose formellememt à cette proposition d'ajournement; il fait remarquer qu'un rapport étant l'œuvre d'une section, l'assemblée peut le rejeter ou l'adopter, mais non le modifier si la section maintient son travail.

Relativement à cette vigne espagnole du nom de *Tobie*, M. A. Petit-Lafitte ne croit pas qu'on puisse adopter en entier les conséquences qu'a voulu en tirer M. le comte Odart. Si elle n'a pas varié, dit-il, c'est parce que les circonstances de sol, de climat, de culture qui lui sont particulières sont restées les mêmes. Dans le Bordelais plusieurs vignes anciennes présentent le même cas, notamment celle connue sous le nom de vigne du *Pape Clément*, et qui remonte au moins au temps de *Philippe-le-Bel*.

M. Boutard renouvelle les conclusions de son rapport, qu'il fortifie par d'autres considérations.

Comme M. F. Gaultier et par des motifs analogues, M. Hunault s'oppose à l'ajournement du rapport et demande que ses conclusions soient mises immédiatement aux voix. Selon lui, le Congrès doit aussi bien encourager la reproduction des vignes par semis que par tout autre moyen.

L'assemblée paraissant partager cette opinion, M. le président s'empresse d'y faire droit. Le rapport est adopté et sera imprimé.

M. le président reprenant la suite de l'ordre du jour déclare qu'on va continuer l'enquête sur les questions proposées par le programme et il rappelle à l'assemblée qu'elle en était restée au 3e article de la viticulture.

M. Guillory reprenant ensuite la parole signale à l'attention du Congrès les divers modes de reproduction de la vigne qu'il a essayés depuis plusieurs années.

Sur le coteau en terrasses superposées qu'il a fait établir dans la commune de Savennières et dont on a déjà entretenu l'assemblée, M. Guillory a planté du Pineau rouge de Bourgogne en boutures non enracinées, faites avec du bois de l'année et qui ont parfaitement réussi, même celles plantées au printemps dernier dont il n'a pas péri plus d'un huitième, malgré la sécheresse de l'été.

Feu le général Delaage, notre compatriote, continue l'orateur, ayant publié en 1834 un mémoire sur les avantages que présentait la pratique de la greffe sur racine, qu'il prenait la peine de décrire avec un soin minutieux, et les avantages qui paraissaient résulter de la conviction de faits recueillis par l'auteur dans sa pratique devant

consister : 1° Dans l'amélioration de la saveur des fruits ;
2° dans la transformation d'une espèce en une autre, même
en changeant de couleur ; 3° dans le rajeunissement des
vignes usées ; 4° enfin dans le remplacement, par de
bonnes espèces, des mauvais cépages ; je crus devoir ex-
périmenter d'après les conseils de ce praticien, qui affirmait surtout qu'on pouvait profiter du bénéfice de cette
pratique sans occasionner pour ainsi dire d'interruption
dans les récoltes, tout en conservant à leurs vins la qualité que donnent les vieilles vignes, les greffes pompant
les sucs des racines qui les nourrissent les premières
années de leur pose.

En conséquence, le printemps dernier, j'ai essayé de
renouveler, par la greffe sur racines, un morceau de
vigne entièrement usé par les ans et une taille immodé-
rée ; ces greffes faites en même Pineau blanc, mais en
bois de l'année, ont beaucoup souffert de la sécheresse,
car près de la moitié n'a pas réussi ; mais en revanche
celles qui ont surmonté cet obstacle ont développé une
végétation d'un luxe inouï.

M. Guillory ajoute que dans une autre parcelle de
vignes rouges, plantées seulement depuis quatre ans au
milieu d'un clos de vignes blanches, il a, pour la rendre
de la même nature que celles qui l'entouraient, greffé
cette vigne en fente sous terre avec des baguettes de Pineau blanc de l'année et, qu'à quelques rares exceptions
près, ce mode de reproduction a parfaitement réussi et les
ceps ainsi changés de rouge en blanc présentent la plus
belle végétation.

Selon les observations de M. Sébille-Auger, la greffe
de la vigne blanche sur la vigne rouge serait plus assurée
que celle de la rouge sur la blanche. Il attribue cela à une

rusticité et une force ordinairement plus grande de la vigne rouge.

M. Hunault énonce un fait d'où il tire une induction tout à fait contraire.

M. Royer dit que le général Delaage a transformé en vignes rouges un clos de vignes blanches qu'il possédait dans la commune de Saint-Barthélemy ; que cette opération a parfaitement réussi et que depuis plus de quinze ans cette vigne rouge a continué à être productive.

M. le comte Odart dit qu'en Touraine il a obtenu des résultats aussi avantageux d'une opération analogue , et il fait remarquer qu'il résulterait des faits qui viennent d'être signalés que les chances sont égales pour les deux manières de procéder.

M. Petit-Lafitte entretient ensuite avec détails l'assemblée des travaux entrepris à diverses époques dans le Bordelais pour fixer la synonymie de la vigne et notamment de ceux exécutés au château de Carbonnieux , propriété de M. Bouchereau , par ce propriétaire et par la Société Linnéenne de Bordeaux.

L'impression de cette lecture est ordonnée.

M. le président annonce ensuite qu'on va passer à l'art. 4 de la première section de l'enquête, ainsi conçu :

« 4° Comparer l'emploi des fumiers et des amendements divers, indiquer l'influence qu'ils exercent soit sur la durée de la vigne, soit sur la quantité ou la qualité de ses produits. »

Une longue et intéressante discussion s'engage sur les divers modes de fumer la vigne.

M. le comte de Quatrebarbes fait part à l'assemblée que dans un grand nombre de vignobles la cendre de chaux est employée en amendement avec un grand succès.

6

M. le comte Odart dit employer ce moyen et en retirer aussi d'heureux résultats.

M. Sébille-Auger reconnaît effectivement que dans les terrains schisto-argileux, tels que les coteaux de Savennières, ce genre d'amendement doit produire un effet salutaire.

Cette discussion continuant, on entend encore sur les différentes questions qu'elle soulève MM. le comte de Quatrebarbes, A. Leroy, A. Petit-Lafitte et l'abbé Picard.

M. Sébille-Auger, s'appuyant sur la pratique usitée dans une partie du Saumurois, dit que pour agir efficacement, la chaux doit être mélangée avec le fumier de manière à faire un compost.

Selon M. Hunault le même mélange se pratique avec succès sur la rive gauche de la Loire en substituant la terre au fumier.

Voici la formation d'un compost indiqué par M. Royer, qui s'en sert depuis nombre d'années sur son vignoble de la Calonnière, commune de Martigné-Briand (Maine et Loire) : un tiers chaux, un tiers curure de fossés et un tiers sable fin. Ce mélange n'est employé pour améliorer le vignoble qu'après sept ou huit mois de confection et après avoir subi plusieurs manipulations.

Selon M. Sébille-Auger, il est des circonstances et des sols, dans l'arrondissement de Saumur et probablement ailleurs où l'emploi des fumiers est indispensable, surtout pour les vignobles qui donnent des vins durs ; mais il ajoute qu'il faut toujours les employer avec beaucoup de circonspection.

M. le comte Odart appuie cette opinion de sa propre expérience. Il indique pour les terres fortes la marne calcaire stratifiée pendant quelques mois avec des couches

alternatives de fumier. Ce compost s'assimile promptement aux sucs alimentaires de la vigne. Le plâtre et la
chaux lui paraissent des amendements également avantageux pour la culture qui nous occupe. Cet œnologue
cite aussi les végétaux ligneux enfouis en vert comme
convenant particulièrement aux jeunes vignes.

M. le comte Odart, après l'énumération des engrais
proprement dits, qu'il juge devoir être employés, surtout
les fumiers de basse-cour, lorsqu'au préalable ils auront
été stratifiés par couches alternatives avec de la terre pendant trois ou quatre mois, insiste sur la valeur productrice de diverses matières, telles que les vieilles étoffes,
la rapure de cornes, surtout sur cette dernière qu'il ne
peut trop recommander, d'après les heureux résultats
qu'il en a obtenus lui-même, et la facilité avec laquelle
on peut se la procurer dans les villes et son transport peu
coûteux.

Ainsi il résulte de cette discussion : d'abord qu'il est
dangereux d'appliquer aux vignes de qualité, ainsi que
le démontre M. le comte Odart, des engrais trop azotés,
et aussi de leur donner de l'engrais quelqu'il soit, trop
souvent et en trop grande quantité ; grand nombre de faits
prouvant que la qualité du vin obtenu en peut être sensiblement affectée.

M. Petit-Lafitte rappelle ces deux faits, démontrés aujourd'hui par la science, à savoir que c'est l'azote qui détermine surtout la qualité des fumiers, et que ceux-ci
agissent d'autant plus heureusement sur les diverses
plantes, qu'ils renferment plus de principes constituants
de ces mêmes plantes.

M. Mahier, de Châteaugontier, propose la charrée
comme devant produire de bons résultats sur les vignes.

M. Sébille-Auger dit que le clos Vougeot (Côte-d'Or) depuis un temps immémorial est seulement amendé avec la charrée.

M. le comte Odart recommande de nouveau la rapure de cornes.

M. Chapuis dit que pour les vignes des coteaux de Saumur l'emploi du fumier est de nécessité, mais qu'on n'en use qu'avec prudence, seulement tous les dix ou quinze ans, en associant au fumier les bruyères, genêts, mousses, etc.

M. Varannes, dans un voyage qu'il vient de faire dans le Midi de la France, a remarqué un engrais usité en Provence dont le tourteau d'huile et le maïs pilé étaient la base.

M. A.-B. Caillard, vigneron, membre du Comice agricole de Neuville (Vienne), dit qu'on emploie aussi dans son canton, à l'engrais des vignes, les tourteaux de noix.

M. F. Gaultier parle de l'usage considérable qu'on fait en Belgique des tourteaux pour l'amendement des terres, et pense que notre contrée pourrait profiter de ces ressources avec le même avantage.

M. A. Leroy recommande particulièrement l'enfouissement du genêt vert pour l'amendement des vignes.

M. le comte Odart dit que le fumage de la vigne par ses propres branches, indiqué tout récemment par les divers journaux agricoles, est une méthode que connaissaient les anciens et qui est fondée sur l'identité des matières contenues dans les branches et dans les ceps. Il ajoute que, quoiqu'on dise que ce soit tout récemment qu'on a découvert les avantages que procure l'emploi direct du sarment à la fumure de la vigne, on a eu tort en ce que cette méthode est déjà ancienne, puisque don Ramélo en Italie l'a proclamée depuis longtemps et que des auteurs latins en font mention.

Plusieurs orateurs citent des moyens différents de l'appliquer.

M. le comte de Quatrebarbes parle d'écraser les branches retranchées pour les mieux disposer à se décomposer, en les traitant ensuite par la méthode Jauffret. Il dit que des expériences d'application de cette méthode à la vigne ont été faites depuis plus de six ans sur une très grande échelle et avec un succès remarquable par les trappistes de Bellefontaine (Ille-et-Vilaine). Il ajoute que ces religieux ont reconnu de tels avantages à la lessive Jauffret, qu'ils ont cherché à l'employer avec économie, en se contentant de relever dans leurs champs, de distance en distance des sillons qu'ils en ont arrosés et qu'ils ont répandus sur le sol lorsqu'ils en ont été suffisamment imprégnés. Selon le même orateur, la charretée d'engrais Jauffret ne revient à ces trappistes qu'à deux francs cinquante centimes, tandis que le fumier d'étable a chez eux une valeur de 9 à 10 francs. Il pense donc que l'engrais à base de sarment serait excellent pour les vignes.

M. Mahier voudrait qu'on essayât de faire pourrir les sarments en les stratifiant avec de la terre, de la chaux ou autres matières analogues. Il propose également de les brûler et d'en employer la cendre sur place ainsi que la cendre de ménage.

M. le comte de Quatrebarbes croit que l'engrais de sarments ayant subi la fermentation sera toujours beaucoup plus profitable que la cendre provenant de leur combustion.

M. Mahier croit que la cendre de sarments aurait une action beaucoup plus prompte sur la végétation.

M. Sébille-Auger a reconnu par la pratique que la cendre neuve produit un mauvais effet, ainsi que la charrée employée sans addition de chaux.

M. A. Leroy croit qu'il y aurait avantage à retrancher les extrémités des branches, encore munies de leurs feuilles, quelque temps avant la vendange, et à les enfouir, ainsi chargées de matériaux qu'y dépose la sève et qui aideraient à la fermentation et à la décomposition des ligneux.

M. Chapuis dit que la combustion des sarments ressemblerait beaucoup à l'écobuage par les résultats.

M. Hunault indique l'application du marc de raisin comme très profitable à l'engrais de la vigne.

M. Sébille-Auger dit qu'on en fait un grand usage dans son canton, en mêlant au préalable ce marc avec du fumier

M. Vibert revient sur l'emploi du sarment vert, coupé, dont l'application immédiate à l'amélioration des vignes lui paraît devoir être très fructueux.

M. Petit-Lafitte, à propos de la méthode indiquée par M. Leroy, dit que son mérite, qui ne peut être bien connu que par la pratique, serait peut-être favorisé quant à son exécution, par l'usage où sont déjà plusieurs propriétaires de faire précéder la taille proprement dite de la vigne, par le retranchement du bois que cette opération devrait enlever et qui se trouve ainsi supprimé d'avance, et au moment peut-être où il deviendrait avantageux de l'enfouir à titre d'engrais.

M. Guillory croit avoir découvert dans l'emploi des engrais pulvérulents une économie importante sur la dépense d'entretien des vignes. Il fait connaître qu'ayant été chargé par le comité d'agriculture de la Société industrielle de faire des expériences pratiques sur le noir engrais animalisé de M. Ducoudré, de Paris, il a profité du moment où la vigne étant déchaussée, la terre allait être rabattue, pour répandre dans la ligne des ceps cet engrais, qui a été ainsi recouvert par une façon ordinaire et sans frais.

Il ajoute que l'extrême sécheresse qui a régné depuis ayant empêché cet engrais de produire son effet, ce ne sera que l'année prochaine qu'on pourra apprécier le mérite de cette pratique.

A une heure la séance est levée par le président qui, auparavant, a pris le soin de faire connaître l'ordre du jour de la suivante.

CINQUIÈME SÉANCE GÉNÉRALE TENUE LE 15 OCTOBRE 1842.

Présidence de M. GUILLORY aîné, président.

Cette séance est ouverte comme les jours précédents à deux heures du soir.

MM. le comte Odart, président honoraire ; Aug. Petit-Lafitte, vice-président ; comte de Quatrebarbes, vice-président ; Sébille-Auger, secrétaire-général, sont présents au bureau.

M. le secrétaire-général prévient l'assemblée que le peu de temps qui s'est écoulé depuis la séance générale de ce matin n'a pas permis au bureau de rédiger le procès-verbal qui devra être clos, ainsi que le présent, par ledit bureau.

SUITE DE L'ENQUÊTE.

DEUXIÈME SECTION. — *Fabrication des vins.*

« 1º Indiquer les améliorations auxquelles semble pouvoir se prêter le mode actuel des vendanges. »

M. le président propose et l'assemblée vote l'impression

du mémoire de M. Mahier, sur la fabrication des vins.

M. Sébille-Auger dit que la théorie de la fermentation n'ayant pas fait de progrès depuis trente ans, on en est toujours réduit aux mêmes errements. Il annonce en conséquence qu'il ne s'occupera que de la pratique et qu'il va communiquer au Congrès des observations par lui recueillies sur la fabrication du vin ; il donne en conséquence lecture d'un mémoire du plus haut intérêt sur cette importante matière, mémoire dont l'assemblée vote l'impression au compte-rendu et en dehors de l'enquête.

» 2º Faire connaître les pressoirs qui remplissent le mieux et le plus économiquement leur but dans l'état actuel des choses, les perfectionnements qu'ils pourraient recevoir encore de la mécanique. »

Ce titre appelant l'attention sur les pressoirs, M. Guillory signale à ses confrères l'addition par lui introduite à un pressoir à vin blanc, addition à laquelle il attribue des avantages signalés, surtout la facilité de supprimer le foulage.

En adoptant cette innovation, M. Guillory a donné aux possesseurs d'anciens pressoirs un exemple qu'il est dans leur intérêt d'imiter, afin d'obtenir une expression du jus plus prompte, plus facile et susceptible pour diverses causes, d'améliorer la qualité du vin. L'impression de cette communication est votée.

M. Chapuis, de Champigny, donne des renseignements statistiques sur les vignobles du Saumurois, décrits par de Lasteyrie ; il dit qu'il y a environ trente ans, il a créé sur des coteaux incultes un vignoble aujourd'hui renommé et sur lequel il cultive exclusivement la vigne rouge et en fabrique les produits avec un soin minutieux qui n'a pas peu contribué à leur réputation.

M. Hunault date de 1816 les améliorations introduites dans les pressoirs des deux rives de la Loire par l'introduction des vis en fer ; il assigne également à cette époque l'introduction momentanée de l'égrappage qui a été généralement abandonné peu à peu depuis.

M. Lesourd-Delisle appelle l'attention du Congrès sur le pressoir à encliquetage établi par l'École royale d'arts et métiers d'Angers, et avoue cependant qu'il le croit inférieur au pressoir de M. Benoît.

« 3° Signaler les différentes préparations qu'on fait subir aux raisins avant le cuvage ou le pressurage, discuter leur *à propos* et le choix des meilleurs appareils qu'elles réclament.

» 4° Faire connaître les données théoriques et les observations pratiques relatives au cuvage, au décuvage, et, en général, à la fermentation vineuse, afin de parvenir à régler celle-ci de la manière la plus avantageuse dans tous les cas.

» 5° Traiter des divers modes d'amélioration des vins, et des soins de conservation qu'ils réclament après leur fabrication. »

M. Lesourd-Delisle signale les avantages et les inconvénients de l'égrappage.

M. Mahier dit que pour les vins destinés à la chaudière, il y aurait avantage à faire fermenter la grappe qui les rendrait plus riches en alcool, non sans nuire à l'agrément de leur goût.

MM. Chapuis, Viot-Prud'homme et Petit-Lafitte font connaître qu'on égrappe les raisins destinés à la fabrication des vins rouges dans le Saumurois, en Touraine et dans le Médoc.

M. Hunault dit que la partie fermentescible étant en

excès dans nos vins blancs , on a dû nécessairement renoncer à l'égrappage pour la diminuer.

M. Petit-Lafitte dit qu'à défaut d'information suffisante, et bien que la science semble mettre sur la voie des causes capables de commander ou d'interdire l'égrappage , il est convenable d'ajourner cette question et de la recommander spécialement à la prochaine session du Congrès , ce qui est adopté par l'assemblée.

M. Sébille-Auger : Le foulage du raisin blanc ne présente d'autre avantage que de favoriser un plus facile écoulement du moût et a, en revanche, l'inconvénient d'écraser les raisins non mûrs et mauvais qui influent défavorablement sur la qualité du vin.

M. Viot–Prud'homme partage à cet égard l'opinion de M. Sébille.

M. Benoît dit qu'en Champagne on écrase les raisins entre deux cylindres, avant de les soumettre au pressurage.

TROISIÈME SECTION. — *Culture des pommiers et fabrication des cidres.*

« 1° Rechercher quelles sont les principales espèces ou variétés de pommiers cultivées dans nos diverses contrées à cidre ; établir leur nomenclature synonymique, leur classification méthodique.

» 2° Etudier leur mérite relatif, eu égard au sol, au climat et à la qualité de la liqueur qu'on en obtient.

» 3° Faire comprendre l'influence que le choix des espèces, parfois la conduite des arbres et le mélange des fruits de variétés différentes peuvent exercer sur la qualité du cidre.

» 4° Rechercher les meilleurs modes connus de fabrication des cidres, sous le double rapport de la salubrité et de la bonté.

» 5° Signaler les perfectionnements dont cette fabrication semble être encore susceptible, soit dans le procédé du pilage, soit dans celui de l'expression du jus, et faire connaître les appareils les plus propres à remplir économiquement l'un et l'autre but.

» 6° Indiquer les meilleurs moyens de conservation des cidres. »

Les questions sur la troisième section, n'engagent aucun membre à prendre la parole, seulement à son sujet on vote l'impression du mémoire de M. Mahier sur la fabrication des cidres.

L'enquête se trouvant ainsi terminée, M. Thomas aîné se livre à quelques considérations sur la culture de la vigne, dont il pense qu'on doit plutôt chercher à perfectionner qu'à en augmenter la quantité.

M. Bayan, rapporteur de la deuxième section, entretient l'assemblée de l'examen du pressoir de M. Benoît dont on s'est occupé avec l'intérêt que comporte cette machine ingénieuse. Les conclusions de ce rapporteur sont adoptées et l'impression du rapport votée.

Il en est de même du rapport que M. Sébille-Auger a rédigé sur l'exposition, après qu'on en a entendu la lecture.

M. A. Leroy fait ensuite la proposition suivante, dont les conclusions sont admises à l'unanimité :

« C'est de la création d'une école de pommiers et poiriers à cidre dans notre département et ceux qui forment les anciennes provinces de la Bretagne et du

Maine (1), que je me propose , messieurs, de vous entretenir.

» Je crois qu'il serait facile et peu dispendieux de réunir dans un champ voisin du chef-lieu du département,
les variétés qui sont cultivées dans toutes ses communes
sous tant de noms différents. Cette collection aurait l'avantage d'établir une parfaite synonymie de toutes ces variétés ; travail d'autant plus important qu'il est presque
impossible aujourd'hui de se reconnaître dans le chaos
des noms adoptés dans chaque localité.

» Ce premier travail achevé, il serait alors urgent de
se procurer les meilleures variétés des départements voisins
et de les classer dans cette collection.

» Des essais comparatifs sur la fabrication du cidre de
chacune de ces variétés, feraient connaître quelles sont
celles qui doivent être préférées, pour chaque localité.

» Je pense qu'il en est des variétés de pommes comme
de celles de vignes, que quelques-unes conviennent mieux
à certain sol que d'autres. Cet important travail demande
à être confié à des mains habiles et persévérantes pour
atteindre l'heureux résultat qu'on en peut espérer.

» Maintenant je dois vous expliquer par quel moyen
on pourrait créer cette école de pommiers et de poiriers à
cidre et presque-sans frais.

» On louerait dans le voisinage du chef-lieu un champ
de 10 à 15 hectares, reconnu propre à la culture du pommier, où l'on établirait la plantation par lignes espacées
de 15 mètres environ. Les arbres seraient plantés sur

(1) Je ne parle pas des départements qui forment la Normandie ;
des travaux importants ont été faits dans cette contrée.

chaque ligne à 10 mètres de distance, ce qui laisserait toute facilité pour cultiver entre elles des céréales ou autres plantes, usuelles dans le pays.

» Ce terrain, pris à ferme par le département, serait immédiatement sous-loué presque au même prix à un cultivateur, à qui on imposerait pour condition, de respecter les arbres et leur produit.

» La plantation devrait être faite en sauvageons de pommiers et poiriers pour recevoir successivement les greffes des espèces à cidre qui doivent former cette collection.

» Je crains, Messieurs, de n'avoir pas assez clairement formulé ma pensée; je réclame à cet égard votre indulgence.

» Il en est de même du vœu émis pour la création d'écoles de vignes dans chaque région vinicole. »

M. le Président annonce à l'assemblée qu'on lui remet à l'instant même une lettre de M. Boutet−Delisle, de Saumur, nommé l'un des secrétaires du bureau, qui s'excuse et regrette que des affaires imprévues l'empêchent de venir partager les travaux de ses collègues.

M. Boutard dépose sur le bureau une notice sur un appareil distillatoire de M. Chambardel de Poitiers, et un rapport fait à la Société d'agriculture de la Rochelle, sur le même appareil.

M. le Président rappelle au Congrès, qu'avant de se séparer, il doit fixer le lieu de la prochaine session, et prendre les mesures propres à en assurer la complète réussite.

Une discussion animée, et à laquelle prennent part la majeure partie des membres présents, s'engage sur ce sujet: M. Petit−Lafitte, délégué de la Société d'agriculculture de la Gironde, déclare qu'il a reçu mission spéciale de sa compagnie de solliciter pour la ville de Bordeaux la session de 1843, du Congrès que les œnologues les plus distingués de cette contrée appelaient de tous leurs vœux.

Les noms des villes de Dijon et de Tours sont mis en avant dans cette circonstance. MM. les délégués des Deux-Sèvres et de la Charente-Inférieure disent que n'ayant point mission de solliciter la prochaine session pour leurs contrées respectives, ils se joignent à M. Petit-Lafitte pour appuyer les légitimes prétentions qu'il fait si éloquemment valoir en faveur de Bordeaux.

M. le Président ayant déclaré la discussion close sur ce sujet, et mis aux voix la demande primitive de M. Petit-Lafitte, l'assemblée décide que la deuxième session du Congrès de vignerons aura lieu à Bordeaux en 1843.

Sur le refus de M. Petit-Lafitte d'accepter dès ce moment le titre de secrétaire-général de la session de 1843, que l'assemblée veut lui déférer, il est décidé qu'on s'en remettra à cet égard au soin de la Société d'agriculture de la Gironde, la chargeant ainsi de la désignation de ce fonctionnaire et du choix d'une commission organisatrice qu'elle sera libre de former, de membres pris dans son sein ou d'autres viticulteurs pris en dehors de ses rangs.

L'époque de la réunion de ce Congrès est encore laissée à sa décision, avec cette observation cependant de ne pas la désigner de manière à nuire au Congrès scientifique de France qui se réunira à Angers dans la première quinzaine de septembre.

L'assemblée décide également que les producteurs de cidre ne pouvant se transporter à une aussi grande dis-

tance et dans un pays où il n'y aurait nul élément pour
leurs études, la seconde session du Congrès des producteurs de cidre aura lieu à Rouen en 1843; elle nomme
M. Girardin, correspondant de l'Institut de France, professeur de chimie à l'école municipale de ladite ville, secrétaire-général de cette session; confie à la Société
centrale d'agriculture de la Seine-Inférieure le soin de
nommer une commission organisatrice et de fixer la date
de ce Congrès, de manière à ce qu'elle ne coïncide pas
avec la onzième session du Congrès scientifique de France
et la deuxième de celui de vignerons.

L'assemblée, avant de se séparer, décide que les ouvrages dont il lui a été fait hommage, seront déposés à la bibliothèque de la ville, et charge la commission d'organisation de cette première session de veiller à l'impression
du compte-rendu, à sa bonne distribution aux membres
du Congrès, ainsi qu'aux associations auxquelles il serait
dans l'intérêt de l'institution de le faire connaître; elle
confie en outre à cette commission le soin de régler les
dépenses de cette première session.

Après l'adoption de ces diverses mesures, M. le Président donne la parole à son collègue du bureau, M. Petit-
Lafitte. Celui-ci se lève et prononce le discours suivant
dont l'assemblée vote l'impression :

« Messieurs,

» Par votre zèle, par votre empressement à répondre
à l'appel de la Société industrielle d'Angers, par les travaux importants que vous avez accomplis dans cette enceinte, par les recherches, les investigations auxquelles
vous vous êtes livrés sans relâche durant les quatre jours
de séances que compte la première session du Congrès des

vignerons français et étrangers, vous avez acquis à notre pays une institution qui ne peut manquer de s'y perpétuer, qui ne peut manquer d'y produire les plus heureux résultats.

» Ainsi que j'avais l'honneur de le dire devant la compagnie qui m'a députe vers vous, l'utilité des Congrès scientifiques en général, le bien qu'ils doivent produire, ne saurait être contesté, même lorsqu'il serait encore impossible de citer à l'appui de cette opinion les faits nombreux qui démontrent aujourd'hui de la manière la plus évidente combien sont grands, combien sont heureux pour les spécialités scientifiques qu'ils intéressent, les résultats déjà produits par ces sortes de réunions.

» L'esprit humain est essentiellement perfectible ; ainsi l'a voulu le Créateur en faisant l'homme à son image, en lui communiquant cette force d'intelligence qui le porte sans cesse à la recherche de la vérité, qui le conduit enfin à placer ses espérances dans un avenir où ce besoin de connaître sera complètement rempli ; où il ne paiera plus par le travail les découvertes qu'il veut faire ; où cessera en un mot cette disproportion immense qui existe aujourd'hui entre une intelligence dont les conceptions sont sans bornes et des moyens d'action soumis à toute la lenteur, à toute l'imperfection, à toute l'incertitude qui sont le partage des objets régis par les lois physiques de la nature.

» Ce premier fait, d'une nécessité de perfectionnement inhérente à la nature de l'homme et commandée d'ailleurs par l'obligation où il se trouve d'ajouter sans cesse aux agréments de son existence, joint aux facultés précieuses dont seul il jouit sur la terre de se mettre en rapports suivis avec ses semblables, de leur communiquer ses idées,

de les associer à ses vues, de travailler avec eux, surtout
de pouvoir conserver le résultat de ses recherches, de ses
observations, de son expérience par la formation des
sciences, des arts; tout cela, disons-nous, sert d'explication à ce que nous avancions tout à l'heure touchant le
grand bien que peuvent produire, qu'ont déjà produit les
grandes réunions scientifiques connues sous le nom de
Congrès.

» Elles ont l'avantage effectivement, plus encore que la
presse, en rapprochant des hommes s'occupant de mêmes
études, de mêmes travaux, de les placer dans la position
de pouvoir se communiquer leurs idées, leurs vues, touchant le but commun de leurs efforts respectifs; de pouvoir éclairer leurs doutes, rectifier leurs erreurs, acquérir
de nouvelles idées, connaître de nouveaux faits; en un
mot de pouvoir mettre dans leurs travaux, cet ensemble,
cette harmonie, cette unité de vues qui seuls peuvent assurer la solidité, la durée de l'édifice qu'ils veulent élever;
qui seuls peuvent rendre utiles, applicables, les perfectionnements qu'ils cherchent et que l'humanité tout entière a tant d'intérêt à leur voir rencontrer.

» Pour ce qui regarde l'agriculture en général, la culture de la vigne et la fabrication de son merveilleux produit, plus spécialement, qui oserait nier que tous ces faits
ne soient applicables aux travaux, aux recherches, aux
découvertes à faire pour les perfectionner, pour les mettre
de plus en plus en position de répondre aux nombreux
besoins qu'ils doivent satisfaire. Certes, tout ce qui s'est
passé durant nos quatre jours de réunion, d'études,
de travaux; tout ce que nous avons vu, tout ce que nous
avons appris ne peut laisser aucun doute sur l'efficacité

7

de semblables réunions, sur la nécessité de les maintenir ; de les organiser de plus en plus, de les faire adopter par les mœurs de notre pays.

» Vous avez donc bien fait, Messieurs, d'assurer, avant de vous séparer, la tenue du Congrès des vignerons pour 1843 ; vous avez bien fait, au point de vue d'intérêt général, de désigner Bordeaux pour siège de cette grande assemblée, de jeter les yeux sur une cité qui dut à ses produits vinicoles son immense réputation commerciale, les grandes richesses qu'atteste son aspect tout à fait monumental.

» Au nom des compagnies savantes qui résident à Bordeaux et auxquelles j'ai l'honneur d'appartenir, au nom de la Société d'agriculture que je représente ici, au nom de son digne président, le très honorable M. Ivoy, au nom de l'Académie royale des sciences qui a tant fait dans la spécialité qui nous occupe, de la Société Linnéenne qui a fondé la plus belle collection de vignes qui soit en France ; au nom de tous les hommes qui, sur cette portion du territoire, poussent jusqu'au dévouement le désir de perfectionner la plus belle branche de l'agriculture française ; au nom de tous mes compatriotes, si généreux, si empressés, si hospitaliers ; en mon nom particulier, et comme Bordelais, et comme professeur d'agriculture, je vous remercie, Messieurs, d'un tel choix ; il sera accueilli avec reconnaissance, il concourra à assurer, à consolider la durée de l'institution que vous voulez perpétuer et dont vous avez si bien, si dignement démontré tous les avantages.

» En ma qualité d'étranger, vous me permettrez encore, et ici, je me hâte de le dire, comme l'organe de tous

ceux d'entre nous qui ont répondu comme moi à l'appel
de la Société industrielle d'Angers, de payer à cette société le tribut de remerciements qui lui est si légitime-
ment dû, pour l'heureuse initiative qu'elle a prise ; pour
les travaux au moyen desquels elle l'a fait réussir ; pour
tout ce qu'elle a fait en vue de la préparation et de la tenue du Congres.

» Vous me permettrez aussi d'adresser plus spécialement encore les témoignages de notre gratitude à ceux
des membres de cette société qui ont siégé parmi nous,
qui ont fait de si importantes communications, qui nous
ont montré des travaux si intéressants ; à votre digne
Président, à M. Guillory aîné, à l'homme dont la vie
entière est consacrée au service de la cause publique, au
progrès des sciences ; au premier magistrat du département, à M. le préfet de Maine et Loire, qui vous a ouvert
son hôtel, qui a accueilli votre bureau avec tant de bienveillance, qui vous a témoigné le regret qu'il éprouvait de
ne pouvoir s'associer lui-même aux travaux du Congrès.

» Enfin, Messieurs, vous me permettrez encore de vous
témoigner toute ma reconnaissance pour l'honneur que
vous m'avez fait en me plaçant à votre tête immédiatement après l'homme estimable que nous y portions tous,
même avant de le connaître comme tous nous le connaissons aujourd'hui. Cet honneur s'adresse spécialement à
la Société qui m'a député vers vous et qui ne pourra
manquer d'y être extrêmement sensible. Cet honneur
est la récompense la plus précieuse qui m'ait encore été
donné d'obtenir de mes travaux, de mon zèle sans borne
en faveur de l'agriculture. »

M. F. Gaultier obtenant ensuite la parole, prononce le
discours suivant dont l'impression est également votée.

« Messieurs,

» Le Congrès vinicole est arrivé au terme de ses travaux ; permettez qu'avant de nous séparer, nous vous
exprimions la reconnaissance que nous vous devons pour
l'empressement que vous avez mis à répondre à l'appel
que vous a fait la Société industrielle d'Angers et du département de Maine et Loire, par l'organe de son honorable Président.

» Nous vous avons donné une esquisse très imparfaite
de ce qu'elle a fait pour améliorer et perfectionner la culture de la vigne et la préparation du vin. Les discussions
qui ont eu lieu à ce sujet au sein de cette assemblée contribueront puissamment à éclairer la marche des œnologues de nos contrées. C'est à vous surtout, Messieurs, qui,
éloignés de notre localité, avez bien voulu vous déplacer
pour nous apporter les fruits de votre expérience, de vos
lumières et de vos travaux ; c'est à vous surtout que nous
devons une gratitude toute particulière. La Société industrielle, tout entière, ses comités d'agriculture et d'œnologie en particulier, dont nous sommes heureux et fier
d'être l'organe dans cette circonstance, sentent vivement
tout ce qu'ils vous doivent de reconnaissance pour les témoignages d'estime dont vous les avez honorés.

» Notre réunion, Messieurs, a un but trop honorable et
trop élevé pour qu'elle n'ait pas des imitateurs. — Nous
vivons à une époque de progrès et de civilisation. —
Puisse cette assemblée compter au nombre des résultats
heureux qu'elle doit avoir, celui d'exciter l'esprit de la
génération actuelle vers l'agriculture, l'industrie et le commerce, ces trois grands civilisateurs du monde comme ils
sont aussi les trois principales artères de la richesse, de la
prospérité et de la force des états. — Là aussi il y a de

la gloire à acquérir. — Si elle n'a pas l'éclat qui brille dans nos éblouissantes annales militaires, elle n'aura, du moins, rien coûté à l'humanité. — Sa fin est de rapprocher tous les peuples, de confondre toutes les opinions, d'éteindre toutes les haines et de rendre la guerre presque impossible par les liens d'une communauté d'intérêts qui doivent de plus en plus se resserrer.

» L'accroissement des richesses de notre sol et le perfectionnement d'un de ses plus précieux produits, voilà, Messieurs, où tendent plus spécialement nos communs efforts. — Vous avez entendu notre voix et compris toute l'importance des réunions de la nature de celle-ci : si leur influence doit avoir d'heureux résultats pour tous les pays, principalement pour ceux dont la culture de la vigne est une des principales richesses, honneur vous en soit rendu, Messieurs, qui avez abandonné vos affaires, vos intérêts personnels et les douceurs du foyer domestique pour venir vous réunir à nous. — Puissiez-vous emporter de notre vieille cité un souvenir de bienveillance et de confraternité ! — Veuillez être, Messieurs, près des Sociétés savantes que vous représentez si dignement, les interprètes de notre compagnie dont toutes les sympathies vous sont acquises et qui conservera toujours un doux souvenir du trop court séjour que vous avez fait parmi nous. »

Rien n'étant plus à l'ordre du jour, M. le Président déclare la première session du Congrès des vignerons et producteurs de cidre close, et lève la séance à cinq heures.

Rapport sur les actes du Congrès des vignerons et des producteurs de cidre de France, fait à la Société centrale d'agriculture de Paris,

Par son secrétaire perpétuel, M. O. LECLERC-THOUIN, membre honoraire de la Société industrielle.

Messieurs,

M. Guillory aîné, président de la Société industrielle d'Angers, l'un de nos correspondants pour le département de Maine et Loire, eut, l'année dernière, la première pensée d'instituer en France un Congrès de vignerons, analogue à ceux qui existent depuis plusieurs années en Allemagne.

L'entreprise était vaste ; mais grâce à l'empressement avec lequel elle fut généralement accueillie, une réunion a déjà pu avoir lieu dans le courant de septembre dernier. Elle a démontré le bien que pourront produire de telles associations, lorsqu'elles seront dirigées avec autant d'à-propos et de sagesse qu'elles l'ont été à Angers sous les auspices de la Société industrielle.

En effet, au moment de la crise actuelle, alors que l'extension donnée à la culture de la vigne, ses envahissements sur les bonnes terres de la plaine et la substitution des cépages féconds aux cépages *distingués*, semblent devoir entraver de plus en plus la marche normale de notre agriculture, soit en diminuant la masse des fumiers applicables aux terres labourables, soit en restreignant les récoltes fourrageuses, alimentaires ou industrielles, au profit d'un végétal qu'il est regrettable de voir figurer ailleurs que sur les sols médiocres et inclinés qu'il occupait jadis si fructueusement, soit en augmentant la quantité

du vin aux dépens de la qualité et en changeant ainsi les
conditions du commerce intérieur et extérieur ; — tandis
que les bons crus ne luttent plus qu'à perte contre les
médiocres ou les mauvais, et les anciens producteurs
contre les nouveaux ; — tandis, enfin, que la production
des vins communs s'est progressivement accrue chez nous
en raison inverse des besoins d'une consommation de jour
en jour relativement plus restreinte, grâce, il faut bien le
reconnaître, aux progrès sociaux, le remède au mal n'est
certainement pas exclusivement en des mesures qui pourraient à la vérité débarrasser aujourd'hui le marché de
son trop-plein, mais qui, en excitant par cela même les
plantations, devraient logiquement conduire plus tard à
un nouvel et irrémédiable encombrement.

Au lieu de provoquer l'extension d'une culture déjà,
selon moi, sortie de ses limites, il faudrait la régler dans
l'intérêt d'ensemble de notre économie rurale, améliorer
ses conditions dans les lieux qui lui conviennent spécialement, l'y maintenir, s'il était possible, et rendre ainsi
à notre commerce d'exportation le lustre qu'il a partielle-
ment perdu. Il faudrait, en un mot, rendre fructueuse en
France la fabrication des vins de choix, sans encourager
indiscrètement celle des autres.

Or, si la science ne peut seule conduire à cet heureux
résultat, il est certain du moins qu'elle doit contribuer
pour sa part à l'atteindre. En lisant attentivement les actes
du Congrès des vignerons on voit que son digne président
a été mu par cette pensée. Il a cherché à éloigner d'une
assemblée d'œnologues et de cultivateurs toute discussion
étrangère à sa spécialité.

Les premières pages du livre comprennent nécessairement l'organisation du Congrès, la formation de ses bu-

reaux, et les adhésions nombreuses qui ont accueilli la nouvelle de sa création, soit en France, soit sur d'autres parties de l'Europe, notamment dans le grand duché de Bade, dans la Savoie, l'Autriche et la Suisse.

Vient ensuite la discussion des questions qui figuraient au programme des séances, soit sur la connaissance et la synonymie des cépages, leur mérite relatif et les meilleurs moyens de les cultiver, soit sur la fabrication des vins et la manière de les améliorer.

L'auteur de l'Ampélographie, ouvrage encore inédit, dont vous avez été à même, Messieurs, d'apprécier cependant quelques fragments, ne pouvait manquer de prendre part aux débats de cette discussion. Les observations faites par lui et quelques autres membres, notamment MM. Boutard et l'abbé Picard, n'ont pu toutefois conduire qu'à faire mieux juger les irrégularités de la nomenclature, et le service que rendra M. le comte Odart, en hâtant la publication de son travail. A propos du mérite relatif et du choix des variétés, deux opinions se sont élevées : les uns avec MM. Petit-Lafitte et Royer ont prétendu que le sol influait à ce point sur la qualité des vins, qu'il pouvait amener plus ou moins promptement la dégénérescence des cépages ; les autres, avec M. le comte Odart, ont soutenu que les caractères spécifiques se conservaient en dépit de la nature géologique des terres, et que l'espèce de crossettes pouvait ainsi modifier sous tous les climats la qualité des vignobles. Les preuves qu'on a citées de part et d'autre ont mis, ce me semble, plus que jamais hors de doute cette double vérité, que ni le sol ni le climat ne peuvent en effet changer les caractères botaniques des races ; mais, d'un autre côté, que la saveur des raisins et la qualité de leur moût, ne sont jamais indépendants des circonstances locales, et qu'ainsi il n'est pas plus possible, en introduisant une nouvelle variété dans un vignoble, de dire qu'il y donnera des vins semblables à ceux qu'elle donnait en des conditions météorologiques et géologiques différentes, que d'affirmer qu'elle en produira, après un certain temps, de semblables à ceux de la localité où elle vient d'être fixée. En pareil cas, la nature des produits est évidemment la résultante de deux causes dont il est malheureusement impossible de déterminer *à priori* les effets complexes.

Une autre question a soulevé une assez vive polémique entre deux membres éminents du Congrès. Le premier croit peu à la possibilité d'obtenir par la voie des semis des variétés de raisins meilleures que celles que nous possédons. Considérant la question sous un point de vue purement économique, il a indubitablement raison de conseiller aux personnes qui veulent régénérer leurs clos de recourir au marcottage, ou à la greffe, plutôt qu'à la pratique incertaine et lente des semis ; de n'accorder même à ces derniers aucune importance comme moyen *usuel* de multiplication de la vigne. Mais aller plus loin, nier en présence des variétés déjà si nombreuses que nous possédons, et qui toutes malgré leur diversité ont eu nécessairement une graine pour origine, que ce qui s'est passé autrefois ne puisse se reproduire, et même qu'il soit impossible d'aider la nature à mieux faire encore, dans nos intérêts ce serait nier l'expérience de tous les jardiniers qui ont contribué à former notre botanique agricole et horticole, ou faire de la vigne un végétal en dehors des lois communes de la physiologie. Ce serait fermer les yeux aux faits tout récemment encore présentés par M. Vibert, puisqu'il a obtenu, vous le savez, Messieurs, des variétés qui se distinguent autant par leur mode intime de végétation que par leurs caractères extérieurs.

Aussi le Congrès, sur le rapport de M. Boutard, a-t-il témoigné authentiquement le vif intérêt qu'il prend aux patients travaux de M. Vibert.

A la suite de ces discussions sont venues celles qui se rattachent à la partie technique de la viticulture. Divers orateurs parmi lesquels on peut citer MM. Chapuis, Guillory, Hunault, A. Leroy, Mahier, Odart, Petit-Lafitte, de Quatrebarbes, Picard, Royer et Sébille-Auger ont, les uns analysé des procédés de culture locale, les autres recherché, d'une manière plus spéciale, les moyens d'assurer le succès et la durée des greffes de la vigne, de la fumer ou de l'amender de la manière la plus économique et la moins nuisible à ses produits, etc., etc. Plus tard le Congrès s'est occupé de la fabrication des vins, et a renvoyé à une session ultérieure, qui devra s'ouvrir à Rouen, la question des cidres. Toutefois, sur la proposition de M. André Leroy, il a émis le vœu qu'une école de pommiers et de poiriers à cidre fût créée dans le département de Maine et Loire et dans chacun de ceux qui forment les anciennes provinces de la Bretagne et du Maine.

Pendant le cours des séances, plusieurs mémoires dont l'impression a été votée et dont la publication termine les actes du Congrès, ont été lus. Je regrette de ne pouvoir, dans cet aperçu, indiquer même leurs titres. Les uns sont relatifs aux travaux que les deux Sociétés d'Angers, la Société industrielle dont M. Frédéric Gaultier a été l'interprète en cette circonstance, et la Société royale d'agriculture, sciences et arts, représentée par M. Hunault, ont fait en œnologie et en œnomélologie; les autres aux essais ampélographiques de M. le comte Odart; à ceux entrepris successivement à Bordeaux, en vue d'arriver à une synonymie complète de la vigne ; à ceux tentés dans le même but à la Rochelle, par M. Boutard, dans le Bourbonnais, par M. Descolombiers ; les autres encore à l'état vinicole du département des Deux-Sèvres, de la Charente-Inférieure, du Saumurois, par MM. l'abbé Picard, Boutard et Sébille-Auger.

M. Petit-Lafitte qui attribue, ainsi qu'il a déjà été dit, une très haute influence à la qualité des terres sur celle des vins, a fait connaître avec détail la nature géologique des divers vignobles de la Gironde. M. Mahier a lu un mémoire sur les vins en général, un second sur les cidres ; M. Descolombiers en a présenté un sur les vins de l'Allier ; M. Sébille-Auger sur ceux de Saumur ; M. Versepuy sur ceux du Puy-de-Dôme.

Enfin divers travaux ont été présentés encore sur différents pressoirs, sur des appareils de pressurage et de cuvage, par MM. Bayan, Guillory et Viot-Prud'homme. M. Sébille-Auger a fait un court rapport sur les vins et autres objets envoyés au Congrès.

Pendant l'intervalle des séances, plusieurs excursions ont été faites en l'honneur des étrangers, tantôt au beau jardin de botanique d'Angers, dont la création rappelle les noms chers à cette cité, de Larevellière-Lépeaux et Merlet de la Boulaye, dont la première splendeur fut en grande partie l'œuvre du docteur Bastard, tantôt au jardin sur lequel la Société royale d'agriculture a eu l'heureuse et féconde pensée de créer une école fruitière : — d'autres fois au milieu des 15 à 1,800 pieds de vignes tous de semence, que M. Vibert s'est efforcé de faire varier par une hybridité naturelle, — d'autre fois enfin dans les vastes pépinières de M. André Leroy, au milieu des magnolias qui y croissent, pourrait-on dire, en forêts, des camélias de plusieurs mètres de hauteur, qui y développent en pleine terre leurs tiges rameuses, éclatantes de milliers de fleurs, ou chargées de leurs graines fécondes, des thés que les hivers rigoureux ont pu atteindre sans les détruire, et de cette multitude de jeunes arbres fruitiers, forestiers ou d'ornement, que plus de 14 hectares suffisent à peine à contenir.

En résumé, Messieurs, cette première session, si elle est loin, comme vous le voyez, d'avoir éclairé toutes les questions qui intéressent l'œnologie, a du moins ébauché une page de ce difficile travail. En mettant plus particu-lièrement en contact les cultivateurs de l'Ouest, elle a établi entr'eux des liens qui se cimenteront l'année pro-chaine à Bordeaux, et qui ne pourront manquer d'y lais-ser d'utiles traces. Elle a posé les bases d'une association toute pacifique, qui cherchera dans le savoir et le travail à triompher d'"une position devenue difficile, et déjà elle a enrichi la viticulture de plusieurs documents propres à hâter ses progrès. Je pense donc, Messieurs, que la Société centrale, en remerciant M. le Président du Congrès des vignerons, devra lui témoigner toute sa sympathie pour les travaux d'une association qu'elle considérera, sans doute, comme vraiment nationale.

(Bulletin des séances de la Société centrale d'agriculture, année 1843, pages 291 et suivantes).

Extrait des procès-verbaux de la Société centrale d'agriculture.

M. Leclerc-Thouin lit un rapport sur le volume intitulé : *Actes du Congrès des vignerons et producteurs de cidre*, *tenu à Angers;* il propose à la Société de remercier le Président de ce Congrès, et de lui témoigner sa sympathie pour une association qu'elle considère comme vraiment nationale.

M. Chevreul appuie les conclusions du rapport ; il fait observer, en même temps, que les actes du Congrès présentent quelques travaux qui sont dignes d'une attention particulière et d'un examen spécial ; on peut citer entre autres ceux de M. Vibert, dont les observations, en ce qui concerne les vignes *venues de semis*, ont donné lieu, dans le sein de cette assemblée, à d'intéressantes discussions ; il désirerait que M. le secrétaire perpétuel présentât un résumé des travaux de M. Vibert, et que, dans l'intérêt de la pratique aussi bien que dans celui de la science, particulièrement de la physiologie végétale et même animale, il étendît ce travail aux longues expériences de M. Sageret, sur les arbres fruitiers, et à celles de M. Vilmorin, sur la carotte sauvage et divers autres semis de plantes potagères.

M. Vilmorin approuve les vues du rapport, en ce qu'il présente toutes les variétés jusqu'ici obtenues, des diverses espèces végétales, comme obtenues de semences, et les semis comme le seul moyen d'en augmenter le nombre.

Les conclusions du rapport de M. Leclerc-Thouin sont adoptées, et son insertion au bulletin est prononcée.

Rapport fait à la Société d'horticulture de Paris, le 1ᵉʳ mars 1843, sur le Congrès de vignerons et de producteurs de cidre, tenu à Angers (Maine et Loire), en octobre 1842,

Par M. A. POITEAU, de la Société royale et centrale d'agriculture, membre honoraire de la Société industrielle d'Angers, etc., à Paris.

Messieurs,

La ville d'Angers s'est mise à la tête des cités qui conçoivent le mieux la nécessité d'introduire des perfectionnements dans la culture de la France. Sa Société industrielle vient de tenir un Congrès de vignerons dans lequel ont été présentés, examinés, discutés tous les procédés de culture pratique et théorique de la vigne, tous les procédés de fabrication du vin usités dans l'ouest de la France, et il est résulté, de cette discussion entre un grand nombre d'hommes instruits réunis en Congrès, le moyen d'apprécier plus exactement l'état de nos connaissances dans les différentes branches de la science vinicole, et de montrer combien il reste encore à faire pour arriver à la perfection désirable. Le Congrès, en publiant le résultat de sa première session, met sous les yeux du public l'état actuel de la science vinicole en France. Les Congrès futurs corrigeront, perfectionneront et ajouteront ce que l'expérience, le raisonnement leur montreront devoir être ajouté.

Je diviserai, Messieurs, ce que j'ai à vous dire du Congrès de vignerons tenu à Angers, en octobre 1842, en trois parties : dans la première, je vous dirai les raisons qui ont donné lieu au Congrès ; dans la seconde, je vous entretiendrai des questions qui ont été débattues dans le Congrès ; dans la troisième, je vous donnerai l'analyse des mémoires et rapports que le Congrès a jugés dignes de l'impression.

PREMIÈRE PARTIE

Causes et raisons qui ont déterminé la tenue d'un Congrès de vignerons à Angers. — Dans la séance du 2 février 1842 de la Société industrielle d'Angers, M. Guillory aîné, son président, a rappelé à la Société, dans un discours remarquable, que l'industrieuse Allemagne avait fondé un Congrès de vignerons dont la première réunion avait eu lieu à Heidelberg en 1839, la seconde, à Mayence, en 1840, et la troisième, à Wurtzbourg, en 1841. La ville d'Heidelberg a été choisie pour la première réunion du Congrès, peut-être parce qu'il y a, dans ses environs, plusieurs vignobles en grande réputation, peut-être aussi parce que c'est dans cette ville qu'est conservé le fameux tonneau cerclé en cuivre qui contient 2,192 hectolitres d'un vin vieux maintenant de cent-vingt ans. De grands propriétaires, des négociants en vins forment le noyau de ces Congrès; les États voisins y envoient des délégués, d'habiles cultivateurs; les simples vignerons y recueillent des lumières, des idées d'amélioration qui ne leur seraient jamais venues dans leur état d'isolement.

C'est après le récit chaleureux du bien que ces Congrès produisent en Allemagne, de l'instruction qu'ils répandent parmi les simples vignerons, que M. Guillory aîné, le digne président de la Société industrielle d'Angers, a eu l'heureuse idée d'en établir de semblables en France ; il a été puissamment aidé dans ses vues patriotiques par l'élite des membres de la Société qu'il préside ; la question a été profondément examinée dans une réunion le 6 juin, et il a été décidé que, comme la ville d'Angers se trouve sur la ligne de démarcation entre les contrées vinicoles et les contrées *cidricoles* (1), il serait convenable d'appeler au Congrès les producteurs de vins et les producteurs de cidre. Cependant, dans une assemblée subséquente, on a reconnu que les producteurs de cidre ne seraient plus aptes à faire partie du Congrès quand il se tiendra dans une ville plus au midi où la culture du cidre est plus ou moins étrangère.

Après de mûres délibérations, la Société industrielle d'Angers a arrêté que le Congrès s'ouvrirait le 12 octobre, dans l'une des salles de la préfecture, que la souscription serait de 5 fr. par chaque adhérent, et qu'un appel serait fait à toutes les Sociétés, à toutes les personnes connues par l'intérêt qu'elles portent aux progrès de l'œnologie française. Un programme en vingt-trois articles a été fait pour régulariser la marche des travaux ; enfin toutes les questions dont le Congrès devait s'occuper ont été divisées en trois sections : 1° *la viticulture ;* 2° *la fabrication des vins ;* 3° *la culture des pommiers et la fabrication des cidres.*

SECONDE PARTIE.

Première session du Congrès de vignerons tenu à Angers. Première séance générale tenue le 12 *octobre* 1842. — A dix heures et demie du matin, la séance est ouverte

---

(1) L'introduction de ce nouvel adjectif dans la langue semble nécessaire pour éviter une périphrase. Si quelqu'un trouvait que ce nouveau mot pèche en ce qu'il paraît formé de deux langues, je dirais pour le justifier, que Mézeray fait venir cidre de *citreus*, et qu'en francisant un mot grec ou latin, l'oreille demande quelquefois de substituer une lettre à une autre.

sous la présidence de M. Guillory aîné, président provisoire, qui, dans un discours d'ouverture, rappelle le but
du Congrès, les progrès déjà faits en Allemagne au
moyen de cette institution. « Ces progrès sont immenses,
» dit-il, et malheureusement pour nous incontestables.
» Oui, messieurs, c'est un malheur, pour l'industrie vi-
» nicole française, que la même industrie chez nos voisins
» se soit ainsi perfectionnée dans ces dernières années,
» puisque nous en avons ressenti les contre-coups par la
» privation de débouchés qni, depuis longtemps, nous
» étaient acquis. » Après ce discours, on procède à l'organisation définitive du bureau, et M. Guillory aîné est
nommé, à l'unanimité, président du Congrès. Il fait connaître aux membres présents que M. le Maire de la ville
d'Angers s'est empressé de donner des ordres pour que
tous les établissements publics de la cité fussent ouverts,
à toute heure du jour, à MM. les membres du Congrès
pendant la durée de la session. Le secrétaire-général
nomme les douze Sociétés qui ont envoyé des délégués au
Congrès. La lecture de la correspondance a fait connaître
que beaucoup d'autres Sociétés, beaucoup de particuliers
ont adhéré au Congrès, ou félicité la Société industrielle
d'Angers de son initiative, mais n'ont pu s'y rendre ni
envoyer de délégués. On entend la lecture de plusieurs
mémoires intéressants envoyés au Congrès. Un incident
amène M. Leroy, notre confrère, a parler du pêcher,
« dont la taille offre tant de difficultés à cause de l'impos-
» sibilité que l'on supposait de pouvoir l'amener à déve-
» lopper des bourgeons *adventices*. Il résulte de son ex-
» périence que le retranchement des branches, sur des
» sujets malades ou vieux, opéré dans la dernière quin-
» zaine de juin, est toujours suivi du développement de

8

» ces bourgeons. » En ce moment M. le comte Odart entre dans la salle des séances avec son collègue, M. Viot-
Prud'homme, et tous les membres présents en éprouvent
une agréable sensation. Avant de lever la séance, M. le
Président invite les membres du Congrès à commencer
immédiatement leurs excursions scientifiques par la visite
au jardin fruitier de la Société d'agriculture, sciences et
arts d'Angers, et à la collection de vignes de semis de
M. Vibert, notre autre collègue.

Deuxième séance générale tenue le 13 *octobre* 1842.
— La séance est ouverte à deux heures. M. le Président
prend la parole au nom du bureau, et propose à l'assemblée de déférer à M. le comte Odart, si avantageusement
connu par ses travaux œnologiques, le titre de Président
honoraire. Cette proposition est adoptée à l'unanimité.
— Dans le but d'initier le Congrès à tout ce qu'a fait la
Société industrielle d'Angers pour améliorer la culture de
la vigne, M. Frédéric Gaultier donne lecture d'un travail
qu'il a rédigé à cet effet. Un autre travail du même genre,
mais relatif à la Société d'agriculture d'Angers et à son
comice agricole, est lu par M. le docteur Hunault. Ces
deux mémoires, écoutés avec intérêt, seront imprimés.
— M. le comte Odart expose au Congrès le plan de division qu'il a adopté pour la description qu'il doit faire
des variétés de vignes cultivées en France. — Une discussion s'engage sur les diverses manières de classer les
vignes du royaume. — Deux mémoires sont lus sur le
vin et sur le cidre, avec des développements scientifiques
et de nouveaux aperçus, par M. Mahier, de Château-
Gontier. — Séance levée à 5 heures.

Troisième séance générale tenue le 14 *octobre* 1842.
— La séance est ouverte à 2 heures. M. Edouard Boutard

communique une note du plus haut intérêt sur les vignobles de la Charente-Inférieure, et le catalogue des vignes
cultivées dans l'arrondissement de la Rochelle. M. Sébille-
Auger fait connaître la culture de la vigne et la fabrication du vin usitées dans le département de l'Allier. —
D'autres membres parlent aussi des procédés usités dans
leur canton. — M. le Président annonce qu'on va procéder à l'enquête sur les questions proposées par le programme. La solution de ces questions était d'un grand
intérêt pour le Congrès; mais je ne puis suivre les orateurs qui ont parlé, dans ce rapport qui vous semble déjà
trop long. Il a été question des espèces et variétés de cépages, de leur nomenclature, de leur classification, de
leur mérite relatif, de la quantité de vin qu'ils produisent,
de leur précocité, de leur rusticité, etc. ; de la comparaison entre leur mode de reproduction, les différents procédés de plantation, de conduite, d'entretien. Ce sujet est
très vaste, comme vous voyez : aussi la discussion a été
longue ; beaucoup de membres y ont pris part ; M. le
comte Odart a soutenu son opinion sur l'inutilité des semis de la vigne ; M. Vibert a soutenu, au contraire, l'u-
tilité de ses semis, et il a trouvé beaucoup de membres de
son avis. — Il a été question d'un raisin qui porte le nom
de De Candolle, obtenu de semis par ce célèbre botaniste,
il y a plusieurs années. Le mérite de ce raisin a été faiblement établi ; il résulte de la discussion que c'est un fort
gros raisin qui mûrit vers le 15 septembre, et dont une
seule grappe couvre une assiette : sa couleur n'a pas été
désignée. — M. Vibert dépose sur le bureau une grappe
de raisin qui lui a été envoyée de Laval par M. Léon
Leclerc, accompagnée de la note suivante dont il donne
lecture : « Cette grappe est de mes semis et provenue de
pepins venus de Schiras, à moi donnés par M. Bosc. »

Quatrième séance générale tenue le 15 *octobre* 1842.
— M. Boutard, au nom des membres du Congrès, rend
compte de la visite faite au semis de vignes de M. Vibert,
approuve ce mode de procéder, et conclut en réclamant
une manifestation du Congrès en faveur des persévérants
travaux de M. Vibert. M. le comte Odart, tout en approuvant cette manifestation, renouvelle son opinion déjà
connue, sur l'inefficacité de ce moyen pour obtenir de
meilleures variétés de raisins. Il s'élève alors une discussion entre le rapporteur et M. le comte Odart. La parole
étant donnée à M. Vibert, il développe son opinion sur
l'utilité de semer la vigne, et cite des faits à l'appui. M. le
comte de Quatrebarbes cite quelques faits qui tendent à
concilier les deux opinions. La constance de couleur dans
la peau du raisin est ensuite mise en discussion, et il en
résulte que des pepins de raisin noir peuvent produire des
raisins blancs. M. le président appelle l'attention du Congrès sur la plantation de la vigne par bouture. On cite le
général Delaage, qui a greffé avec succès une pièce de vigne
sur racine. — M. Royer dit que le raisin rouge réussit
mieux sur le raisin blanc que le blanc sur le rouge; on lui
oppose un fait contraire; enfin M. le comte Odart dit que
les chances sont égales pour les deux manières. — Une
longue et intéressante discussion s'engage sur les différents
modes de fumer les vignes. On sent bien que tous les
moyens connus ont été cités : on en a même recommandé
d'impraticables dans la grande culture. M. le comte Odart
dit que le fumage de la vigne avec ses propres sarments,
proposé comme une nouvelle invention, avait été indiqué
par des auteurs latins.

Cinquième séance générale tenue le 15 *octobre* 1842. —
Cette cinquième séance a roulé sur la fabrication du vin,
sur la culture des pommiers et sur la fabrication du cidre.

M. Sébille-Auger dit que la théorie de la fermentation
n'ayant pas fait de progrès depuis 30 ans, on en est toujours réduit aux mêmes errements. Il lit sur le même
sujet un long et intéressant mémoire. M. Guillory rappelle
qu'il a introduit un pressoir perfectionné, qu'il est dans
l'intérêt des vignerons d'imiter. — Le pressoir à enclique-
tages, établi par l'école royale d'arts et métiers d'Angers,
est aussi signalé au Congrès, quoique M. Lesourd-Delisle
le croie inférieur à celui de M. Benoît. — Les avantages
et les inconvénients de l'égrappage sont signalés. — On
égrappe le raisin pour faire le vin rouge dans le Saumurois, en Touraine et dans le Médoc. — M. Petit-Lafitte dit
que, à défaut d'information suffisante, et bien que la
science semble mettre sur la voie des causes capables de
commander et d'interdire l'égrappage, il est convenable
d'ajourner cette question et de la recommander spécialement à la prochaine session du Congrès, ce qui est adopté.
— L'assemblée passe ensuite à la culture des pommiers
et à la fabrication du cidre. M. A. Leroy développe une
proposition tendant à ce qu'il soit établi une école de poiriers et de pommiers à cidre aux environs d'Angers. Les
moyens à employer pour établir cette école ne seraient
que peu ou point coûteux, et les conclusions de M. A.
Leroy sont adoptées à l'unanimité. — Après quelques
autres communications de moindre importance, M. A.
Petit-Lafitte fait un discours très remarquable sur les
questions traitées par le Congrès, et sur celles dont devront
s'occuper les Congrès futurs. M. F. Gaultier prend ensuite la parole et prononce un discours non moins remarquable, à peu près dans le même sens. Après ce discours,
M. le Président déclare que la première session du Congrès
est terminée, et lève la séance à 5 heures.

TROISIÈME PARTIE.

Rapports, mémoires, notices que le Congrès a jugés dignes d'être imprimés. — Ces pièces lues ou présentées au Congrès, sont au nombre de vingt-quatre. Je ne puis me dispenser, messieurs, de vous dire quelques mots de celles qui ont des rapports avec nos études ordinaires ou qui traitent de quelques points d'un intérêt général. Ainsi, en parlant de la culture de la vigne, M. Frédéric Gaultier évalue à 30,000 hectares la terre cultivée en vigne dans Maine et Loire, produisant 500,000 hectolitres de vin évalués à 9 millions de francs. Il cite la petite charrue sans avant-train de M. Bruneau, pour labourer la vigne avec beaucoup d'économie. Quelques propriétaires de vigne du département font des vins mousseux qui ne diffèrent pas des vins mousseux de Champagne.

M. le comte Odart développe son plan ampélographique par régions, ouvrage qui n'est pas encore imprimé.

M. Petit-Lafitte, dans une note sur la synonymie de la vigne, commence par rappeler que Rosier, aux environs de Béziers, et Bosc, dans la pépinière du Luxembourg, à Paris, sont les deux hommes qui ont le plus travaillé à débrouiller la synonymie de la vigne. Aujourd'hui la collection de vignes de Carbonnieux, à Bordeaux, contient 872 espèces, et le catalogue en sera publié incessamment.

La notice de M. Boutard fait connaître que la culture de la vigne occupe 111,682 hectares dans le département de la Charente-Inférieure. Il pense que les cépages qui ont donné de la réputation aux vins d'Aunis ont disparu depuis l'usage introduit dans le pays, de convertir presque tout le vin en eau-de-vie. On plante généralement la vigne de bouture; mais l'auteur croit que si l'on plantait des chevelées ou marcottes enracinées, la vigne pousserait plus vite et mieux. Il faut 6 à 8 hectolitres de vin pour en obtenir 1 d'eau-de-vie à 22 degrés de l'aréomètre de Cartier-Cozzel, correspondant à 65 degrés centésimaux de Lussac : ce produit est inférieur à celui des vins du Midi; mais la qualité des eaux-de-vie du département de la Charente-Inférieure est bien supérieure à celle des eaux-de-vie du Midi.

On cultive dans la Charente-Inférieure 39 espèces de raisin blanc et 38 espèces de raisin rouge. On estime la récolte, dans ce département, à

3,200,000 hectolitres de vin.

600,000 hectolitres seraient consommés en nature ;

260,000 hectolitres seraient exportés en France et à l'étranger ;

2,212,000 hectolitres seraient convertis en eau-de-vie;

122,000 hectolitres le seraient en vinaigre.

Je vois, par la notice de M. l'abbé Picard, délégué de la Société d'agriculture de Niort (Deux-Sèvres), que, dans ce département, la culture de la vigne et la fabrication du vin sont inférieures à celles des départements limitrophes.

Un savant mémoire de M. Petit-Lafitte, sur le sol où sont plantées les vignes dans le département de la Gironde, ne peut guère être analysé brièvement : il faut le lire en entier et consulter les coupes géologiques de la première planche de l'ouvrage pour s'en faire une idée juste.

M. Sébille-Auger fait connaître l'usage de cultiver la vigne et de cueillir le raisin dans son arrondissement (Saumur, Maine et Loire), sans éloge ni critique.

Le mémoire de M. Mahier, de Château-Gontier, sur

les vins et la fermentation, est fort intéressant et très-bien écrit ; mais il est trop étranger à notre spécialité pour que j'entreprenne de vous en rendre compte. J'en dirai autant de plusieurs autres mémoires sur la fabrication du vin : il faut les lire.

Le Président de la Société d'agriculture de Moulins (Allier) dit, dans son mémoire, que la culture de la vigne était à peu près nulle dans son département, quand, en 1818, il y a introduit cette culture.

J'abuserais de votre indulgence, messieurs, si je vous parlais de cuves, de pressoirs, de vendangeoirs perfectionnés, qui font le sujet de plusieurs mémoires imprimés avec gravures, et qui prouvent qu'on s'occupe sérieusement d'améliorer la fabrication du vin.

Un mémoire sur la culture des pommiers, le choix des espèces et la fabrication du cidre par M. Mahier, déjà nommé, est d'un grand intérêt et sera lu avec profit.

Les vins envoyés au Congrès étaient en petit nombre et n'avaient rien de remarquable. M. Vibert a exposé quelques-uns de ses raisins de semences.

La commission qui a visité le jardin fruitier de la Société d'agriculture d'Angers y a remarqué, le 15 octobre, d'énormes pêches jaunes encore sur l'arbre ; elles étaient plus rondes et d'un jaune plus clair que l'admirable-jaune. M. le comte Odart la croit inédite. On l'appelle dans le pays, pêche de la Toussaint.

Le rapport de la visite aux semis de vignes de M. Vibert, notre confrère, est très favorable à ce genre de multiplication, et il a mérité les applaudissements de la Commission et du Congrès.

Dans le rapport de la visite faite au Jardin des plantes d'Angers, la commission, après avoir admiré le nombre et la beauté des arbres et plantes qu'il contient, a témoigné sa surprise et ses regrets de voir les serres de cet établissement dans un état de dégradation à compromettre la santé et la vie des plantes qu'elles devraient protéger.

Le compte-rendu de la visite aux pépinières de notre autre confrère M. A. Leroy, témoigne de l'admiration pour la bonne culture, le grand nombre et la beauté des végétaux de cet établissement. Une forêt de Magnolias, des Caméllias doubles en pleine terre, trois sortes de thé en pleine terre sont ce qui frappe d'abord les yeux de l'amateur ; ensuite sa pépinière d'arbres fruitiers, de vignes intéresse sous un autre rapport ; sa riche collection de rosiers, ses 1,500 espèces de plantes de serre, ses 40,000 camellias épars de tous côté, donnent une haute idée des talents horticoles de M. A Leroy, et ces talents, il les reverse en partie sur son chef de culture, M. Macé, dit le *père Printemps,* que la Société royale d'horticulture de Paris a couronné en 1840.

Tel est, messieurs, ce que j'avais à vous dire des mémoires que le Congrès a jugés dignes de l'impression. J'ajouterai que les membres qui ont assisté à ce premier Congrès étaient au nombre de quatre-vingt-dix-huit, et que les sociétés, les hommes distingués par l'amour qu'ils portent aux progrès de l'agriculture, de l'industrie, et qui ont envoyé leur adhésion, était au nombre de vingt-sept.

Messieurs, après ce rapide exposé des raisons qui ont déterminé la Société industrielle d'Angers à organiser le premier concours de vignerons en France, des sujets qui ont été traités pendant sa session, des rapports, mémoires et notices qu'il a jugés dignes d'être imprimés pour servir aux Congrès futurs, après ce rapide exposé, dis-je, une pensée doit nous dominer : c'est que la ville d'Angers

renferme des hommes de courage qui ont profondément
médité sur la culture et l'industrie, qui ont reconnu que
l'une et l'autre avaient encore de grandes lacunes à remplir, de grands perfectionnements à ajouter aux précédents
pour rendre à la société tout le service et tout le bien-être
qu'elles sont appelées à lui rendre. Ces hommes éclairés
ont compris que, pour que l'industrie scientifique attei-
gnît ce but tant désiré, il fallait d'abord faire connaître
dans quel état elle se trouve dans chaque localité, et ensuite réunir des faisceaux de lumière pour l'aider à marcher de progrès en progrès pour le bonheur des peuples
civilisés. Eh bien, la ville d'Angers a pris l'initiative dans
cette noble carrière ; sa Société d'agriculture et sa Société
industrielle se sont réunies, l'une pour faire la statistique
horticole du département, que l'on doit considérer comme
un jalon qui attend la statistique agricole du même département; l'autre pour organiser l'institution des Congrès
vinicoles en France, source féconde en discussions lumineuses d'où doivent jaillir des idées de progrès qui ne
peuvent naître et s'étendre qu'à la faveur de telles réunions. Honneur donc à la ville d'Angers qui a pris l'initiative dans ces deux spécialités, dont les ramifications
pénètrent de toutes parts dans la grande agriculture, et
dont le but est de contribuer à augmenter la prospérité de
la France.

Je conclus donc à ce que la Société royale de Paris
écrive à M. Guillory aîné, président de la Société industrielle, pour le prier d'adresser ses félicitations à la ville
d'Angers, et pour le remercier de l'hommage qu'il a fait
à la Société du volume des actes du Congrès qui vient
d'avoir lieu sous sa présidence.

(Extrait des Annales de la Société centrale d'horticulture de Paris. Juin 1843).

CONGRÈS

DE

VIGNERONS FRANÇAIS

DEUXIÈME SESSION TENUE A BORDEAUX

EN SEPTEMBRE 1843.

DISPOSITIONS PRÉLIMINAIRES.

Séance de la Société industrielle du 16 janvier 1843.

. . . .

M. Ch. Laterrade, secrétaire de la Société d'agriculture de la Gironde, écrit qu'il a donné communication à cette compagnie de la lettre du 9 novembre de la Société industrielle. Il la remercie de l'appui qu'elle a accordé aux dispositions du Congrès de vignerons en faveur de Bordeaux, ainsi que de la bienveillance avec laquelle son délégué a été accueilli. Il fait connaître en même temps, que la Société d'agriculture nommera dans sa première réunion une commission, chargée de préparer la prochaine session du Congrès et qu'elle compte sur le concours des membres de la Société industrielle.

M. le Président dit à ce propos : « Vous avez vu, Mes-

sieurs, par la lettre de M. le secrétaire de la Société
d'agriculture de la Gironde, combien cette compagnie
apprécie l'avantage de posséder à Bordeaux la deuxième
session du Congrès de vignerons qu'elle se trouve chargée
d'organiser.

» Elle vous a fait connaître également que la Société
d'agriculture de la Gironde, doit nommer dans sa réunion de ce mois une commission spécialement chargée
de préparer la prochaine session de ce Congrès, pour
lequel elle compte sur notre concours.

» Nous pensons donc que la Société industrielle doit
témoigner immédiatement à sa sœur de la Gironde combien elle apprécie le zèle qui l'anime pour la consolidation
d'une institution appelée à exercer une si heureuse influence sur l'avenir de notre industrie viticole, et, comme
preuve de sa sympathie, nous vous proposons de charger
une députation prise dans son sein d'aller la représenter
pendant la session de Bordeaux, au deuxième Congrès de
vignerons. »

L'assemblée s'empressant d'accueillir cette proposition,
désigne pour composer la députation qui doit la représenter à Bordeaux : MM. Guillory aîné, son président, G. Bordillon, vice-président de la Société, F. Gaultier, secrétaire du comité d'agriculture et membre de celui d'œnologie, A. Leroy, membre du comité d'horticulture et
d'histoire naturelle, Vibert, secrétaire du même comité,
et Sébille-Auger, président du comice de Saumur, lesquels pourront s'adjoindre ceux des autres membres de la
Société qui se rendraient à ce Congrès.

Elle donne mission expresse à cette députation de faire
tous ses efforts pour que l'institution des Congrès de vignerons ne s'écarte point du but pour lequel elle a été

créée, en ne laissant traiter que des questions d'histoire naturelle et de culture qui se rattachent à la vigne, ainsi que celles relatives à la fabrication du vin, en écartant toutes les discussions et les travaux qui feraient surgir des questions d'économie politique et sociale.

La Société charge en outre son comité d'œnologie de s'occuper dès ce moment à réunir tous les documents rentrant dans la spécialité du Congrès de vignerons, et dont on pourrait donner communication à la prochaine assemblée, ainsi que des travaux auxquels ce comité se livrera lui-même.

Le conseil d'administration de la Société est également autorisé à prêter le concours le plus actif à la commission d'organisation du Congrès et au secrétaire-général désignés par la Société d'agriculture de la Gironde.

Circulaire de la Société d'agriculture de la Gironde pour le Congrès de vignerons français et étrangers, à Bordeaux.

DEUXIÈME SESSION, 1843.

Messieurs,

Lorsqu'en 1842, la Société industrielle d'Angers et du département de Maine et Loire, prenant une honorable initiative, annonçait l'ouverture d'un Congrès de vignerons français et étrangers, la Société d'agriculture du département de la Gironde comprit l'importance de cette solennité et s'y fit représenter.

Avant de clore cette première session, le Congrès désigna pour lieu de sa réunion, en 1843, la ville de Bordeaux, confiant à la Société d'agriculture du département de la Gironde, le soin de tout préparer pour cette solennité.

Il y a effectivement dans la réputation œnologique du Bordelais, dans l'ancienneté de cette réputation, des avantages dont le Congrès ne pouvait manquer d'apprécier toute l'importance en faveur de l'institution qu'il fondait et du développement qu'il voulait lui assurer.

Le vin, comme produit du sol, est le résultat de deux modes d'action bien distincts qu'il faut attribuer, d'une part à la nature, dont les lois générales subissent des modifications plus ou moins heureuses, suivant les terrains et les climats; d'une autre part, aux opérations diverses qui constituent la culture.

Sous le premier rapport, l'homme, si la localité qu'il habite a le bonheur de se trouver favorisée, n'a que des actions de grâces à offrir au Créateur, à celui dont la main généreuse le rendit l'objet d'une préférence que nul ne saurait lui ravir.

Sous le second rapport, il est incontestable que les procédés de culture n'ont qu'un effet borné et tout-à-fait conditionnel sur les produits en vue desquels on les applique, et que leur action la plus décisive se trouve dans les concours heureux qu'ils peuvent prêter aux dispositions particulières de la nature.

S'il en était autrement, nul pays ne pourrait revendiquer sur les autres une supériorité qui ne serait plus que le simple résultat de pratiques également applicables partout.

Et cependant l'antiquité, comme les temps modernes, a eu ses monopoles célèbres; elle a reconnu à certaines contrées, quant aux produits qui leur étaient particuliers, une supériorité qu'elle savait, tout comme nous, ne

pas être due entièrement à l'industrie de leurs habitants,
à la seule application de cet art qu'elle se plut à honorer
et dont l'un de ses poètes a si bien démontré, tout à la
fois, le pouvoir et les limites, lorsqu'il a dit :

Mais l'art du laboureur peut tout après les Dieux !

L'expérience l'a dès longtemps prouvé : ce n'est pas à
s'enlever mutuellement les avantages particuliers qu'ils
peuvent tirer du sol, que doivent s'étudier les hommes.
Ces tentatives sont trop insensées pour être à craindre.
Mais elle a prouvé aussi, cette expérience, que les pratiques culturales peuvent être améliorées au profit de chaque localité, selon son exigence particulière, par le rapprochement des hommes qui les connaissent, les appli-
quent et savent les rattacher aux principes théoriques
dont elles sont la conséquence.

C'est sous ce rapport qu'une réunion, telle que celle qui
a déjà eu lieu à Angers, telle que celle qui se prépare à
Bordeaux, peut avoir pour la viticulture de la France en
général, pour celle du Midi en particulier, les conséquences les plus heureuses, les plus désirables.

Nous vous invitons, M   , à cette réunion.

En y apportant le tribut de vos lumières et de votre
expérience, vous concourrez à une œuvre d'autant plus
importante, que travailler au perfectionnement des méthodes viticoles et œnologiques, c'est, pour le produit qu'elles
ont en vue , ajouter aux motifs qui le font rechercher.

Recevez, M   , l'assurance de notre très-haute
considération ,

*Le Président de la Société d'agriculture du département
de la Gironde,*   IVOY.

Le secrétaire-général ,   PÉLISSIER.

P. S. Dans le courant du mois de juin , au plus tard , alors qu'il sera possible de prévoir l'époque des vendanges, nous aurons l'honneur de vous informer du jour fixé pour l'ouverture du Congrès, afin de vous appeler parmi nous au moment où nos vignes seront dans tout leur développement.

Avis de la Société industrielle accompagnant la circulaire relative à la deuxième session.

Nous nous empressons d'appeler l'attention de nos compatriotes sur la circulaire suivante que nous recevons de la Société d'agriculture de la Gironde.

Déjà la Société industrielle avait reçu de flatteurs encouragements du premier corps agricole de France, la Société royale et centrale d'agriculture, qui, dans sa séance du 15 mars dernier, lui avait témoigné une vive sympathie pour la création des Congrès de vignerons et producteurs de cidre, association qu'elle considère comme vraiment nationale.

Cette institution de plus en plus comprise, sera soutenue, nous n'en faisons aucun doute, par tous nos propriétaires et cultivateurs de vignes , qui apprécient l'influence que le Congrès peut exercer sur cette branche importante des richesses de notre département.

Très prochainement nous ferons également connaître le programme du *Congrès de vignerons de Bordeaux*, pour lequel nous solliciterons en même temps des adhésions.

Le président de la Société industrielle d'Angers.

CONGRÈS

DE

PRODUCTEURS DE CIDRE

DEUXIÈME SESSION (ROUEN 1843).

Rouen, le 15 février 1843.

Le Président de la Société centrale d'agriculture du département de
la Seine-Inférieure à M. le Président de la Société industrielle
d'Angers, etc.

Monsieur et très honorable confrère,

J'ai l'honneur de vous adresser ci-joint, au nom de la
Société centrale d'agriculture de Rouen, le rapport de la
commission qu'elle avait chargée d'examiner la proposition du Congrès de vignerons et de producteurs de cidre,
relativement à la session de 1843, que le Congrès a fixée
à Rouen.

Vous verrez par la lecture de ce rapport, dont les conclusions ont été adoptées par la Société, que celle-ci remet à quelques années la tenue à Rouen du Congrès des
producteurs de cidre. Ce qui a empêché la Société de statuer plus tôt sur cette importante question, c'est qu'elle

9

attendait de nouveaux renseignements de votre part et surtout l'envoi du compte-rendu de la session de 1842. Au reste, il n'y a pas encore de temps perdu, puisque ce n'est qu'au mois de septembre que doit avoir lieu la réunion de cette année. Vous pourrez donc encore arrêter à l'avance de nouvelles dispositions et choisir une autre ville pour centre de réunion.

La Société d'agriculture de Rouen espère que la Société d'Angers ne se méprendra pas sur le motif qui l'a portée à ajourner la session de 1843, et qu'elle ne verra pas dans sa décision un refus de coopérer au but très louable et fort important que la Société industrielle a eu en vue en instituant un Congrès de producteurs de cidre. Notre compagnie attache une haute importance à la question des cidres, et c'est pour ne pas compromettre l'avenir des réunions annuelles créées si heureusement par l'initiative de la Société industrielle d'Angers, qu'elle a désiré que celle de cette année se tînt dans une localité où l'on pourrait réunir des documents plus nombreux et plus nouveaux que ceux qu'on pourrait trouver à Rouen.

La Société industrielle d'Angers comprendra qu'en face de l'opinion émise par la Société d'agriculture de Rouen, son président ne peut accepter les fonctions de secrétaire-général, que le Congrès avait eu la bienveillance de lui confier.

Veuillez, Monsieur et très honorable confrère, agréer l'assurance de la considération très distinguée et de la profonde estime avec laquelle j'ai l'honneur d'être

Votre très humble et très obéissant serviteur,

J. GIRARDIN.

P. S. Personnellement M. Girardin regrette que la réunion n'ait pas eu lieu à Rouen, puisqu'il aurait eu le plaisir d'y recevoir des estimables confrères d'Angers auxquels il est attaché si intimement. Mais il espère bien que ce plaisir lui sera donné dans quelques années.

Commission chargée d'examiner la proposition du Congrès de vignerons et de producteurs de cidre, relativement à la session de 1843.

MM. BOIVIN-CHAMPEAUX, BARD, de SAULCY, rapporteur.

Messieurs,

La commission à qui vous avez renvoyé l'examen de la proposition qui vous a été faite de la part du Congrès de vignerons et de producteurs de cidre, de tenir sa deuxième session à Rouen, en 1843, pour ce qui concerne les cidres seulement, m'a chargé d'avoir l'honneur de vous faire son rapport.

La Société industrielle d'Angers et du département de Maine et Loire a conçu, l'année dernière, l'heureuse pensée d'instituer un Congrès de vignerons et de producteurs de cidre qui se réunirait tous les ans, tantôt dans une ville, tantôt dans une autre, à l'effet d'étudier et de discuter toutes les questions qui pourraient contribuer au développement et aux progrès des meilleurs modes de culture des vignes et des pommiers, des meilleurs procédés de fabrication et de conservation des vins et des cidres.

Au premier aperçu, ces deux branches d'industrie agricole semblent se rapprocher beaucoup par leur but commun, d'extraire des fruits de la terre une boisson fermentée, saine et agréable, devenue indispensable pour les besoins de l'homme. Mais la grande dissemblance des fruits et des végétaux producteurs, établit une différence très marquée dans les soins, les procédés et les préceptes qui s'y rapportent. De là, la nécessité d'études spéciales et tout à fait distinctes pour chacune des deux branches.

Les Congrès qui se sont établis depuis quelques années, sous diverses dénominations, sont dans l'habitude de traiter des objets souvent très divers. Ils ont l'avantage immense d'étendre et de propager au loin les lumières, de recueillir dans les centres de population où ils se transportent successivement, des connaissances importantes qui, sans eux, y resteraient enfouies et ignorées des contrées voisines, de lier enfin des communications et des relations qui agrandissent continuellement le domaine de la science.

Le département de Maine et Loire, quoique principalement vinicole, cultive aussi une certaine quantité d'arbres à cidre. Il se trouve limitrophe des pays à cidre qui le bornent au nord, et des pays exclusivement vinicoles qui le bornent au midi et aux autres côtés. Cette position topographique a naturellement amené la Société industrielle d'Angers à convoquer dans cette ville, en un seul et même Congrès, tous les hommes intéressés au perfectionnement de ces deux branches d'industrie ; et les résultats avantageux de la première session de ce Congrès unique, tenue au mois d'octobre 1842, paraissent avoir complétement répondu aux espérances qu'on avait fondées sur lui.

Toutefois, lorsqu'il s'est agi d'assigner le siége d'une seconde session, la démarcation réelle des deux branches est devenue un obstacle sérieux à l'adoption d'un lieu unique de réunion, et la force des choses a exigé la séparation du Congrès en deux sections distinctes.

Effectivement, il est d'une importance capitale pour les vignerons de se réunir successivement dans tous les départements du Midi et de l'Est de la France, qui ne peuvent offrir aux producteurs de cidre aucune espèce d'intérêt ni d'objet d'études ; et réciproquement les départements du Nord et de l'Ouest, qui récoltent et consomment le cidre, sont à peu près sans intérêt pour les études et les recherches relatives aux vignobles. Il est donc probable que cette séparation du Congrès en deux sections différentes, sera en quelque sorte permanente, ou, pour mieux dire, qu'il y aura deux Congrès au lieu d'un.

La section composée des vignerons a choisi pour lieu de réunion, en 1843, la ville de Bordeaux.

La section composée des producteurs de cidre a choisi la ville de Rouen, et le Congrès a décidé que la Société centrale d'agriculture de la Seine-Inférieure serait priée de nommer une commission organisatrice, et de fixer la date de ce congrès partiel, de manière qu'elle ne coïncidât ni avec la date du Congrès partiel de vignerons à Bordeaux, ni avec la onzième session du Congrès scientifique de France, qui doit se réunir à Angers le 1er septembre prochain.

Vous verrez dans cette décision, messieurs, une marque de confiance des plus honorables de la part du Congrès envers la Société centrale. Le choix de la ville de Rouen, comme lieu d'une prochaine réunion, sera évidemment d'une grande utilité pour le perfectionnement d'une industrie qui intéresse la population entière du département.

Il faut cependant que la session soit disposée de manière à produire tout le fruit qu'on doit en attendre ; il faut qu'il puisse en surgir des notions neuves, certaines, propres à amener un progrès réel, et l'époque où elle aura lieu à Rouen ne saurait être indifférente.

De tout temps la Société centrale a manifesté ses regrets, relativement à l'imperfection des procédés actuels de fabrication des cidres, ses désirs de voir disparaître les routines vicieuses, enracinées chez la plupart des cultivateurs ; plusieurs fois elle a fait appel aux agronomes éclairés ; elle a proposé des prix, soit pour l'amélioration des procédés de fabrication, soit pour l'adoption des meilleurs systèmes de pressoirs. Enfin, depuis 1840, elle s'occupe d'un travail considérable de pomologie exécuté sur le terrain du jardin botanique de Rouen, au moyen de la plantation de plus de trois mille sujets greffés de toutes les espèces de pommiers et de poiriers tirées des huit principaux départements à cidre.

Ce travail indispensable pour débrouiller la synonymie si confuse des arbres dont il s'agit, doit nécessairement précéder la solution du problème proposé. On conçoit qu'il faut d'abord mettre en évidence, parmi la multitude de variétés et d'espèces, celles, certainement en petit nombre, qui doivent mériter la préférence, et qu'il faut rejeter toutes celles qui ne peuvent produire qu'une boisson très inférieure. Or, le résultat de ce grand travail ne peut être connu que dans deux ou trois ans, nécessaires encore pour arriver à une fructification complétement appréciable.

D'un autre côté, l'association normande, dans la session générale qu'elle vient de tenir à Rouen en 1842, a traité la question des cidres avec toute l'étendue que comportait la situation actuelle de la science. La section d'a-

griculture a reçu à cet égard des communications importantes; elle s'est livrée à des discussions d'un haut intérêt,
dont les résultats seront consignés soit dans les procès-
verbaux de la session, soit dans les cahiers trimestriels
de la Société centrale. La matière est donc en quelque
sorte épuisée pour le moment. Il est à peu près certain
que, quant aux notions à recueillir dans notre département, la réunion du Congrès des producteurs de cidre, si
elle se tenait cette année-ci à Rouen, n'obtiendrait de
nouveau rien qui ne fut la répétition des documents déjà
réunis l'année dernière.

D'après ces considérations, messieurs, votre commission pense qu'il serait préférable pour l'intérêt même des
travaux du Congrès, que la session de 1843 ne se tînt pas
dans la ville de Rouen ni dans le département de la Seine-
Inférieure, mais dans quelque autre localité, et il y aurait
plus de chance de rencontrer des matériaux neufs ou
utiles.

Nous vous proposons, en conséquence, de remercier le
Congrès de vignerons et de producteurs de cidre, de la
haute marque de confiance qu'il vous a donnée en vous
déférant, immédiatement après s'être constitué, le soin
d'organiser au milieu de vous sa deuxième réunion, et de
le prier d'ajourner cette visite à une époque un peu plus
éloignée, afin que vous puissiez correspondre utilement et
plus dignement aux vues bienfaisantes dont il est animé
pour le perfectionnement d'une industrie à laquelle nous
portons comme lui le plus vif intérêt.

Le rapporteur de la commission, DE SAULCY

Rouen, le 9 février 1843.

Pour copie conforme :

Le président de la Société d'agriculture .   J. GIRARDIN,

RAPPORT

PRÉSENTÉ

A la Société industrielle d'Angers et du département de Maine et Loire,

SUR

LA DEUXIÈME SESSION

DU CONGRÈS DE VIGNERONS FRANÇAIS,

Réuni à Bordeaux au mois de septembre 1843,

PAR LE DÉLÉGUÉ DE LA SOCIÉTÉ A CE CONGRÈS.

Messieurs,

Le Congrès de vignerons français a tenu, au mois de septembre de cette année, sa deuxième session à Bordeaux. L'œuvre fondée par vos soins a continué de porter ses fruits, et dans la nouvelle assemblée plus d'un hommage a été rendu à votre Société pour l'heureuse institution qui a pris naissance à Angers sous vos auspices.

Vous aviez, dans votre séance du 16 janvier dernier, nommé une députation de six délégués, à qui vous aviez donné mission de vous représenter au Congrès de Bordeaux et surtout d'y veiller avec soin à ce que ses travaux conservassent le caractère d'utilité pratique que votre création leur avait imprimé. J'avais l'honneur de faire partie de cette députation, et seul de ceux de vos membres que vous aviez élus, j'ai pu remplir le devoir qui m'était imposé. Je partis néanmoins porteur de documents précieux que m'avaient fournis mes collègues : M. Vibert m'avait chargé de communiquer au Congrès des observations relatives aux effets du printemps dernier sur les semis de vigne ; M. Sébille–Auger m'avait confié une notice sur le clos des *Cordeliers,* le plus renommé des *coteaux de Saumur* ; à sa sollicitation , M. le docteur Chapuis adressait également au Congrès des renseignements sur les vins rouges de Champigny ; M. Frédéric Gaultier avait bien voulu rédiger quelques notes sur les vignobles de la rive droite de la Loire ; enfin M. André Leroy m'avait remis le catalogue de son école d'arbres fruitiers.

Je dois vous l'avouer, Messieurs, je me sentis effrayé dès l'abord en voyant peser sur moi seul le fardeau que vous aviez en même temps qu'à moi-même imposé à plusieurs de nos collègues les plus distingués ; je me demandai si mes forces pourraient suffire et si ma santé ne trahirait pas mon zèle ; toutefois je n'hésitai pas , en considérant que la Société industrielle ne devait pas être soupçonnée d'abandonner l'institution qui lui avait coûté tant d'efforts.

C'était le 18 septembre que devaient s'ouvrir à Bordeaux les travaux du Congrès de vignerons. Le Congrès scientifique de France venait à peine d'achever à Angers sa onzième session ; je partis, et, me dirigeant d'abord vers Saumur, je parcourus cette belle levée de la Loire que longent de si fertiles campagnes. J'admirais la riche vallée qui s'offrait à mes yeux : de toutes parts les travaux

agricoles s'effectuaient avec activité, et je voyais se suc-
céder sans cesse et les brillantes habitations où viennent
s'étaler le luxe et la richesse, et les demeures plus modestes des nombreux cultivateurs chez qui respirent encore le bien-être et l'aisance.

Après Saumur, je traversai les vignobles de Dampierre,
Parnay et Turquant, puis Fontevrault, dont la vue me
rappela l'Association pour le patronage des jeunes détenus de la maison centrale et la sympathie que vous avez
témoignée pour le succès de cette œuvre philanthropique,
puis Loudun, qui me rappela de si sombres souvenirs....
J'étais déjà dans le département de la Vienne; son importance, au point de vue vinicole, est à peu près la même
que celle de Maine et Loire; mais la majeure partie de ses
vins sont convertis en eaux-de-vie, ceux de Loudun surtout, qui sont spécialement renommés par leur qualité
spiritueuse.

J'aurais eu bien des choses à voir à Poitiers, mais je
n'y passai que quelques instants. J'avais à traverser en
partie les Deux-Sèvres, pays dont l'aspect est pauvre au
point de vue agricole. Je vis Melle, petite ville située sur
une colline escarpée et qui présente autour d'elle une
campagne féconde et bien cultivée. Melle est la patrie de
Jacques Bujault, le modeste et populaire laboureur de
Chaloue, qui enseigna dans son canton tant d'améliorations pratiques en agriculture, et dont la bonhomie et la
naïve simplicité furent telles, qu'il ne pouvait croire à la
réputation qui s'était attachée à son nom et à ses travaux.

L'importance des vignobles que traverse la route annonce l'approche de Saint-Jean-d'Angely. La Charente-
Inférieure est renommée pour ses eaux-de-vie, que la

petite ville de Cognac patronise, et presque tous les vins qu'elle récolte sont convertis en ces produits si avantageux pour la contrée.

Bientôt j'entrai dans la Gironde et je parvins à Blaye, où je devais abandonner la voiture pour le transport plus agréable du bateau à vapeur. Quelques heures suffirent au trajet qui me restait à faire; le fleuve majestueux que nous remontions avec rapidité étalait à nos yeux sur ses rives les célèbres vignobles dont le monde entier se dispute les délicieux produits, et sur le penchant des coteaux qui le bordent se montraient en même temps les riches villas dont l'aspect ravissant charme les regards du voyageur enchanté.

Enfin nous entrons à Bordeaux. Que vous dirai-je, Messieurs, de cette ville magnifique, de ce port dans lequel une forêt de mâts s'élève avec majesté et fait flotter au vent les pavillons de toutes les nations du monde? Quel imposant spectacle et combien en est vivement frappé l'homme aux regards duquel il s'offre pour la première fois! J'admirais l'élégante architecture de ce pont gigantesque qui sert d'entrée à la ville pour les contrées du nord; et ce quai superbe des Chartrons, dont la disposition grandiose permet à l'œil de contempler, dans le développement semi-circulaire qu'il présente, l'activité sans cesse renaissante qui s'y déploie.

Mais avant de me livrer à mes admirations toujours plus excitées, n'avais-je pas, Messieurs, à songer désormais aux devoirs que j'étais venu remplir? La Société d'agriculture de la Gironde avait accepté la mission d'organiser la deuxième session du Congrès de vignerons français, et par ses soins avait été formée une commission spécialement chargée de cette organisation. Je songeai d'abord à me rendre chez le président de cette commission, M. Bouchereau jeune, que notre Société compte au nombre de ses membres correspondants. M. Bouchereau réunissait ce jour-là même chez lui les membres de la commission qu'il présidait, et j'eus l'honneur d'être ainsi mis en rapport, avant le Congrès, avec plusieurs des savants qui devaient prendre une part active et brillante à ses travaux. Là furent arrêtés les divers projets d'excursions qui devaient être proposés au Congrès : dans le Médoc, chez M. Delbos; dans les Graves, à Hautbrion; puis à Château-Carbonieux, chez MM. Bouchereau frères; enfin dans les Palus, chez M. Martineau.

Nous étions alors au 16 septembre, et deux jours seulement nous séparaient de l'ouverture de nos travaux. A ce moment se terminaient à Bordeaux les tumultueux débats de la Réunion vinicole, que l'on a souvent fait l'erreur de confondre avec notre paisible assemblée, et qui, se livrant à l'examen agité de hautes questions d'économie politique et sociale, nous laissait le champ libre pour nos studieuses recherches d'utiles améliorations. Nous étions assurés déjà du concours d'un assez grand nombre de savants recommandables; le chiffre des adhérents au Congrès s'élevait à 164, dont la Gironde et Maine et Loire avaient fourni la plus notable partie (1). La Société industrielle d'Angers comptait parmi les adhérents 4 de ses membres

(1) Parmi les 164 membres adhérents, la Gironde en comptait 98, Maine et Loire 29, Lot et Garonne 8, l'Allier 3, Indre et Loire 3, la Seine 3, le Puy-de-Dôme 2, la Charente-Inférieure 2, le Gard 2, Tarn et Garonne 2, le Calvados 2, et les départements suivants chacun un : Aube, Côte-d'Or, Vaucluse, Deux-Sèvres, Bouches-du-Rhône, Ain, Dordogne, Hérault, Mayenne, Aude et Landes.

honoraires, 19 membres titulaires et 6 membres correspondants (2).

Tout en rendant hommage à ce que le Congrès présentait de savoir et de haute intelligence, qu'il me soit permis, Messieurs, d'exprimer ici le regret que chacun a
ressenti de l'absence de quelques savants distingués, dont
le concours nous était promis et nous eût été d'un si puissant avantage. MM. Casalis–Allut, de Montpellier; Reynier, d'Avignon; Baumes, de Nîmes; Demermety, de
Dijon; Dupuits de Maconnex, de Gradignan, tous œnologues dignes du plus grand renom, avaient été dans
l'impossibilité de venir prendre part à nos travaux, et ils
s'étaient empressés de nous adresser, en même temps que
leurs regrets, l'expression de toute leur sympathie. Deux
d'entr'eux avaient transmis en outre au Congrès des mémoires sur l'œnologie et la viticulture. MM. de Caumont,
de Caen, et Puvis, de Bourg, que nous avons eu l'occasion de connaître et d'apprécier lors de la réunion à Angers du Congrès scientifique de France, avaient été forcés
par d'autres occupations savantes de nous priver de leur
concours éclairé. M. Puvis m'avait toutefois remis, pour

(2) Membres honoraires · MM. de Caumont, comte de Las Cases,
O. Leclerc – Thouin, secrétaire perpetuel de la Société centrale d'a-
griculture, comte Odart, de la Dorée. — Membres correspondants :
MM. Bouchereau jeune, Boutard aîné, de la Rochelle; des Colombiers,
de Moulins ; Demermety, de Dijon; A. Petit-Laffitte, docteur Roux,
de Marseille ; — Membres titulaires : G. Bordillon, C. Lévesque-
Desvarannes, Fleury-Roussel, Frédéric Gaultier, Genest–Buron,
Charles Giraud, Guillory aîné, Jamin-Rozé, Leclerc-Guillory, Leclerc-
Laroche, A. Leroy, A. Lesourd-Delisle, Pachaut, Ch Persac, Sébille-
Auger, Eugène Talbot, Thomas, Vibert.

être présenté au Congrès, un travail sur les divers moyens de renouveler la vigne et sur les amendements et engrais qui lui conviennent, et M. de Caumont une série de questions sur la viticulture et l'œnologie ; enfin, Messieurs, le savant distingué que Bordeaux, l'année dernière, avait délégué pour assister à notre premier Congrès de vignerons, et qui parut alors avec tant d'éclat parmi nous, M. A. Petit-Laffitte, fut contraint de nous quitter après la première de nos séances ; sa santé, affaiblie par de grands travaux, devait lui interdire de prendre la moindre part à nos paisibles luttes. Nous vîmes avec le plus vif regret s'éloigner l'excellent collègue dont nous avions déjà reçu les marques de la plus officieuse bienveillance, et qui devait encore, tout nous le faisait espérer, seconder nos efforts de son talent et de son savoir.

N'allez pas croire néanmoins, Messieurs, que l'absence de tant d'hommes éminents nous laissât dans l'inquiétude sur l'avenir de notre institution, combien d'autres noms nous étaient garants de l'intérêt qu'allaient prendre les discussions ouvertes et de l'utilité sérieuse qui ressortirait de leur résultat. Vous citerai-je en ce moment ceux que vous rencontrerez sans cesse aux procès-verbaux de nos séances et qui n'y figurent que pour apporter les tributs d'une science profonde et d'une expérience longuement acquise ? Ici vous retrouverez encore le nom de M. Bouchereau, celui de M. le comte Odart, dont la grande réputation est acceptée par tous les œnologues ; je citerai M. Isarn de Cappedeville, qui possède à Montauban une collection de vignes des plus importantes ; M. Lannes, de Moissac, connu par ses études sur la synonymie des raisins ; M. le marquis de Bryas, qui sut avec une exquise convenance nous présenter souvent de précieuses observations faites par lui sur l'un des plus importants vignobles du Médoc, dont il est prepriétaire; M. Aubergier, de Clermont-Ferrand, auteur d'une méthode nouvelle de vinification ; M. Laterrade père, qui a surtout étudié la vigne sous le point de vue physiologique ; M. Pelissier, qui remplit avec distinction les fonctions de secrétaire général de la Société d'agriculture de la Gironde ; MM. Magonty et Fauret, chimistes habiles, dont les travaux approfondis et pleins de mérite se sont principalement dirigés vers l'œnologie ; le docteur Fabre, agronome distingué de Lot et Garonne ; et MM. de Matha, de Camiran, de Soyres, Ramey ; et M. Martineau, dans le domaine duquel le Congrès s'est rendu ; et M. Clipps, le vénérable doyen des négociants en vins de la Gironde; et l'intelligent M. Eyquem, l'un de ces hommes laborieux qui consacrent tous leurs soins à la conservation des vins et à l'entretien des celliers ; et M. Tourrès, qui réunit à Tonneins une riche collection de vignes.

Mais je dois m'arrêter, Messieurs, au milieu de cette liste qui pourtant évoque les plus recommandables souvenirs ; j'ai hâte de vous faire assister à l'ouverture des travaux du Congrès et de vous rapporter des honneurs qui vous ont été si largement rendus dans la personne de votre délégué.

La première séance s'est ouverte sous la présidence de M. Yvoi père, assisté de ses collègues du bureau de la Société d'agriculture de la Gironde, dont lui-même est le président, et presque aussitôt le scrutin fut ouvert pour la formation du bureau définitif. C'est alors, Messieurs, que s'est manifestée l'intention presque unanime de l'assemblée de rendre hommage à la Société industrielle d'An-

gers, par les soins de laquelle le Congrès de vignerons
français avait été fondé ; M. le comte Odart ayant été
nommé président honoraire (et cette dignité lui revenait
de droit), votre délégué fut nommé président et chargé
de diriger les travaux de l'éminente réunion. Si j'avais
écouté mille raisons personnelles, Messieurs, j'aurais dé-
cliné des honneurs qui imposent toujours les devoirs les
plus élevés et les plus remplis d'écueils ; mais il m'a semblé que je devais faire taire le sentiment de mon insuffisance, en songeant à la Société distinguée dont j'étais le
représentant et que l'on glorifiait ainsi dans ma personne.
J'ai mis tout mon zèle à remplir la tâche difficile que
m'imposaient mes collègues de Bordeaux. Heureux, Messieurs, si j'ai pu ne pas trop démériter de leur confiance
et de la vôtre.

Nos travaux ont occupé sept séances, et cependant
toutes les questions du programme n'ont pas été abordées.
Je n'ai pu me résigner à vous présenter une analyse trop
succincte des discussions nombreuses et substantielles qui
ont eu lieu dans le sein du Congrès ; j'ai voulu vous apporter un travail plus complet et plus digne de figurer
dans vos annales ; j'avais toutes les ressources nécessaires
et tous les matériaux désirables pour cet objet : nos
séances avaient été suivies et nos débats reproduits avec
empressement par les rédacteurs des quatre journaux quotidiens de Bordeaux : *l'Indicateur, le Mémorial, le Courrier
de la Gironde et la Guienne ;* mais ce qui facilitera le plus
toutes les analyses en même temps que nos procès-verbaux en seront plus fidèles et plus complets, c'est le soin
avec lequel M. Magonty, notre secrétaire général, a recueilli toutes les discussions au moyen de la sténographie,
qui lui est familière. M. Magonty, Messieurs, est un des

hommes éminents que j'ai vus au Congrès dont me sont restés les souvenirs les plus distingués. Membre de l'Académie de Bordeaux et professeur chargé par la ville d'un cours de chimie industrielle, il a su se faire une haute position dans l'esprit de tout le monde, et il a mérité la reconnaissance de ses collègues du Congrès par son dévouement à accepter une pénible tâche à laquelle son zèle n'a pas fait un instant défaut.

Ainsi vous le voyez, Messieurs, votre œuvre avait désormais droit de cité dans la seconde ville du royaume ; la plus cordiale urbanité nous avait accueillis, la sténographie recueillait avidement nos paroles, et la presse se chargeait de les porter au loin avec retentissement.

Toutefois, en vous présentant à part ce résumé analytique de nos discussions, je n'ai pas renoncé à vous demander, Messieurs, de vous soumettre ici quelques développements sur des points que devaient omettre les procès-verbaux. Je veux surtout vous parler des excursions que les membres du Congrès ont faites pendant sa durée et qui m'ont fourni l'occasion de remarques, dont quelques-unes vous présenteront peut-être l'intérêt que j'y ai trouvé moi-même.

Il est un soin à prendre pour la conservation du vins, qui souvent exerce beaucoup d'influence sur sa qualité même : c'est celui des celliers ou *chais*, suivant l'expression usitée dans le département de la Gironde ; notre attention dut naturellement se porter sur ce point. Nous visitâmes d'abord les chais de MM. Johnston, qui tiennent à Bordeaux l'une des premières places parmi les négociants en vins. Ces *chais* nous parurent surtout remarquables par leur immense développement et le nombre presqu'incalculable de barriques qu'ils peuvent contenir ;

10

au surplus un ordre et une propreté admirables s'y font remarquer de tous côtés. Un autre cellier nous fut signalé comme curieux à visiter et nous nous rendîmes, après l'une de nos séances, chez M. Destournel, son propriétaire. M. Destournel nous reçut avec la plus parfaite urbanité ; mais comme il n'avait pas été prévenu de notre visite, il donna immédiatement quelques ordres et nous pria d'attendre qu'ils fussent remplis. Au bout d'un quart d'heure le cellier nous fut ouvert, et je vous l'avoue, Messieurs, mon étonnement fut tel qu'il le disputait à mon admiration. Une lumière éblouissante inondait l'enceinte où nous avions pénétré : cinq lustres à bougies, suspendus à la voûte, la répandaient à profusion de tous côtés ; un parquet convenablement entretenu couvrait le sol ; les casiers qui contenaient les bouteilles présentaient l'élégance et la richesse des décors qui distinguent les rayons d'une bibliothèque ; enfin nos salons les plus recherchés ne présentent pas un plus grand luxe que la cave où M. Destournel entasse avec amour son délicieux vin de Cos.

Une autre excursion a été faite par le Congrès dans l'enceinte de la ville, je veux parler de la visite qui eut lieu au musée industriel de M. Hallié. Il y a déjà longtemps, Messieurs, que vous avez formé le projet de créer un musée industriel et agricole, dont l'utilité serait incontestable pour nos contrées ; mille raisons qui vous sont étrangères, et principalement le défaut d'un local convenable, vous ont empêchés de réaliser cette féconde pensée. Eh bien ! ce qu'avec le levier puissant de l'association vous n'avez encore pu entreprendre, un simple particulier a osé le projeter et l'a exécuté à ses frais dans la ville de Bordeaux. M. Hallié, ingénieur-mécanicien, membre de la Société d'agriculture de la Gironde et de la Société linnéenne de Bordeaux, appelle modestement son musée : *Exposition agricole et industrielle*. Cette collection, remarquable sous tous les rapports, contient un grand nombre de machines perfectionnées que M. Hallié a fait exécuter avec beaucoup de soin. S'il fallait, Messieurs, vous analyser toutes les observations auxquelles a donné lieu cette précieuse réunion de tant d'utiles appareils, je devrais vous apporter un volume ; j'ai voulu seulement vous signaler un patriotique exemple et exciter toute votre sympathie en faveur du citoyen désintéressé dont la haute intelligence a su compléter une aussi utile création. M. Hallié m'a chargé de vous offrir un travail lu par lui à la Société linnéenne de Bordeaux et ayant pour titre : *Considérations sur les moyens de retenir les populations agricoles dans les campagnes*.

J'arrive à vous parler des excursions faites hors de la ville par le Congrès. Vous connaissez tous, Messieurs, la grande division en trois classes principales de tous les vignobles de Bordeaux, et vous vous rappelez le judicieux et méthodique travail que M. Petit-Lafitte nous présenta sur ce sujet l'année dernière au premier Congrès de vignerons. Ainsi que l'établissait ce travail, le Médoc marche en première ligne et renferme les fameux crus de Lafitte, de Latour et de Château-Margaux, dont l'Angleterre nous enlève chaque année presque tous les produits ; les Graves tiennent le second rang, et cependant les vins de Haut-Brion et de Château-Carbonnieux sont mis au nombre des premiers crus du pays ; enfin les Palus, qui ne viennent qu'en troisième ordre, se rachètent par une production beaucoup plus abondante et par le mérite qu'ont leurs vins de se conserver plus longtemps que tous les autres. Ces vins s'expédient presque tous pour les colonies, où ils parviennent améliorés par leur séjour sur mer.

Quelques membres seulement du Congrès prirent part à la visite que l'on avait projetée dans le Médoc et qui fut faite au Château–Latour; une excursion plus nombreuse eut lieu dans les Palus chez M. Martineau; mais tous les membres du Congrès étrangers à Bordeaux se transportèrent avec empressement dans les Graves, au Château-Carbonnieux, chez MM. Bouchereau frères.

Il ne me fut possible de prendre part qu'aux deux dernières visites. Permettez–moi, Messieurs, de vous dire quelques mots seulement des Palus; j'aurai plus à m'étendre sur le vignoble de Château-Carbonnieux.

Les Palus sont situés sur les bords de la Dordogne et sur les rives droites de la Garonne et de la Gironde; on nomme Palus d'entre–deux–mers la partie comprise de Bordeaux au bec d'Ambez, entre la Garonne et la Dordogne. Les Palus sont des terrains d'alluvion dont l'admirable fertilité ne peut se comparer qu'à celle de nos vallées de la Loire. Leur production est immense, car on place le plus souvent diverses cultures entre les rangs de vignes que sépare un intervalle de deux mètres environ, dans lequel se fait un labour à la charrue. Les ceps, ainsi que nous l'avons vu chez M. Martineau, dans les Palus d'entre–deux–mers, s'élèvent sur des échalas de deux metres de hauteur, dont la plupart supportent deux traverses placées en treilles. Cette manière de cultiver la vigne, différente en beaucoup de points de celles suivies dans les Graves et surtout dans le Médoc, produit, grâce à la fécondité du sol, des récoltes ordinaires dont les autres crus n'atteignent que la moitié. Toutefois, il est juste de le reconnaître, les Graves et le Médoc sacrifient beaucoup à la qualité ; les Palus recherchent avant tout la quantité.

La collection de vignes qui existe à Carbonnieux et qui y a été fondée sous les auspices de la Société Linnéenne de la Gironde, appela tout d'abord notre attention. Commencée en 1827 avec toutes les variétés que le célèbre Bosc avait réunies au Luxembourg, elle n'a cessé chaque année de s'enrichir de nouveaux plants tirés de diverses contrées et des collections déjà formées ailleurs. Le chiffre s'en élève aujourd'hui à 919. L'ordre qu'on y a mis facilite l'étude de cette collection ; les plates-bandes sont classées entre elles, et chacun des ceps a son numéro d'ordre.

Le but que les savants se proposent d'atteindre au moyen de ces laborieuses collections de vignes, vous le savez, Messieurs, est double dans son utilité. Aujourd'hui plus que jamais les études se dirigent vers une synonymie générale qu'il sera peut-être impossible de réaliser, mais qu'il est néanmoins profitable de rechercher : tel est le premier côté utile des collections. Mais d'une autre part, à la vue d'un si grand nombre de cépages, différents par le feuillage, le bois, la couleur et plus encore la saveur du raisin, ne comprend-on pas le vaste champ qui s'ouvre aux expérimentations à faire sur chacune de ces variétés ? Combien peu parmi elles sont connues et cultivées ! Combien au contraire, et en nombre considérable, n'ont été l'objet d'aucun essai et pourraient peut-être donner des vins d'une qualité remarquable et inconnue jusqu'à nous ! Toutefois ce n'est pas sur une petite échelle que de pareilles expériences doivent être tentées ; pour chacune d'elles, c'est-à-dire pour chaque variété, il faudrait un vignoble assez considérable pour donner au moins une demi pièce de vin : dès lors combien de temps, d'espace, de frais et de soins seraient nécessaires sans qu'aucun bénéfice vînt jamais récompenser le dévouement de l'expérimentateur ! Le gouvernement seul, dans un vignoble modèle créé pour cet objet, pourrait avec fruit pour tous faire tenter ces gigantesques travaux.

En attendant et sur une échelle plus modeste, quelques essais de ce genre ont été faits à Carbonnieux : des carrés d'une certaine grandeur ont été plantés les uns en Rischling de Johannisberg, les autres en Pineau blanc de Montrachet, d'autres enfin en cépages de différentes sortes, tels que ceux qui produisent les vins généreux de l'Hermitage et des premiers crus de la Bourgogne. Le temps seul pourra sanctionner ces essais divers ou montrer l'inutilité de leurs résultats.

Je ne vous ai rien dit encore, Messieurs, de la culture générale des vignes et de la production du domaine de Château-Carbonnieux ; et pourtant le récit de notre excursion ne serait pas complet, si je ne devais en parler.

Le premier soin pris par MM. Bouchereau a été relatif à la division et au placement de divers cépages dont leur vignoble était avant eux planté sans discernement. Entre les variétés assez nombreuses qui s'y trouvaient, on conçoit facilement mille différences ; la maturité s'obtenait sous les mêmes influences à des degrés divers, en raison de la nature précoce ou tardive des espèces ; la qualité, la saveur, étaient notablement différentes ; la taille également devait se modifier pour divers cépages. Nos habiles viticulteurs rapprochèrent les qualités semblables, et celles surtout dont la taille devait être analogue ; les variétés peu convenables à leurs terrains furent supprimées, les tardives furent placées dans les situations les plus favorables, et les expositions moins avantageuses furent réservées pour les qualités hâtives. Ainsi, grâce à cette heureuse disposition, la maturité, secondée ici par l'exposition et le sol, là par la hâtivité des cépages, tendit à s'égaliser dès-lors le plus possible entre des variétés de précocité différente.

J'ai pris note, Messieurs, de ces variétés cultivées aujourd'hui à Château-Carbonnieux ; cinquante hectares environ sont consacrés par portions égales à la culture des cépages à vins rouges et de ceux à vins blancs. Parmi les rouges, le *Cabernet-Sauvignon* compte à lui seul pour plus de moitié ; puis viennent le *Gros-Noir* ou *Pied de Perdrix* (côt de la Touraine) et le *Merlot*. En blanc j'ai noté la *Muscadelle*, le *Semellion*, et en quantité plus considérable le *Sauvignon*, dont le parfum est si aromatique et si suave qu'il peut être à juste titre considéré comme le premier des raisins blancs. Quant aux variétés tardives, elles ont été réduites à deux ; ce sont : en rouge le *Verdot*, en blanc le *Prunelat*.

Dans la Gironde, vous le savez, les cultures varient suivant les contrées et les vignobles. J'ai parlé de celle en usage dans les Palus ; on ne la retrouve chez MM. Bouchereau que comme échantillon. Dans le Médoc la vigne, palissadée sur de petits échalas de 30 centimètres environ de hauteur, est presque entièrement cultivée à la charrue ; dans les Graves au contraire, on la tient plus élevée et toute la culture se fait à bras d'hommes, excepté pour la partie qui produit les meilleurs vins blancs ; dans cette partie, les rangs des ceps sont placés deux à deux ; l'espace du troisième rang reste vide et se laboure, comme il est pratiqué dans le Médoc ; c'est ce qu'on nomme la culture en *Johalles*.

On aperçoit que chacun de ces trois modes exige le

travail de différents ouvriers ; dans le Médoc, il faut après la charrue employer en grand nombre les femmes et les enfants pour retirer la terre qui reste après le labour dans la rangée des ceps ; dans la culture des Graves, les hommes seuls sont nécessaires ; dans les *Johalles*, on emploie à la fois la charrue, les hommes, les femmes et les enfants.

Si, dans le vignoble de Château-Carbonnieux, on s'était contenté de réunir à la culture importante des Graves celle beaucoup moins considérable des *Johalles*, il devient évident qu'un grand nombre d'hommes était nécessaire, mais que souvent d'un autre côté la charrue restait inactive, les femmes et les enfants inoccupés. En y joignant au contraire dans une mesure convenable la culture du Médoc, qui ne réclame que l'emploi de ces agents, MM. Bouchereau trouvent le secret d'utiliser à la fois toutes les ressources qui sont à leur disposition, et l'avantage d'accomplir certains travaux avec plus de rapidité et dès-lors dans un temps plus opportun.

Mais en même temps que la culture profite de ces heureuses combinaisons, la population agricole y trouve l'occasion d'accroître son bien-être, en raison des occupations mieux ordonnées qu'on lui procure. Aussi quelle laborieuse activité se développe au moment de ces travaux ! que de mouvement de tous côtés ! Les hommes commencent leur tâche dans les vignes *à bras* ; les bœufs tracent le sillon dans les planches à culture du Médoc ; les femmes suivent de près avec les enfants pour dégager les ceps ; plus loin la charrue se rencontre avec les hommes dans les vignes en *Johalles ;* tout se meut, tout s'empresse, la vie est partout ; les travaux s'achèvent avec plus de précision et de régularité ; et en même temps l'aisance pénètre plus grande dans la famille du vigneron, car tous les membres utiles de cette famille ont été utilement occupés.

Le Congrès allait enfin terminer ses séances ; tous ces hommes d'élite, venus de tant de pays pour prendre part aux mêmes travaux, allaient se séparer ; mais ils devaient auparavant assigner le rendez-vous où la troisième session les appellerait l'année prochaine. Toulouse fut proposé par quelques membres ; Marseille réclamait l'honneur du choix par l'organe de M. le docteur Roux, délégué de la Société de statistique de cette ville. Il me sembla, Messieurs, que l'on ne devait pas hésiter dans cette circonstance: Toulouse n'avait fait en faveur du Congrès aucune démonstration ; aucun des hommes distingués que cette ville renferme n'était venu s'associer à nos travaux et nous offrir pour la troisième session l'hospitalité que Marseille tenait à l'honneur de nous préparer. Nous connaissions d'ailleurs à l'avance la haute valeur de la Société de statistique de cette ville, avec laquelle vous échangez depuis longtemps vos travaux, et l'un de ses membres, digne de toute considération, nous répondait de son bienveillant concours. M. le docteur Roux, notre collègue, que nous avions eu l'avantage de voir à Angers au Congrès scientifique et que nous avions été heureux de retrouver à Bordeaux, où son mérite l'avait fait porter à la vice-présidence de notre assemblée, a dû entraîner mon opinion personnelle, et j'ai cru devoir appuyer sa demande de toute l'influence que me donnait le mandat dont vous m'aviez chargé ; Marseille a été choisi, et la troisième session devra s'ouvrir dans cette ville du 10 au 15 août 1844. Vous le savez, Messieurs, le département des Bouches-du-Rhône occupe une place élevée dans l'échelle qui fixe pour tous l'importance de la production des vins ; il est entouré par ceux de l'Hérault, du Gard, du Vaucluse et du Var, qui tous sont renommés pour leurs produits vinicoles ; l'Italie et la Suisse en sont voisines, et tout nous persuade que, pour rendre la troisième session féconde en utiles résultats, les hommes spéciaux, les œnologues distingués dont toutes ces contrées abondent, devront y affluer de toutes parts.

J'avais désormais terminé ma mission ; le Congrès était clos et je n'avais plus qu'à songer au retour. Toutefois je profitai de quelques loisirs qui me restaient encore pour jeter un coup-d'œil sur les monuments et l'aspect général de cette ville superbe, à laquelle j'avais à peine eu le temps de penser. Bordeaux est grandiose et majestueux dans son ensemble, et les monuments publics sont dignes de figurer dans cette seconde ville de France. J'ai visité le Palais-de-Justice qui n'est pas encore terminé, et qui sera sans doute un des plus somptueux du royaume. La prison neuve vient d'être livrée à sa destination ; elle renferme aujourd'hui 430 détenus des deux sexes, soumis au régime sévère de l'isolement complet et du silence le plus absolu. Le grand hôpital est également de construction récente et contient plus de 700 lits, sans parler d'une vingtaine de chambres particulières. J'admirais cette immense édifice et je pensais alors que des plans également vastes et bien entendus sont dressés pour le bel hôpital général de notre ville, et que nous espérons en voir bientôt commencer la réalisation.

A côté de toutes ces nouvelles et splendides constructions, Bordeaux renferme quelques souvenirs antiques ; le palais Gallien est le seul monument de ce genre que j'aie visité ; il présente aujourd'hui les ruines de l'un des plus vastes amphithéâtres que l'antiquité nous ait légués.

En parcourant les quais magnifiques qui longent la Garonne, en admirant ce port élégant et grandiose dont l'aspect m'avait si profondément ému lors de mon arrivée, ce ne fut pas sans un vif intérêt que je retrouvai sur ces bords éloignés le souvenir de l'un de nos compatriotes, qui est aussi notre collègue. La Garonne, vous le savez, s'embarrasse souvent des vases qu'elle entraîne dans son cours et que la mer montante fait refluer sans cesse ; une puissante machine à draguer travaille en ce moment à délivrer le port de cet obstacle toujours renaissant : c'est M. Th. Bordillon qui a entrepris cet immense et important travail.

Un autre genre d'établissement vint encore à ce moment me rappeler les efforts que vous faites sans cesse, Messieurs, pour contribuer à toutes les améliorations locales. J'aperçus sur les eaux de la Garonne deux écoles de natation, ou plutôt deux entreprises de bains froids couverts que je visitai, et je me souvins de la médaille d'or promise par votre Société à une entreprise de ce genre qui viendrait s'établir sur les eaux de la Maine; comment n'a-t-on pas encore répondu à votre appel ? Comment un besoin aussi généralement senti et signalé depuis longtemps par vous, n'a-t-il pas été rempli jusqu'à ce jour ? Persévérons toutefois, Messieurs ; ce n'est que par la persévérance que le bien se peut conquérir.

Je ne parlerai pas ici, Messieurs, d'une excursion que je fis au pont de Cubzac, monument digne des Romains ; et d'une visite du plus haut intérêt au chemin de fer de Bordeaux à la Teste, dont je pus examiner l'embarcadère, les ateliers, les magasins, les appareils. Mais vous me permettrez de consigner dans ce rapport les souvenirs que j'ai conservés de quelques hommes remarquables dont le nom n'a pu qu'à peine trouver place dans ce récit.

M. Ivoy père, président de la Société d'agriculture de la Gironde et sous la présidence duquel s'était ouverte la session du Congrès, a fait exécuter de magnifiques travaux agricoles dans une propriété immense et jadis sans valeur qu'il avait acquise au milieu des landes de Bordeaux ; ces terres, infécondes autrefois, sont aujourd'hui couvertes de riches cultures : ici les céréales se récoltent en abondance ; là les essences les plus remarquables de nos forêts se mêlent aux arbres exotiques les plus grandioses ; et tout concourt à donner l'aspect d'une véritable terre promise à ce beau domaine où j'ai reçu un accueil si hospitalier.

Que vous dirai-je du vénérable président de la Société d'horticulture, M. Vignes, qui conserve, à quatre-vingts ans, toute son ardeur pour l'étude et son amour pour la culture des fleurs et les arbustes de jardin ? J'ai retrouvé dans la bouche de ce digne vieillard les noms de nos horticulteurs angevins les plus distingués, dont il savait apprécier à merveille le mérite et la réputation.

Mais il me reste deux noms à vous citer, Messieurs, deux noms également dignes des meilleurs souvenirs et qui se rattachent l'un et l'autre à deux des plus beaux établissements de Bordeaux ; je veux parler de M. Laterrade père, directeur du Jardin des plantes, et de M. le docteur Burguet, directeur du Musée d'histoire naturelle.

Le Jardin des plantes de Bordeaux doit beaucoup à M. Laterrade père, qui professe d'ailleurs avec une grande distinction le Cours de botanique annexé à cet établissement. Les plantes tropicales surtout y forment une riche et éclatante collection ; et parmi les animaux

que l'on y nourrit, j'ai remarqué un bouc et une chèvre
du Bengale, dont la race paraît fort supérieure à celle de
nos pays, et que le savant directeur va s'efforcer de propager dans le Bordelais. M. Laterrade est le fondateur de
la Société Linnéenne (1), dont il est resté le directeur perpétuel, et sous tous les rapports ses travaux lui méritent
le rang distingué qu'il occupe aujourd'hui. Je suis chargé,
Messieurs, de vous faire hommage en son nom du numéro
de son journal *l'Ami des champs*, publié en mars 1838,
et qui contient un article de synonymie de la vigne sur
seize espèces de raisins cultivées dans les environs de Malaga, en Espagne.

M. le docteur Burguet est secrétaire-général de la Société Linnéenne et membre de la Société philomatique de
Bordeaux, dont il m'a le premier révélé l'existence et qui
organise, tous les deux ans, des expositions industrielles,
où elle distribue des récompenses et des encouragements.
Ce savant distingué, dont plusieurs entrevues m'ont fait
apprécier le dévouement pour la science, voulut bien me
faire visiter en détail les riches collections du Musée qu'il
dirige ; les coquilles et les papillons surtout sont de la plus
grande beauté et renferment tout ce qui est aujourd'hui
connu dans ces deux genres ; les fossiles sont en très
grand nombre ; les oiseaux et les quadrupèdes ne laissent
que bien peu de chose à désirer. M. Burguet se consacre
à l'étude et à l'entretien de ces admirables collections ;
grâce à ses soins, elles se complètent tous les jours, et son

(1) La Société Linnéenne de Bordeaux a été fondée en 1818. Elle
compte plusieurs sections en France et à l'étranger qui, comme elle,
célèbrent la fête de Linnée le même jour et aux mêmes heures, le
premier jeudi après la fête de Saint-Jean, à la fin du mois de juin.

zèle trouve sans cesse de nouvelles ressources et sait créer de nouvelles richesses. Jaloux de lier avec nous, Messieurs, des relations qui puissent profiter à la science, M. Burguet m'a confié une boîte de fossiles de la Gironde pour être remise au conservateur de notre musée d'histoire naturelle.

Je m'arrête ; tant d'hommes distingués et tant de faits remarquables ne m'ont-ils pas déjà retenu trop longtemps à Bordeaux ? Il faut partir enfin, il faut quitter cette ville magnifique, où la science et le talent brillent d'un éclat digne de toutes les splendeurs qu'elle offre, et où l'hospitalité nous fut douce et empressée comme aux temps antiques. Il faut partir......, et tandis que je contemple encore le ravissant spectacle qu'elle me présente, le bateau m'emporte vers des rives nouvelles avec une rapidité qui semble vouloir me dérober à mes plus doux souvenirs.

Je redescendis jusqu'à Mortagne le fleuve majestueux qu'on ne peut se lasser d'admirer, et là je pris une petite voiture qui, au milieu des cultures de vignes et de maïs, me transporta le soir même à Saintes. La civilisation romaine a laissé dans cette ville un grand nombre de souvenirs. J'en visitai quelques uns sous l'obligeante conduite de l'un de ses honorables habitants, et je trouvai surtout le Musée encombré de bas-reliefs, de sculptures et de médailles qui appartiennent à cette époque et donnent une haute idée de la culture des arts chez le peuple-roi.

De Saintes à Rochefort, la route traverse la Charente sur un pont gigantesque digne aussi des anciens maîtres du monde. Les navires, comme à Cubzac, passent à pleines voiles sous son tablier. Le port et l'arsenal de Rochefort devaient m'offrir mille détails pleins d'intérêt ; je retrouvai là encore le souvenir d'un de nos collègues, M. Hallette,

qui faisait installer à bord du *Groenland*, l'un des paque-
bots transatlantiques, une magnifique machine à vapeur
sortie de ses beaux ateliers d'Arras.

Un autre de nos collègues qui vous est avantageusement connu, M. Boutard aîné, voulut bien me servir de
guide à La Rochelle ; il me fit visiter les immenses travaux
entrepris pour l'agrandissement du port ; puis le Musée
d'histoire naturelle fondé par la Société des sciences naturelles de la Charente-Inférieure, et qui promet de devenir
bientôt un des plus remarquables de nos départements ;
enfin le Jardin botanique, qui renferme une serre hollan-
daise dont le prix n'a pas dépassé 5,000 fr. Ne serait-il
pas à désirer, Messieurs, que notre Jardin des plantes
possédât également une serre de ce genre où pourrait se
cultiver une collection des magnifiques plantes des tropiques ?

Les marais qui séparent La Rochelle de Luçon n'ont à
cette époque de l'année qu'un aspect triste et désolé ; le
fond en est cependant d'une fertilité rare, et lorsque les
eaux se sont retirées, ils sont ensemencés de céréales dont
les récoltes sont toujours abondantes, et les pâturages en
sont tellement succulents qu'ils servent à l'engrais des
plus beaux bœufs de la France.

Après avoir quitté Luçon je traversai Bourbon-Vendée
pour me rendre à Nantes ; et là, grâce aux rapides communications des bateaux à vapeur, je pouvais presque
déjà me croire dans mon pays.

J'ai terminé, Messieurs, le compte que je devais vous
rendre de la mission dont m'avaient honoré vos suffrages ;
je vous ai dit avec sincérité quels avaient été mes actes,
alors que dans l'isolement où je me trouvais, je ne pouvais prendre conseil que de mon zèle et des inspirations

que je puisais dans le souvenir de votre dignité. Je vous ai fait connaître encore quel succès avait eu, dans une contrée aussi importante, l'institution qui l'année dernière a pris naissance à l'abri de votre protection. N'en doutez pas, Messieurs, cette institution est pleine d'avenir et d'heureux résultats.

L'industrie vinicole souffre et se plaint amèrement ; elle se récrie contre les charges dont on l'accable ; elle est aux abois ; elle va succomber si l'on ne veut la soulager ! ...

Mais a-t-on bien mesuré toute la portée de ces plaintes, toute la justice de ces récriminations ? On s'en prend aux traités de commerce ; mais ne devrait-on pas s'en prendre surtout aux mœurs nouvelles, au changement des habitudes, aux concurrences qui surgissent de toutes parts ? Il y a peu de temps encore, le vin était presque la seule boisson en usage : aujourd'hui les liqueurs des grains fermentés et de pommes de terre, la bierre, le thé, les boissons gazeuses tendent à diminuer sans cesse la grande consommation des vins. Naguère encore les peuples qui nous entourent venaient puiser avec abondance dans vos celliers : aujourd'hui presque tous sont arrivés à produire assez pour les besoins de leur consommation propre ; la Prusse depuis dix ans a plus que doublé ses produits (1) ; les contrées de l'Allemagne succombent comme nous sous l'encombrement (2), et pourtant on vient de leur ouvrir

(1) La Prusse, en 1832, ne produisait que 322,961 seaux (six seaux contenant cinq hectolitres) ; elle récolte maintenant année moyenne 681,741 seaux. *(L'Allemagne agricole, industrielle et politique. Voyages faits en 1840, 1841, et 1842*, par E. Jacquemin, pages 229 et 234.)

(2) La récolte de vin dans ces États s'élève, année commune, à 3,258,162 hectolitres ; dans ce total, la Bavière figure pour

le grand débouché de l'Union allemande ; le Piémont qui consommait les vins du Var, en produira sous peu de temps lui-même au delà de ses besoins (1) ; la vigne couvre partout le sol, et bientôt assez riche de ses propres récoltes, chaque peuple, s'il veut utiliser ses vins, sera réduit à les boire.

A tous ces maux il est peu de remèdes ; mais chacun le comprend néanmoins, si la quantité doit augmenter encore la souffrance, la qualité seule peut amener le soulagement, en sollicitant les débouchés d'une manière plus puissante et plus irrésistible. On pourra réclamer l'allégement des charges ; si l'on n'améliore, la situation sera pire chaque année et la moitié de la production des récoltes nouvelles devra s'éteindre tôt ou tard.

Améliorer, tel est le besoin réel, tel est le remède véritable ; et c'est aussi, Messieurs, la devise que vous avez inscrite sur votre bannière, en fondant l'année dernière l'institution des Congrès de vignerons ; cette devise est restée intacte cette année à Bordeaux et de toutes parts on comprend qu'elle seule doit réunir désormais tous les intérêts vinicoles ; de toutes parts on vous crie de ne pas vous détourner de votre voie, qui est la voie du salut ; beaucoup à votre exemple y sont entrés et n'en doivent plus sortir ; mais tandis qu'ils y marchent, je puis le dire

1,500,000 hectolitres : le Wurtemberg pour 490,000 hectolitres ; les Hesses pour 350,000 hectolitres ; le grand duché de Bade pour 175,000 hectolitres (*L'Allemagne agricole*, etc., par M. E. Jacquemin).

(1) Rapport à M. le préfet du Var, par M. Michel, secrétaire de la Société d'agriculture et du commerce, chargé par le conseil général du Var de constater l'état de l'agriculture en ce département.

ici : vous, Messieurs, vous avez été les premiers à la tracer, les premiers à la parcourir : Honneur à vous !

RÉSUMÉ DES SÉANCES GÉNÉRALES

DE

LA DEUXIÈME SESSION DU CONGRÈS DE VIGNERONS FRANÇAIS,

Tenue à Bordeaux en septembre 1843 (1).

PREMIÈRE SÉANCE GÉNÉRALE DU 18 SEPTEMBRE 1843.

M. Ivoy père, président de la Société d'agriculture de la Gironde, assisté de MM. Pélissier, secrétaire-général, et Laterrade fils, secrétaire de cette société, ouvre la séance par un discours où, après avoir payé un juste tribut d'éloges aux honorables collègues d'Angers, pour avoir su profiter de l'exemple donné par l'Allemagne, qui se trouve en voie de progrès quant à la culture de la vigne, il fait sentir que si nos rivaux essaient de nous approcher, nous devons mettre tous nos efforts à les devancer dans l'application des innovations.

Parlant ensuite du principal but de la réunion, qui consiste dans la discussion et l'étude des procédés proposés pour améliorer la qualité des vins et les conditions de la production, M. Ivoy s'étaie des résultats obtenus dans

---

(1) Emprunté aux journaux quotidiens de Bordeaux : l'*Indicateur*, le *Mémorial Bordelais*, le *Courrier de la Gironde* et la *Guyenne*.

une première session pour faire entrevoir ceux non moins utiles que promet celle-ci.

Ce discours a été accueilli par de vives marques de sympathie.

Puis M. Ivoy propose de décerner le titre de président honoraire à M. le comte Odart, qui a rendu d'éminents services à l'œnologie, à laquelle il se voue avec tant de prédilection.

L'assemblée adopte par acclamation cette proposition, et M. Odart est invité à occuper la place d'honneur qui lui a été offerte.

M. Odart exprime sa reconnaissance pour la distinction flatteuse dont il vient d'être l'objet.

On procède immédiatement après à la formation du bureau définitif qui se trouve ainsi composé :

Président honoraire : M. le comte Odart, délégué de la Société d'agriculture d'Indre-et-Loire.

Président : M. Guillory aîné, délégué de la Société industrielle d'*Angers* et du département de Maine et Loire, correspondant de la Société Linnéenne de Bordeaux.

Vice-Présidents : MM. Bouchereau, conseiller de préfecture, vice-président de la Société d'agriculture de la Gironde et membre de la Société Linnéenne de Bordeaux ; P.-M. Roux, docteur-médecin, secrétaire perpétuel de la Société de statistique de *Marseille*, délégué de cette Société.

Secrétaire-général : M. Magonty, professeur de chimie industrielle, membre de l'Académie royale des sciences et des arts, à Bordeaux.

Secrétaires-adjoints : MM. Maure, docteur-médecin, membre de la Société d'agriculture et de la Société Linnéenne de Bordeaux, et Ladurantie, propriétaire à *Saint-Laurent*.

Trésorier : M. Soulié, docteur-médecin, membre de la Société d'agriculture de *la Gironde*.

M. le président provisoire après avoir proclamé le résultat du scrutin, invite MM. les membres du bureau défi-nitif à venir prendre leur place.

M. Guillory, président, prononce le discours suivant :

« Messieurs,

» Qu'il me soit permis de vous exprimer toute ma gratitude de me voir appelé à présider vos intéressants travaux. Je vois, dans la distinction dont vous venez de m'honorer, le flatteur témoignage de votre sympathie pour la Société dont je suis ici le représentant.

» Une aussi délicate attention de votre part prouve avec quelle bienveillance vous appréciez l'œuvre de la Société industrielle de Maine et Loire ; œuvre que vous vous empressez aujourd'hui de venir féconder dans cette enceinte.

» Je rapporterai à ma compagnie, soyez-en bien surs, Messieurs, le souvenir de la flatteuse confraternité avec laquelle vous m'avez accueilli, et de la cordiale collaboration que vous avez portée à la consolidation de nos Congrès de vignerons.

» Interprète des membres de ce bureau, nous avons un devoir bien doux à remplir en vous proposant, Messieurs, de voter des remerciements aux citoyens honorables qui ont voulu nous installer ici, en formant le bureau provisoire, ainsi qu'à Messieurs les commissaires chargés par la Société d'agriculture de la Gironde, de l'organisation de ce Congrès que, grâce à leurs soins, nous pourrons tenir avec fruit. Dans cette circonstance, nous ne devons pas non plus oublier que cette même Société d'agriculture de la Gironde, ayant foi dans l'avenir des Congrès de vignerons, délégua l'un de ses membres à la session d'Angers, et demanda, par son organe, qu'il fût fait choix de la ville de Bordeaux pour le siége de la deuxième session, que, par suite de ses bons soins, nous ouvrons en ce moment. »

Après ce discours qui a été vivement applaudi, M. P.-M. Roux, de Marseille, vice-président, prend la parole, et dit qu'en présence d'hommes si recommandables et plus capables que lui, il croirait leur faire injure en acceptant la place qu'il vient d'être appelé à occuper ; que pourtant il l'accepte par cette considération que l'honneur en revient à la Société dont il est délégué. M. P.-M. Roux fait ses remerciements et témoigne sa gratitude et son dévouement.

M. Guillory invite l'assemblée à se former en sections pour procéder conformément au programme à leur organisation.

La séance générale est immédiatement suspendue et MM. les membres présents s'étant fait inscrire sur les listes à ce destinées, les sections se trouvent constituées de la manière suivante :

1re *Section.* — Président : M. Laterrade père, directeur de la Société Linnéenne et du Jardin botanique de *Bordeaux*, membre de la Société d'agriculture de la Gironde.

Secrétaire : M. Martineau, membre de la Société d'agriculture de *la Gironde.*

2e *Section.* — *Président :* M. de Matha, membre de la Société d'agriculture de *la Gironde.*

Secrétaire : M. Gimet de Jolant, secrétaire de la Société d'agriculture de *Nérac*.

3e *Section* — *Président* : M. Hallié, fondateur du Musée agricole, membre des Sociétés Linnéenne et d'agriculture de *Bordeaux*.

Secrétaire : M. Tourrès, horticulteur à *Tonneins*, membre de la Société royale d'horticulture de *Paris* et de la Société d'horticulture de *Bordeaux*.

Rentré en séance M. le président fait connaître l'indication suivante des travaux du Congrès.

La première section, *viticulture*, se réunira dans la salle de la Société de médecine, demain 19 septembre, et jours suivants à huit heures précises du matin.

La deuxième section, *œnologie*, se réunira dans la salle de la Société de médecine, les mêmes jours, à onze heures précises.

La troisième section, *exposition*, se réunira les mêmes jours, à huit heures du matin, dans la salle de l'Académie.

L'assemblée générale aura lieu les mêmes jours, à deux heures très-précises.

MM. les membres sont invités à se rendre aux séances des sections, dans lesquelles s'élaboreront les travaux du Congrès.

Avant de se séparer ils sont prévenus que les cartes pour assister aux séances sont déposées au local de la réunion où ils doivent les faire retirer.

La réunion est ensuite ajournée à trois heures du soir.

Après la lecture et l'adoption du procès-verbal de la séance précédente, on passe au dépouillement de la correspondance qui, parmi un grand nombre de lettres, en offre une de M. le duc Decazes et une de M. de Caumont, qui regrettent que des occupations imprévues ne leur permettent pas d'assister au Congrès.

De nombreux ouvrages sont ensuite déposés sur le bureau et renvoyés par le président aux sections qui doivent les examiner.

M. le président annonce que le Congrès a reçu l'adhésion de plusieurs Sociétés; savoir : de la Société industrielle d'Angers, représentée par M. Guillory aîné; de la Société d'agriculture, sciences, belles-lettres et arts d'Indre-et-Loire, ayant pour représentants M. le comte Odart, membre de cette Société, et M. Viot-Prud'homme; de la Société de statistique de Marseille et d'encouragement pour l'industrie dans le département des Bouches-du-Rhône, représentée par son secrétaire perpétuel, M. le docteur P.-M. Roux; de la Société d'agriculture du département de l'Allier; de la Société d'agriculture du Gard; de la Société Linnéenne de Bordeaux, ayant quatre délégués.

M. le docteur Fabre, de Marmande, monte à la tribune et dit : « Messieurs, le cadre des travaux du Congrès est beaucoup trop spécial, et je crains que vous ne puissiez pas produire tout le bien que nous devions attendre de la réunion d'hommes aussi éminents.

» Un grand nombre de propriétaires ruraux ne comprennent pas bien les motifs qui nous animent; je crois qu'au lieu d'un *Congrès viticole*, un *Congrès agricole* aurait dû être formé.

» N'avons nous pas des *Congrès scientifiques, musicaux?* On n'a point encore songé à faire un *Congrès agricole!* et cependant, Messieurs, l'agriculture moralise les peuples; cet art marche à la tête de la civilisation. Ce que l'on fait pour les sciences et la musique, pourquoi ne pas le faire pour l'agriculture? Au Nord et au Midi sont des intérêts divers, le Congrès servirait de point de contact. »

Cette proposition, appuyée par M. Petit-Lafitte, sera discutée alors que le Congrès aura à s'occuper du lieu où il devra se réunir à sa session prochaine.

L'ordre du jour appelle la discussion sur la première question du programme, ainsi conçue : *Recherches sur les principales espèces ou variétés de cépages cultivées dans nos diverses contrées vinicoles; sur leur nomenclature synonymique, leur classification méthodique.*

M. Petit-Lafitte soutient que cette question ne saurait être résolue, en ce sens qu'il ne nous est point permis d'établir une classification des variétés de la vigne, puisque, étant le résultat de certaines circonstances, telles que l'influence du climat, le mode de culture, la nature du terrain, ces variétés peuvent varier à l'infini. Tout ce que dit ensuite M. Petit-Lafitte tend à démontrer que celles-ci sont nées d'un seul type.

M. le comte Odart combat cette manière de voir. Sans nier l'influence des circonstances signalées, il dit que les variétés se maintiennent partout où on les introduit. Le tokai, par exemple, a été importé dans le Midi et a donné d'excellents produits presque identiques.

En résumé, les variétés transportées dans telles ou telles

localités ont produit des vins qui ont conservé leur propriété, sinon les qualités qui les distinguent.

Tout en considérant la question comme étant l'une des
plus ardues et d'une très difficile solution, M. Martineau
pense qu'on pourrait un jour arriver à une conclusion
qui permettrait d'établir une nomenclature désirable.

M. Petit–Lafitte prend de nouveau la parole pour dire
que les orateurs qui l'ont précédé n'ont pas répondu à ses
observations, et revient successivement sur plusieurs arguments qu'il puise dans sa façon de penser.

L'heure avancée ne permet pas de continuer cette discussion, qui est renvoyée à une autre séance.

TROISIÈME SÉANCE DU 19 SEPTEMBRE 1845.

M. le secrétaire-général Magonty, donne lecture du
procès-verbal de la séance précédente, qui est adopté sans
réclamation.

M. Guillory, président, ayant cédé le fauteuil à M. Bouchereau, vice–président, monte à la tribune pour y développer de nouveau les vues de la Société industrielle dont
il est le délégué, et s'exprime ainsi :

« Messieurs,

» Au milieu du conflit d'opinions qui, sur tant de matières, agite et trouble aujourd'hui l'humanité, il est une
vérité universellement reconnue et proclamée, contre
laquelle aucun contradicteur ne s'est encore élevé : c'est
que l'industrie est la véritable richesse des peuples et la
source inépuisable de leur bien–être et de leur gloire.

» De ce sentiment unanime, dans lequel viennent se
réunir et disparaître toutes les dissidences, je veux pren-

dre à témoin les gigantesques efforts qui se réalisent sans cesse autour de nous et de toutes parts pour imprimer à toutes les branches de l'industrie un élan nouveau, et leur donner une puissance plus féconde.

» Qui de vous, Messieurs, n'a pas applaudi à tant de généreux et nobles travaux ? Qui n'a pas encouragé les progrès de tout genre qu'ils amènent sans cesse, et n'a pas vu dans leurs résultats de nouvelles conditions de bonheur pour tous ?

» Il est cependant, Messieurs, une des branches de l'industrie humaine qui semble n'avoir pas encore participé à l'élan général, au progrès que tant d'autres réalisent. Elle n'est pas pourtant l'une des moins importantes de notre pays ; une moitié de la France est appelée à jouir de ses ressources : cette industrie, Messieurs, c'est la nôtre, c'est l'industrie vinicole.

» Tandis que tant d'autres travaillent et s'améliorent, pourquoi semblerions-nous rester dans la torpeur et l'engourdissement ? Nulle connaissance humaine, nulle industrie ne doit demeurer stationnaire : pourquoi n'aurions-nous pas aussi notre élan, nos progrès, et par conséquent notre augmentation de ressources et de richesses ?

» Telles furent, Messieurs, les pensées et les espérances de la Société industrielle d'Angers, dont j'ai depuis douze ans l'honneur d'être le président, lorsqu'elle fonda l'année dernière le premier Congrès de vignerons ; elle ne douta pas que ces réunions ne vinssent développer le savoir pratique de chacun, et du contact annuel et périodique de tant d'hommes voués à la même pensée, de l'intéressante et utile communication de tant de travaux et d'essais qui jusqu'à présent devaient s'ignorer souvent les uns les autres, il devait résulter, suivant sa conviction, d'incontestables améliorations et d'incessants progrès.

» La Société industrielle d'Angers ne s'est pas trompée, Messieurs; les travaux du premier Congrès de vignerons, et votre présence aujourd'hui dans cette enceinte, en vous associant à nos espérances et à nos désirs, nous est le plus honorable témoignage pour le bien que nous avons tenté de réaliser.

» Toutefois ne vous êtes-vous pas mépris sur notre véritable but? Ce que nous avons voulu, c'est le progrès de notre industrie par elle-même ; ce que nous cherchons, c'est la solution des grandes et nombreuses questions qui intéressent la culture de la vigne et la fabrication du vin; c'est, en un mot, le perfectionnement progressif et rapide de nos produits. Il y a sans doute bien des difficultés d'une autre nature à résoudre, pour approfondir et combattre les causes du malaise qui se manifeste aujourd'hui dans l'industrie vinicole ; mais d'autres que nous ont accepté cette mission dont l'intérêt sans doute est immense, mais dont le motif, nous l'espérons du moins, ne sera que passager. Nous, au contraire, Messieurs, n'aurons-nous pas toujours de nouveaux efforts à faire ? Le progrès n'est-il pas en quelque sorte éternel de sa nature, et longtemps après que les grandes questions d'économie politique, qui viennent de se traiter au sein d'une autre assemblée, auront reçu leur solution, combien n'aurons-nous pas encore d'efforts nouveaux à tenter et de découvertes utiles à conquérir ?

» Délégué près de vous, Messieurs, par la Société fondatrice de ce Congrès, j'ai mission de vous supplier en son nom de ne pas vous écarter de son but originaire; de demeurer, comme nous l'avons fait déjà, dans le cercle si large et si fécond des améliorations pratiques ; et de penser que vous aurez assez à faire pour le pays et pour vousmêmes, en développant la puissance matérielle de la grande industrie à laquelle vous consacrez tant d'efforts.

» Ce n'est point, au surplus, comme vous le savez, Messieurs, une institution nouvelle que l'institution fondée en France par la Société industrielle d'Angers et du département de Maine et Loire : depuis quatre ans, l'Allemagne, que souvent l'on trouve à la tête du progrès, l'avait instituée dans son sein, et en avait recueilli les fruits ; aussi, lorsque s'ouvrit le Congrès d'Angers, l'an dernier, notre premier soin fut de faire connaître aux honorables membres qui le composaient le résultat des travaux exécutés dans les deux premières sessions des Congrès allemands, celles d'*Heidelberg* et de *Mayence*.

» Nous n'avions pas alors les comptes-rendus des Congrès de *Wurtzbourg* et de *Stuttgard*, et tous nos efforts pour les obtenir ont été longtemps infructueux ; ce n'est que depuis quinze jours à peine que ces comptes-rendus, en langue allemande, nous ont été adressés. La difficulté de traduction et le manque de temps ne nous permettent de vous communiquer aujourd'hui que l'analyse des travaux du Congrès de *Wurtzbourg*. Permettez-moi, Messieurs, de la mettre sous vos yeux.

» Le Congrès de Wurtzbourg (Bavière) avait lieu en 1841, et le programme des questions était ainsi conçu :

» 1º Il est nécessaire d'examiner les différentes sortes de grappes dans les différentes périodes de leur maturité, pendant plusieurs années consécutives ; de les décomposer chimiquement pour trouver leur principe sucré et leur contenu d'acide, afin de trouver approximativement l'époque de la maturité qu'elles atteindraient selon les données de l'été précédent, moyen de fixer le temps des vendanges ;

» 2° On demande une description exacte de plusieurs sortes de grappes. (Suivent les noms des ceps de vignes connus sous le nom de vin du Rhin) ;

» 3° On demande des observations précises pour indiquer l'amélioration des vins dans les grappes mûres restées pendantes ou celles soutenues par des claies ; dans les grappes ainsi laissées le principe sucré s'augmente aux dépens de l'acide, indépendamment de l'évaporation des parties aqueuses. Les changements chimiques qui ont lieu dans les grappes à l'état de la maturité la plus prononcée, n'ont pas été parfaitement éclaircis, et il est encore douteux s'il y a agrandissement dans le volume du principe sucré, ou bien si l'acide disparaît sans concourir à la formation de ce volume du principe sacré ;

» 4° On demande des moyens uniformes pour former une topographie partielle et universelle des différents terroirs vignobles de l'Allemagne, eu égard à leur localité, dénomination, exposition, pente, nature du sol, etc., avec des cartes topographiques ;

» 5° Trouver par les données énoncées à l'article précédent la chaleur moyenne des terroirs vinicoles de l'Allemagne ;

» 6° Quels sont les avantages réels du système employé en Souabe et en Franconie, qui consiste à abriter les vignes contre l'action des gelées ? Quelles sont les limites géographiques dans lesquelles ce système peut être utile ?

» 7° Les claies et châssis peu élevés employés dans les contrées du Palatinat sont-ils également recommandables en Franconie ? Dans le cas contraire, quelles modifications doivent-ils subir ?

» 8° On soutient avoir observé que les fruits de toute espèce et les raisins propagent mieux leur espèce, quand les noyaux sont en état de maturité parfaite. Quelles sont les expériences à cet égard ?

» 9° On demande d'indiquer les résultats des commotions violentes dans l'atmosphère pendant une température peu élevée. Ces phénomènes ne produisent-ils pas un degré plus ou moins élevé pour quelques instants ? Cette question touche au moyen de préserver les vignes contre les froids et les gelées.

» 10° On exprime le désir de voir une collection plus complète de quelques espèces. (Les noms sont indiqués ; on cite quelques contrées.)

» 11° et 12°. Questions relatives à la pomologie.

» 13° Quels changements ont lieu quand les vins commencent à se couvrir d'une couleur rougeâtre ? D'où vient cette nouvelle teinte ? quels sont les moyens neutralisants ?

14° L'engrais animal peut-il influer sur la production des vins capiteux, ou non ?

15° Quelles sont les expériences à examiner qui traitent des avantages de l'engrais ?

» La nomenclature sommaire des travaux de ce Congrès présente les indications suivantes :

» 1° Inspection des grappes de raisin exposées.

» 2° Vues sur la formation d'une ampélographie d'Allemagne.

» 3° Sur les changements de l'atmosphère.

» 4° Inspection des vins exposés.

» 5° Les vendanges et la fabrication des vins.

» 6° Sur les changements de couleur et de goût dans les vins.

» 7° Le pressoir de M. Bronner et le moulin du vicomte de Dittfurth.

» 8° Sur les engrais.

» 9° Sur la manière de couvrir les ceps de vignes.

» 10° Sur la manière de couper les jeunes grappes de raisin (méthode de Mme Léonhare).

» 11° Sur les brûlures dans les vignes.

» 12° Sur l'introduction des châssis dans les vignes de la Franconie.

» 13° Observations météorologiques par rapport à la végétation des ceps de vignes.

» 14° Mesures de sûreté pendant la fermentation du vin doux.

» 15° Sur la diminution de la force productrice des ceps de vignes.

» 16° Complément du catalogue des animaux nuisibles aux ceps de vignes.

» 17° Sur la culture des vignes en Franconie.

» 18° Sur les vendanges arriérées.

» 19° Sur la quantité d'acide que contiennent différents vins.

» 20° Questions à présenter au congrès suivant. »

» Telle est, Messieurs, l'analyse succincte que nous pouvons vous présenter aujourd'hui des travaux exécutés à *Wurtzbourg*.

» Le cinquième Congrès de vignerons allemands siége cette année à *Trèves* ; en temps opportun, nous vous en communiquerons le programme.

» En profitant ainsi de l'expérience acquise par nos voisins d'outre-Rhin, nous aurons l'avantage de n'être pas dépassés de trop loin par eux dans la voie du progrès.

» La France, autant et plus que l'Allemagne, doit tenir

à son industrie vinicole. En France, autant qu'en Allemagne, se rencontrent des hommes intelligents et persévérants, au génie et aux efforts desquels doivent toujours céder les plus grandes difficultés, et à qui sont réservées les plus utiles conquêtes.

» Soyez donc, Messieurs, pleins de courage et de persévérance ; soyez résolus, avec la force et la haute intelligence qui vous distinguent, à vouloir les progrès de la féconde industrie vinicole : la patrie vous sera reconnaissante de développer ses richesses, et les premiers vous recueillerez les fruits de vos utiles labeurs.

» Pour nous, Messieurs, qui avons l'honneur de représenter près de vous la Société laborieuse du sein de laquelle sont partis les premiers efforts pour atteindre ce noble but, nous suivrons toujours avec le plus grand intérêt vos excellents travaux ; heureux si nous pouvons parfois vous offrir le concours de nos efforts ; heureux toujours de profiter de vos lumières et de cultiver de plus en plus la connaissance de tant d'hommes distingués par leur savoir et leur dévouement au bien de la commune patrie. »

De nombreuses publications ont été, comme aux séances précédentes, déposées sur le bureau.

M. Tourrès, horticulteur habile de *Tonneins*, est venu ensuite communiquer à l'assemblée ses observations sur les semis de la vigne et les différentes manières de la greffer.

M. le comte Odart a communiqué des réflexions très judicieuses sur le travail de M. Tourrès, dont le mémoire devra être imprimé au compte-rendu du Congrès (1).

(1) D'après M. Sébille-Auger, à Saumur, où la pratique de la greffe a pris naissance et où beaucoup d'essais ont été tentés, on a fini par

M. Ramey monte à la tribune, et y donne lecture d'une notice sur les terres vierges et les divers travaux d'amélioration du sol des vignes, la taille des ceps, les labours et les façons diverses qu'on doit faire subir aux vignobles bien entretenus.

M. le secrétaire-général lit une lettre de M. Sébille-Auger, président du comice de Saumur, secrétaire-général du premier Congrès de vignerons, par laquelle cet œnologue angevin fournit des renseignements très curieux sur la culture de la vigne et la fabrication du vin des *Cordeliers*, le plus renommé des coteaux de Saumur.

La discussion commencée hier sur la synonymie de la vigne a été reprise, et M. Laterrade fils est monté à la tribune pour traiter cette importante matière, dont il a développé habilement les difficultés d'exécution. Il voudrait voir d'abord des bases nettement arrêtées, comme une condition indispensable de toute classification.

M. le comte Odart parle des bases qu'il a adoptées pour son ampélographie, en ce moment soumise à l'examen de la première section ; il dit qu'il a voulu travailler pour le praticien et non pour le naturaliste.

M. Bouchereau parle des travaux entrepris par M. Bosc, sur lesquels il cite plusieurs particularités. Il regarde comme absolument impossible une synonymie générale de la vigne, en prouvant par des faits les motifs qui ont formé son opinion.

M. Bouchereau, approuvant les observations de M. Laterrade, entre dans de longs détails au sujet de la synonymie ; il fait remarquer que la nature est toujours bien-

abandonner presque généralement cette opération, à cause des mauvais résultats qu'on en a obtenus. *(Note du rapporteur.)*

12

faisante envers ses produits ; elle protège la vigne contre l'ardeur du soleil dans le Midi par la largeur des feuilles, et dans le Nord, contre le défaut de chaleur et de maturité tardive, par un feuillage léger, car dans tous les pays on trouve du vin, et même de très bon vin. Il reste beaucoup à faire cependant quant à la synonymie. Il faut même savoir se restreindre.

Les observations de M. Bouchereau sont confirmées par M. le comte Odart.

QUATRIÈME SÉANCE, DU 20 SEPTEMBRE 1843.

Après la lecture du remarquable procès-verbal de la séance d'hier, dans laquelle M. le secrétaire-général continue à initier avec un rare bonheur ses auditeurs à toutes les phases des discussions, M. Martineau, secrétaire de la première section, monte à la tribune, et fait le rapport des travaux de cette section.

M. Gimet de Jolan, secrétaire de la deuxième section, succède à la tribune à celui de la première, et rend également compte de l'examen des documents qui lui avaient été soumis.

M. Hallié, président de la troisième section, entretient l'assemblée de l'investigation à laquelle cette section s'est livrée sur les appareils renvoyés à son examen.

M. le docteur Moure, secrétaire-adjoint, donne lecture d'une notice de M. Vibert, d'Angers, sur ses vignes de semis. Le savant horticulteur angevin y entre dans des détails intéressants sur les effets produits chez lui par les intempéries de cette année, et la coulure qui en est résultée pour la majeure partie de ses vignes.

M. Bouchereau, vice-président, qui obtient ensuite la parole, prononce le discours qui suit :

« Messieurs,

» Le témoignage de bienveillance et d'estime dont vous m'avez honoré, en m'appelant à faire partie de votre bureau, a rempli mon cœur d'une bien douce reconnaissance. Je regrette profondément que l'état actuel de ma santé ne me permette pas de prendre une part aussi active que je le désirerais à vos utiles travaux. Les forces et non le zèle me font défaut, soyez-en convaincus. Voué d'intérêt et de cœur à la viticulture, au milieu d'une réunion d'hommes aussi distingués, animés d'un même désir, celui de faire faire des progrès à une branche si importante de notre agriculture et de notre commerce, ami de mon pays, comment pourrais-je rester en arrière du mouvement général qui entraîne les esprits vers les améliorations ?

» Que le mot amélioration n'effarouche pas certaines personnes trop promptes à s'alarmer. Amélioration ne veut pas toujours dire innovation, comme routine ne signifie pas toujours ignorance.

» L'innovation est souvent dangereuse. Elle le serait certainement pour la plupart des vignobles qui jouissent de cette ancienne et belle réputation qu'ils méritent à si juste titre. Ce n'est pas à la légère en effet qu'on pourrait toucher aux pratiques dont les résultats favorables sont appréciés chaque année. Mais en descendant de ces vignobles célèbres jusqu'aux vignobles produisant les vins les plus communs, que de choses *il semble* nécessaire de faire encore pour améliorer ces dernières qualités, car à quelle incommensurable distance ne se trouvent-elles pas des premières ?

» A mon avis, cependant, il y a beaucoup moins à faire qu'on ne le pense généralement. L'art du vigneron n'est pas d'une origine récente; c'est aux corporations religieuses les plus savantes de l'époque qu'est due la création de la plupart de nos grands vignobles.

» Des soins particuliers ont présidé aux pratiques qui ont été adoptées pour faire et conserver le vin. Ces pratiques varient à l'infini, et c'est la plus grande preuve qui puisse être donnée des soins intelligents qui ont été apportés à leur adoption, car les vins varient aussi à l'infini : pour être à la portée et au goût de tous les consommateurs, un mode unique n'eût pas rempli le but qu'on se proposait.

» Aujourd'hui que tout fait des progrès autour de nous, devons-nous seuls rester stationnaires? Non, Messieurs, telle n'est pas ma pensée.

» Nous voyons sous nos yeux des pratiques qui nous semblent vicieuses, souvent nous les condamnons sans les examiner, passez-moi l'expression, sans les comprendre.

» Messieurs, ce qui est, le hasard seul ne l'a pas produit, soyez-en persuadés; ce qui est, constitue le plus souvent le résultat d'une longue expérience dont la tradition s'est perdue, dont les effets restent encore.

» Avant donc de déverser sur les vignerons français les épithètes de routiniers et d'ignorants, examinons sans partialité, avec le désir de les comprendre, les pratiques qu'ils mettent en usage dans chaque localité ; rendons-nous compte de la préférence que leurs prédécesseurs ont donnée à tel ou tel mode qui est encore suivi. Rallions les anneaux de la chaîne que le temps a peut-être rompue, et alors accordons-nous quelquefois des éloges là où nous aurions été tentés de jeter du blâme.

» Après cet examen, mais examen qui sera long parce qu'il sera concienscieux, nous verrons quelles sont les améliorations à apporter dans le mode à suivre, nous verrons s'il y a beaucoup d'innovations à tenter, et si le plus souvent ces innovations ne se borneront pas à de simples imitations.

» Messieurs, c'est dans le champ de l'examen, de l'analyse, de la pratique enfin que je crois utile surtout que les esprits se dirigent en laissant de côté les vaines théories.

» La carrière est immense. L'étude seule des diverses variétés de vignes qui peuplent nos vignobles présente un horizon presque sans limites. C'est celle qui depuis quelque temps a fait des progrès, progrès lents mais certains.

» Le défaut de communications qui régnait autrefois en France, les craintes mal fondées, de la part de beaucoup de propriétaires, qu'avec les ceps de leurs vignes, on ne transportât ailleurs aussi la qualité de leurs vins, avaient été de puissants obstacles à la réalisation d'un pareil travail dont la nécessité était depuis longtemps comprise.

» Le gouvernement de l'Empire, sous le ministère de M. Chaptal, avait fait des efforts qui ont été infructueux.

» Mais l'idée-mère était restée ; elle a fructifié, des résultats ont été obtenus et de plus grands encore sont attendus avec une vive impatience.

» M. le comte Odart, que nous avons le bonheur, Messieurs, de voir à notre tête, celui à qui va si bien le titre que nous aimons à lui décerner de *Nestor* des vignerons français, l'auteur de l'exposé des divers modes de culture de la vigne et des divers procédés de vinification, ouvrage fruit autant du savoir que de l'expérience ; M. le comte

Odart, dans l'essai d'ampélographie qu'il a fait paraître, a éveillé l'attention publique qui ne sera satisfaite que lorsqu'il aura publié la suite de ce traité qui permettra, je l'espère, à la France, de le présenter avec orgueil à l'Espagne, si fière du traité qu'a publié sur les vignes de ce pays don Simon Boxas Clemente.

» Des collections nombreuses de variétés de vignes ont été réunies dans diverses localités.

» Je vous citerai entr'autres :

» Celle de M. Hardy, jardinier en chef du palais du Luxembourg, à Paris, due à M. le duc Decazes, grand référendaire de la Chambre des pairs ;

» Celle de la Dorée, près Tours, réunie par M. le comte Odart ;

» Celle de M. Demermety, à Dijon ;

» Celle de M. Reynier, à Avignon ;

» Celle de M. Cazalis–Allut, à Montpellier ; de M. Izarn de Capdeville, à Montauban, et plus près de nous, celle de M. Tourrès, à Machetaux, et enfin, celle réunie à Carbonnieux, sous notre direction, et sous les auspices de la Société Linnéenne de Bordeaux.

» Permettez-moi de vous dire quelques mots sur cette dernière, dont je vais mettre sous vos yeux le catalogue général à l'état d'épreuve.

» Cette collection, provenant de plants tirés des pays mêmes vignobles, a dû prendre un grand accroissement par des envois successifs reçus d'Espagne, de Portugal, de Turquie, d'Italie, etc., sur la recommandation adressée à nos consuls dans ces contrées, par M. le duc Decazes, qui n'a cessé d'apporter le plus bienveillant intérêt au développement de la collection de Carbonnieux.

» Toutes les honorables personnes dont je vous ai déjà

parlé comme propriétaires de diverses collections de vignes, les ont également mises à notre disposition pour compléter celle de Carbonnieux, avec une obligeance dont je suis heureux de trouver l'occasion de leur rendre un témoignage public, ainsi qu'à MM. Aubergier, de Clermont, et Vibert, d'Angers.

» Comme vous le verrez par le catalogue qui va vous être distribué, le nombre des variétés inscrites est de 919 ; mais ce chiffre ne présente pas le nombre réel des variétés ; ce chiffre est au-dessus de la réalité à cause des doubles emplois, soit du même nom, soit du même cépage sous plusieurs noms.

» D'un autre côté, dans cette collection comme dans toute autre collection nombreuse, des erreurs existent, causées par le peu de soin des personnes chargées de vous transmettre les cépages que vous demandez.

» Je ne présente donc pas la collection de Carbonnieux comme complète dans toutes ses parties.

» Je puis facilement classer les variétés qu'elle renferme sous les dénominations suivantes : certaines, douteuses, erronées.

» Dans la première catégorie, je rangerai les variétés sur lesquelles il ne peut exister aucun doute : là se trouvent renfermées toutes celles qui appartiennent aux grands vignobles de France, ou dont les caractères sont si tranchés qu'il n'y a pas à s'y méprendre ;

» Dans la seconde, celles qui viennent de sources peu sûres ;

» Dans la troisième, celles enfin dont l'erreur m'a paru plusieurs fois évidente.

» Toutes ces déductions faites, il en restera encore un très grand nombre digne de fixer notre attention d'une

manière positive, et dans toutes nous pourrons examiner
cette prodigieuse abondance de variétés différentes dont
un grand nombre est peu ou point cultivé ; car, Messieurs,
le nombre des espèces cultivées diminue chaque jour. Le
cercle des nouvelles plantations a été très rétréci dans le
choix des cépages, au grand progrès de l'agriculture et de
l'œnologie.

» Je vous transmets ce catalogue à l'état d'épreuve, afin
que chacun de vous puisse m'adresser les observations
qu'il croira convenables suivant le département qu'il habite. Des noms peuvent avoir été tronqués ou altérés ; je
recevrai avec reconnaissance les indications qui me mettront à même de les rectifier. Heureux de trouver dans
vous tous, Messieurs, des censeurs qui puissent m'éclairer
dans l'œuvre commune.

» Et tel est le grand bienfait, les secours immenses
que les personnes qui se livrent aux études qui regardent
la vigne rencontrent dans l'établissement du Congrès de
vignerons : A un jour donné, chaque année, elles ont
l'occasion d'être réunies ensemble. Là, les esprits s'éclai-
rent, les doutent se lèvent, de douces confraternités s'éta-
blissent et se cimentent. Pourquoi faut-il, Messieurs,
qu'au milieu du charme que j'éprouve à vous exprimer
mes propres sentiments, les douces sensations que je
ressens au milieu de vous, des regrets se fassent jour !
C'est que je ne puis m'empêcher de remarquer l'absence
de trois œnologues distingués du Midi : de M. Reynier,
d'Avignon ; de M. de Baumes, de Nîmes ; de M. Cazalis-
Allut, de Montpellier. Leur présence nous eût comblés de
joie et eût rendu notre session plus complète.

» Mais si des affaires impérieuses les ont retenus loin
de nous, leurs souvenirs flatteurs accompagnent nos tra-

vaux, et vous vous associerez aux regrets que je ressens
de leur absence.

» Vous êtes pénétrés, Messieurs, des avantages qu'offre
l'institution des Congrès de vignerons : née l'an dernier
à Angers, parvenue à sa seconde année à Bordeaux, cette
institution ira bientôt grandissant de ville en ville, et nous
qu'elle a visités les premiers, nous qui sommes le plus
près de son berceau, rendons hommage à la Société industrielle d'Angers pour l'idée heureuse qu'elle a conçue ;
rendons-lui hommage en la personne de son digne président, qui est aussi le nôtre, et en faveur duquel les
paroles les plus flatteuses que je pourrais imaginer ne
sauraient complétement exprimer tout ce que nous ressentons dans nos cœurs. »

M. de Camiran monte à la tribune, et, discutant l'opinion émise hier par M. Ramey, qu'il fallait planter la
vigne à la profondeur d'un mètre, il lui semble qu'à cette
profondeur, la terre vierge, comme la désigne M. Ramey,
le sous-sol, en un mot, lui semble infertile et nullement
végétal. Du reste, il demande à M. Ramey si ce rapport
est le résultat de nombreuses observations, ou s'il est dû
à un système qui serait bien en opposition avec le mode de
faire pratiqué généralement, et qui consiste à ne planter
la vigne qu'à une petite profondeur et au milieu de la terre
végétale. Il profite de la circonstance qui lui est offerte
pendant qu'il est à la tribune, pour faire connaître un
article du *Journal des villes et des campagnes*, sur le
pinçage et l'effeuillage des vignes dont le Congrès s'est
occupé hier.

Répondant à M. de Camiran, M. Ramey commence
par déclarer qu'il réclame l'indulgence de l'assemblée

quant à son style, mais qu'il n'en est pas ainsi quant à sa méthode, qui repose sur une longue expérience et de nombreuses observations; elle repose, du reste, sur la pratique générale des défoncements. Prenez, dit-il, le sous-sol le plus dur, divisez-le, portez-le à la surface du terrain, et avec le temps vous en ferez une terre végétale; dès-lors, toute terre vierge peut devenir terre végétale. Mon but est de présenter un moyen de suprimer cette énorme dépense d'engrais qui nuit tant à la qualité du vin; du reste ceci se pratique dans le Jura.

Ce n'est point pour critiquer les observations de M. Ramey, dit M. Bouchereau, que je prends la parole, mais pour reconnaître que cette méthode mérite d'être soumise à l'expérience. Cependant je pense qu'il y a plus d'avantages à planter peu profondément, et que, si sur les côtes du Jura on plante à un mètre de profondeur, c'est par prévision de ce qui peut arriver, c'est-à-dire, dans la crainte qu'elle ne soit déracinée par les éboulements. Chez nous, ce qui nuit le plus à nos vignes, c'est l'humidité, et par la profondeur de la plantation on accroît cette humidité; dès lors la qualité doit en souffrir.

M. Bouchereau demande qu'on mette à l'ordre du jour la question de l'effeuillage, dont l'assemblée a été entretenue dans cette séance. M. de Camiran se joint à M. Bouchereau.

Mise à l'ordre du jour immédiatement, M. le marquis de Bryas développe les diverses observations auxquelles il s'est livré.

Dans les terrains où la vigne végète beaucoup, dit cet orateur, je crois qu'on doit donner de l'air, surtout dans les années humides, et alors il convient d'effeuiller. Cette méthode a encore l'avantage d'éloigner les insectes qui ne contribuent pas peu, en piquant les grains, à leur pourriture ultérieure. Je crois qu'un effeuillage bien fait active la maturité. Dans les terrains élevés, ou le cep reçoit peu de nourriture et où dès-lors il acquiert peu de développement, je crois qu'on altérerait beaucoup la nature du vin si on enlevait à la vigne ce dont elle a besoin ; elle n'a pas, comme dans les terrains bas et humides, autant de pampres, le terrain est plus sec et l'air se renouvelle plus facilement. Il faut donc distinguer et dire que dans quelques cas l'effeuillage est profitable, et dans quelques autres il est nuisible.

Pour M. de Camiran, l'effeuillage est toujours nuisible, et à l'appui de son opinion il cite les observations comparatives que M. Catrot a publiées dès 1788.

M. Lannes répond que l'important dans l'effeuillage est de savoir bien choisir le moment : trop tôt, il arrête la végétation et le raisin ne mûrit pas ; tandis que si on effeuille seulement au moment où le raisin est sur le point d'atteindre sa maturité, il devient plus sucré, il perd de son eau et accroît ses qualités.

L'effeuillage, à mes yeux, dit M. Bouchereau, est très important et très avantageux ; par ce moyen, on hâte et on complète la maturation, et néanmoins tous les jours on critique cette méthode. Si on n'a pas obtenu de bons résultats, c'est qu'on a mal pratiqué. Ce n'est pas le tout d'avoir un bon remède, il faut savoir l'appliquer à propos.

Dans les terrains secs, humides, arides et maigres, le raisin s'échaufferait si on le privait de ses feuilles. Dans les terres fortes, trop humides, le raisin mûrirait mal si on n'effeuillait pas.

En Médoc, par exemple, où le raisin est pour ainsi dire assis sur les cailloux dont la reverbération est active, on aurait tort d'enlever les feuilles; les vins deviendraient trop liquoreux et on n'en voudrait pas dans le commerce.

Pour les vignes blanches, je crois qu'on doit suivre une méthode opposée : les vins blancs étant plus alcooliques, plus sucrés que les vins rouges, la maturité du vin blanc doit être plus avancée que celle du vin rouge.

Si dans quelques cas l'effeuillage est fructueusement employé, quelle est l'époque à laquelle il faut se livrer à ce travail ? Ce n'est pas quand le fruit est à l'état de verjus, parce qu'alors il a besoin de toute l'action végétale du cep et que les feuilles sont des organes essentiels à la végétation ; c'est lorsque le raisin va acquérir la maturité ; alors l'effeuillage la complète, le fruit diminue de volume, perd une partie de son eau de végétation et acquiert des qualités.

Il faut aussi avoir égard au site et à l'exposition : c'est principalement l'action du soleil couchant qui est à redouter, aussi est-ce le côté de l'Ouest qu'il faut préserver et se bien garder d'effeuiller. Le grain grillé sera toujours de ce côté.

M. de Bryas croit que le préopinant commet une erreur, en parlant de l'époque de l'effeuillage; il cite à ce sujet ce qui se pratique dans les meilleurs vignobles blancs du Bordelais.

M. de Camiran comprend toute l'importance de cette question, si lumineusement traitée par les propriétaires éclairés qui viennent de la discuter, et indique quelques faits nouveaux.

MM. Bouchereau et de Camiran rentrent de nouveau

dans la discussion du principe de l'effeuillage sur lequel ils diffèrent d'opinion en certains points.

L'assemblée décide que, vu l'importance de cette question, l'effeuillage sera mis au nombre de celles qui seront traitées dans la prochaine session du Congrès de vignerons.

***

Après l'adoption du procès-verbal, M. le secrétaire-général dépouille la correspondance.

M. Bouchereau fait déposer sous les yeux de l'assemblée une collection de raisins, qui contient les produits des premiers vignobles de France et du Rhin. La Gironde y est représentée par les vins rouges, et par les cépages suivants, dans l'ordre du mérite que M. Bouchereau leur attribue :

1° Le Carmenère ou Carmenelle du Médoc, Carbonet des Graves ;

2° Le Carmenet-Sauvignon du Médoc, ou Vidure des Graves ;

3° Le Verdot du Médoc, des Graves et des Palus ;

4° Le Merlot ou Vetraille ;

5° L'Etrangaie ou gros noir du Médoc, Gourdon-Noir de Preissac.

Dans les cépages blancs de la Gironde, on remarque :

1° Le Sauvignon ;

2° Le Semellion ;

3° Le Muscadelle ou Rélinotte.

Le Bourgogne figure par son Pineau rouge et son Pineau blanc ;

L'Ermitage, par la Syrrha petite et grosse, qui produit ses vins rouges si purs ;

La Roussane petite et grosse, qui produit ses vins blancs ;

Enfin, le célèbre cru du Johannisberg, par son raisin Rischling.

« Il y a vingt ans, continue M. Bouchereau, des propriétaires du Médoc étant allés en Bourgogne m'assuraient que leur Pineau n'était autre que notre Carmenet. Il n'y a pas fort longtemps encore que l'on m'affirmait à Bordeaux que le Rischling du Johannisberg n'était autre que notre Sauvignon. Cependant, qu'on veuille bien jeter un coup-d'œil sur les variétés diverses que je vous adresse, et à l'instant tout doute disparaîtra ; il sera facile de reconnaître des variétés distinctes, bien que toutes soient venues dans le même sol et sous la même influence atmosphérique.

» Cet examen démontrera la part immense qui est attribuée dans la qualité des vins aux cépages qui les produisent concurremment avec le sol et le climat.

» Le choix des cépages est donc une opération des plus importantes pour le vigneron qui désire faire produire à son vin le plus de qualité possible relativement au sol et au climat qu'il habite. »

Un incident donne lieu à une discussion entre MM. le comte Odart et de Soyres sur le Pineau de Bourgogne et le Gamet.

M. Lannes monte à la tribune, et lit au nom de M. Aubergier père, un mémoire sur la vendange avant et après la mise en cuve. L'auteur y fait l'historique des divers procédés qui ont été conseillés depuis l'appareil Gervais, et y décrit les nombreuses expériences auxquelles il s'est livré, et qui motivent son opinion de faire opérer la fermentation à vase hermétiquement clos.

M. le comte Odart ne pense pas que la couverture de la cuve soit absolument nécessaire ou utile. Nos pères ne couvraient pas leurs cuves, et ils faisaient de bon vin, peut-être meilleur que celui d'aujourd'hui. Si on abandonne certains vins pendant vingt-quatre heures dans une bouteille débouchée, on trouve que le liquide est devenu meilleur au lieu de s'être acidifié.

M. de Soyres répond qu'à l'époque du procédé de Mlle Gervais, M. de Laveau fit quelques essais comparatifs ; on ne trouva aucune différence entre les vins dont la cuve avait été laissée ouverte d'avec ceux dont les cuves avaient été couvertes. Aussi, depuis cette époque, a-t-il renoncé à la couverture des cuves.

M. Magonty ajoute qu'il croit que la couverture des cuves est utile et qu'il partage sur ce point l'opinion de M. Aubergier ; cette méthode a été préconisée par M. Pelouze, un de nos jeunes chimistes les plus distingués, qui recommande, dans un article du *Dictionnaire technologique*, le tube en S à double boule. Depuis quelque temps, on se sert à Bordeaux dans quelques chais de tubes en S sans boules pour fermer les barriques où le vin nouveau est renfermé. Par ce moyen, on n'a pas besoin d'*ouiller* périodiquement.

Je remercie M. Magonty, dit M. Eyquem, de ce qu'il a dit sur les bondes en tubes en S que nous employons déjà dans plusieurs chais depuis quelques années. On réalise une très-grande économie : de 48 pour 100 sur l'*ouillage* ordinaire.

Puis M. Eyquem expose à l'assemblée les soins nombreux qu'exige la fabrication du vin, la conservation et les diverses améliorations qu'il a introduites dans la tenue des cuviers, des chais, et des caves surtout, dans lesquelles il a établi des casiers qui, à l'avantage de la solidité, joignent celui de placer une grande quantité de bouteilles dans le plus petit espace possible.

M. le président fait connaître que le Congrès s'est transporté chez M. Hallié pour visiter sa nombreuse collection d'instruments aratoires en tous genres;

Que les vignes de M. Martineau, à la Bastide, ont été aussi visitées;

Et qu'une visite a ensuite été faite aux caves de M. Johnston : ces caves, pouvant contenir 1,000 tonneaux de vin, méritent l'approbation générale.

Les détails dans lesquels entre M. le président au sujet de ces diverses excursions sont mentionnés au procès-verbal.

M. Tourrès, de Tonneins, expose les variétés de raisins cultivées dans le département de Lot et Garonne, ce sont :
1° Pied rouge le gros, côte rouge, pied de perdrix; — 2° *Idem* petit; — 3° Sauvignon saubiot blanc; — 4° *Idem* gris; — 5° *Idem* noir; — 6° Canut noir; — 7° Mouzac noir; — 8° *Idem* blanc; — 9° Picardan blanc; — 10° Malvoisie blanche; — 11° Blancoupie; — 12° Enrageat blanc, madone, plant de dame, piquepoul du Gers; — 13° Macadet blanc, guilan doux, muscade, hâtif; — 14° *Idem* tardif; — 15° Sadame blanche; — 16° Hère noire, fère; — 17° Guilan blanc; — 18° Verdot; — 19° Roussette blanche; — 20° Bouchales noir; — 21° Piquepoul blanc; — 22° *Idem* gris; — 23° Guile noir; — 24° Semellion le petit; — 25° *Idem* le gros; — 26° Touzan; — 27° Teinturier, plant de teinte; — 28° Merille grosse; — 29° *Idem* petite; — 30° Sibadé; — 31° Chalosse; — 32° Corinthe;

— 33° Hère la petite ; — 34° Meringue noire ; — 35° Poupe saoume ; — 36° Maroquin ; — 37° Œil de tour.

M. Martineau présente des échantillons des variétés suivantes :

1° Amaroye ; — 2° Colon ; — 3° Scarfit ; — 4° Pelouille ; 5° Picardan bicolor.

M. Lannes, rapporteur de la première section, rend compte de l'examen auquel la Commission de cette section s'est livrée sur l'Ampélographie de M. le comte Odart. Il dit qu'une étude consciencieuse a fait apprécier toute l'importance d'un travail qui est le seul dans son genre ; c'est le premier résultat heureux et utile de tout ce qui a été entrepris depuis un demi-siècle pour arriver à une synonymie des cépages du royaume.

M. de Camiran communique son rapport sur le casier à vin en bouteilles, visité par les membres du Congrès chez M. Destournel, ainsi que sur le bouchage des bouteilles avec des tampons en verre, exécuté sous la direction de M. Eyquem.

M. Roux, délégué de la Société de statistique de Marseille, donne une idée succincte de la culture de la vigne et de la fabrication du vin dans les Bouches-du-Rhône.

Il propose de réunir le prochain Congrès de vignerons français à Marseille et développe les raisons qui doivent déterminer à faire le choix de cette ville, qui, suivant lui, réunit toutes les conditions qu'on doit désirer pour le succès de cette institution.

M. Lannes témoigne le désir de voir réunir à Toulouse la troisième session ; il annonce qu'il attend une demande officielle à cet égard de la Société d'agriculture de la Haute-Garonne.

M. Ladurantie appuie le choix de Marseille.

13

M. le comte Odart préfère Toulouse comme point plus central.

M. de Soyres partage l'avis de M. Odart.

M. Roux motive sa demande sur la simultanéité du Congrès de Montpellier et de Milan.

M. de Bryas manifeste le désir de voir le bureau motiver une proposition formelle et conclut à l'ajournement à demain.

M. Roux appuie la demande par de nouveaux motifs. Une discussion animée à laquelle prennent part MM. Ysarn de Capdeville, de Soyres, Lannes, de Camiran, Odart, Guillory, Mourre, Roux et Martineau, s'engage sur le même sujet.

L'ajournement à demain de nouveau proposé par M. de Bryas est adopté.

SIXIÈME SÉANCE, DU 22 SEPTEMBRE 1843.

La séance est ouverte par la lecture du procès-verbal d'hier.

M. le Président annonce que le bureau s'est réuni, en conformité de la décision prise hier par le Congrès, et propose à l'unanimité de désigner pour le siége de la prochaine session la ville de Marseille.

Après avoir entendu quelques observations de M. Lannes, le Congrès choisit Marseille pour le lieu de réunion de la troisième session, et arrête que cette session s'ouvrira du 10 au 16 août 1844; il charge la Société de statistique et le Comice agricole des Bouches-du-Rhône de se concerter pour former la commission d'organisation, et désigner le secrétaire-général de la réunion de 1844. Il émet le vœu que l'une des prochaines sessions soit fixée à Toulouse, qui, par sa position centrale, doit exercer une grande influence sur les vignobles importants des départements limitrophes.

M. Ramey donne lecture d'un rapport de la première section sur la dernière leçon de M. A. Petit-Lafitte, relative à la culture de la vigne. Des félicitations sont adressées à l'auteur.

M. Laterrade père monte à la tribune, et développe son opinion sur la formation, la distinction et la conservation des cépages. L'orateur entre à ce sujet dans des citations nombreuses qui prouvent l'étude approfondie qu'il a faite du sujet dont il entretient l'assemblée.

M. Tourrès lit un rapport sur un mémoire de M. de Saint-Ourens relatif à la statistique vinicole du département des Landes. On y remarque l'indication des moyens préservatifs contre les gelées.

M. le marquis de Bryas propose au Congrès de se réunir ce soir pour tâcher de terminer aujourd'hui les travaux entrepris.

D'après les observations du bureau, cette proposition n'est pas admise.

M. le président reprend l'enquête sur les diverses questions indiquées au programme. Leur lecture successive ne donnant lieu à aucune observation, M. Ramey expose que la plupart des mémoires qui ont été lus ont donné lieu à des discussions dirigées dans le but de répondre à ces questions, qui ont été traitées de fait ; il propose en conséquence et le Congrès décide qu'on ne s'occupera pas davantage de ce programme.

M. de Bryas prend la parole, et développe les motifs qui lui font désirer de voir arrêter à l'avance le programme de la prochaine session, à l'étude duquel il s'est livré. L'orateur lit une série de questions qu'il croit susceptibles d'être examinées par l'assemblée.

M. de Soyres appuie le projet de programme de M. de Bryas.

M. Martineau croit qu'on ne doit pas changer la marche suivie jusqu'à présent.

M. Ivoy fait observer que beaucoup des questions qui ont été présentées par M. de Bryas ont pu l'être dans les divers mémoires lus, mais qu'elles l'ont été sans ordre. Il appuie la proposition de M. de Bryas, et il pense qu'on doit inviter les membres à s'astreindre à cet ordre.

Nous ne nous occupons pas, a dit M. de Bryas de la culture de la vigne pour faire de la science, mais pour perfectionner la viticulture.

L'assemblée approuve à l'unanimité les observations de M. de Bryas, comme note à consulter par le Congrès de Bordeaux, toujours facultative pour le Congrès de Marseille.

M. le président Guillory donne lecture à l'assemblée de la traduction du programme en langue allemande du cinquième Congrès des vignerons allemands, qui doit se réunir à Trèves le 6 octobre prochain. Il fait connaître qu'il doit cet intéressant document à M. Ant. Humann, président de la Société de Mayence, dont le zélé concours a été du plus grand secours pour la Société industrielle dans la mission qu'elle s'est imposée en fondant ces Congrès.

M. Aubergier père propose d'adresser à l'avenir chaque question du programme aux personnes qui auraient déjà produit des travaux analogues.

M. de Bryas insiste pour qu'on appelle principalement l'attention sur les questions de culture pratique.

La discussion est continuée à la séance de demain, qui terminera cette session du Congrès.

M. le docteur Fabre, de Marmande, renouvelle par écrit sa proposition pour la formation d'un Congrès d'agriculteurs français. L'examen de cette proposition est confié à la Société d'agriculture de la Gironde.

M. Guillory, au nom du bureau de la première session du Congrès, rend compte des recettes et des dépenses auxquelles elle a donné lieu, et dont le déficit a été soldé par la Société industrielle d'Angers.

M. le marquis de Bryas demande qu'à l'avenir les programmes des Congrès soient publiés au moins quatre mois avant la tenue de la session suivante, afin qu'on ait le temps de traiter chaque question. Il demande encore que jamais une question ne puisse être soulevée accidentellement; qu'on ne passe à une question qu'après avoir épuisé la première; de telle sorte que si une des questions ne pouvait être traitée dans une session, le Congrès suivant ne ferait que reprendre la suite des travaux qui n'auraient pu être terminés, en suivant les questions restées sans solution.

M. de Matha communique des observations circonstanciées et des expériences auxquelles il s'est livré sur la maturité du raisin, l'effeuillage des ceps, l'amélioration du vin détérioré, les procédés de fermentation dans les cuves et des moyens de vieillir les vins.

Le rapporteur de la deuxième section prend la parole.

Il se trouve, dit-il, dans le mémoire de M. Mahier des

assertions neuves et intéressantes dont il faudrait seulement constater la réalité. M. Mahier assure que les bois défectueux employés à la confection des futailles peuvent être améliorés au moyen de quelques procédés qu'il indique. Si cela est, comme nous sommes disposé à le croire, M. Mahier mérite la reconnaissance des vignerons. Son mémoire doit être lu et nous paraît digne d'être imprimé.

Ces conclusions sont adoptées.

On vote encore l'impression d'un mémoire de M. Puvis sur les divers modes du renouvellement de la vigne.

M. Ramey lit un rapport sur un mémoire de M. Dupuits de Maconnex, il recommande à l'attention du Congrès :

1° Le choix des cépages ;

2° La taille de la vigne ;

3° L'échalassement ;

4° Le châtaignier, l'accacia, le pin pour échalas ;

5° Le grillage et la pourriture du raisin.

M. le comte Odart lit un rapport sur la visite faite à Carbonnieux ; il loue l'ordre qui règne dans la collection de M. Bouchereau.

Il passe en revue les diverses collections existant en France et dit que c'est lui-même qui choisit les plants qu'on lui demande ; c'est lui qui les étiquette, etc. Il vieillit ; mais tant que ses forces lui permettront d'agir, il en fera toujours ainsi. Des collections existantes en France, il avait cru que sa collection était la première ; il ne supposait pas que celle de M. Bouchereau fût aussi riche : il propose donc de voter des remerciements au zèle de M. Bouchereau, et l'engage à continuer l'œuvre qu'il a si bien entreprise.

Avec unanimité, l'assemblée s'unit à M. le comte Odart pour voter des remerciements à M. Bouchereau.

M. Guillory donne lecture des questions proposées sur la viticulture par M. de Caumont.

Le Congrès, vu l'époque avancée de sa session, renvoie ces questions au prochain Congrès.

M. Laterrade père dit quelques mots sur la vigne sauvage. La vigne à trois lobes serait la vigne primitive, tandis que la vigne à cinq lobes serait la vigne dégénérée.

Il ne faut pas croire, répond M. le comte Odart, que la vigne soit revenue à l'état sauvage; c'est une création nouvelle par le fait des semis; c'est une variété et non pas une dégénérescence.

M. de Bryas propose de voter des remerciements au bureau, ainsi qu'aux membres étrangers qui sont venus donner à la session un si bon exemple.

M. Magonty remercie en ces termes le Congrès :

« Messieurs, avant de nous séparer, permettez-moi de vous remercier de la bienveillante sympathie avec laquelle vous avez encouragé mon zèle et excité mon désir de bien faire.

» Etranger par mes études à la viticulture, j'étais venu dans cette enceinte avec le désir de me taire et d'écouter, convaincu qu'au milieu d'hommes aussi éminents il y avait beaucoup à apprendre, beaucoup à méditer.

» Vos suffrages m'ont appelé au poste, flatteur sans doute, mais difficile, de secrétaire-général. Je ne m'attendais pas à recevoir cette insigne distinction, que j'aurais déclinée si je n'avais consulté que mes forces. Je l'ai acceptée pourtant, non par téméraire vanité, mais pour me rapprocher d'hommes que j'avais appris à apprécier. Déjà, Messieurs, l'Ampélographie remarquable de M. le comte Odart m'avait fait vivement ambitionner de le connaître ; et l'infatigable persévérance, le savoir profond de M. Guillory, notre président, m'étaient révélés par le compte-rendu de la dernière session du Congrès.

» Soutenu par eux et par mes honorables collègues du bureau, ma tâche est devenue moins difficile ; aussi conserverai-je un bien long souvenir de leur bienveillant appui et de votre indulgence. »

M. Guillory, président, se lève et prononce le discours suivant :

« Messieurs,

» Nous sommes parvenus au terme de cette deuxième session du Congrès de vignerons, qui, non moins que la première, s'est fait remarquer par l'importance des communications de ses membres et l'intérêt qu'elles ont offert.

» L'avantage de puiser dans des entretiens bien réglés des enseignements qui toujours ne se trouvent pas dans les écrits, fait assez ressortir l'utilité de cette institution qui déjà se recommande à tant d'autres titres.

» En provoquant à l'étude des faits, ces réunions toutes spéciales fournissent l'occasion de développer des idées nouvelles, dont l'utilité peut être avantageusement appliquée, soit au profit d'une localité, soit dans l'intérêt général de l'industrie vinicole.

» Le vigneron praticien surtout est appelé à y révéler des améliorations que lui aura indiquées son expérience ; améliorations qui peut-être eussent été condamnées à rester dans l'oubli, si notre Congrès ne lui eût offert, en même temps qu'un stimulant, la facilité de se produire à cette modeste tribune.

» L'intérêt que la presse locale a pris à nos travaux, en

nous prêtant un appui empressé et tout bienveillant, nous a prouvé la sympathie que notre institution a excitée par la spécialité de son but, même en dehors de cette enceinte. Tout le monde est bien convaincu de la nécessité où nous nous trouvons de rechercher toutes les circonstances qui peuvent concourir à empêcher de dépérir l'une des sources les plus importantes de nos richesses territoriales.

» Nous devons à Monsieur le Maire de Bordeaux des remerciements, pour avoir bien voulu mettre à notre disposition, sans réserve, un local aussi convenable pour nos réunions.

» Nous sommes ici, Messieurs, nous en avons la conviction intime, l'interprète de vos sentiments d'affectueuse reconnaissance envers l'œnologue distingué, le citoyen dévoué, le généreux collègue, qui n'a craint ni soins, ni peines, même au détriment de sa santé, pour faciliter l'organisation de cette session qui, nous devons l'avouer, aurait pu se trouver singulièrement compromise sans le dévouement que lui a porté M. Bouchereau. Nous avons été heureux de voir cet excellent collègue assez promptement rétabli pour venir prendre part à nos travaux, y apporter une collaboration que nous ont rendue si précieuse les fruits des belles expériences auxquelles il se livre depuis longtemps au *Château-Carbonnieux*, ses immenses connaissances en viticulture et son affectueuse aménité.

» M. Aug. Petit-Lafitte, en acceptant la mission de délégué de la Société d'agriculture de la Gironde, et venant à Angers s'associer à notre première session, a pu aider efficacement à l'élaboration de la deuxième session, et s'est ainsi acquis des droits à notre gratitude.

» L'exquise convenance avec laquelle M. Ivoy père a

ouvert nos travaux, n'a pas peu contribué à l'ordre et à la dignité qui ont régné dans nos séances ; honneur en soit donc rendu au digne président de la Société d'agriculture de Bordeaux.

» L'accueil si gracieux qui nous a été fait par nos confrères bordelais nous laissera longtemps, à nous viticulteurs étrangers, le plus agréable souvenir de notre séjour parmi eux.

» Le zèle qu'ont montré nos collègues du bureau, surtout M. le secrétaire-général Magonty, dont la tâche, excessivement laborieuse, a été dignement remplie, a puissamment contribué au résultat que nous avons obtenu.

» Si, ne consultant que mon bon vouloir, j'ai dû accepter un rôle bien au-dessus de mes forces, la bienveillante indulgence que vous n'avez cessé de me témoigner m'a rendu facile l'accomplissement des devoirs qui m'étaient imposés par votre si honorable confiance ; veuillez, Messieurs, en agréer l'expression de ma vive reconnaissance et me conserver l'espoir de vous rencontrer l'an prochain dans notre troisième session.

» Nous déclarons close la deuxième session du Congrès de vignerons français. »

CONGRÈS

DE

VIGNERONS FRANÇAIS

TROISIÈME SESSION TENUE A MARSEILLE

EN AOUT 1844.

DISPOSITIONS PRÉLIMINAIRES.

Marseille, le 30 avril 1844.

Messieurs,

Avant de clore la dernière session, qu'il a tenue à Bordeaux, le Congrès de vignerons français a désigné (1) Marseille comme le lieu de rendez–vous de la troisième réunion.

Marseille doit cette flatteuse distinction à la double im-

---

(1) ..... « Il a été décidé de fixer le siège de la troisième session, » à Marseille, de charger la Société de statistique et le Comice agri- » cole des Bouches-du-Rhône d'organiser une commission directrice » et un bureau provisoire. »

« Cette session devra s'ouvrir du 10 au 16 août prochain, de ma-

portance qu'elle a sous le rapport vinicole et comme port d'exportation de vin et comme centre d'une grande production.

Comme port d'exportation de vin, Marseille pourra fournir aux cultivateurs de vigne, d'utiles renseignements sur les causes qui arrêtent nos débouchés au dehors et sur les moyens de les développer.

Comme centre de production, Marseille offrira aux vignerons des départements de l'Ouest et du centre d'intéressants sujets d'études : la chaleur du climat, la nature du terrain, la nécessité de mêler sur le même sol une foule de cultures diverses à la culture de la vigne, ont introduit dans l'agriculture provençale des pratiques spéciales que l'on ne peut bien apprécier qu'après les avoir étudiées sur la localité.

Les propriétaires et agriculteurs du Midi espèrent que ces circonstances seront de nature à piquer la curiosité et à exciter le zèle des vignerons des départements voisins.

» nière qu'après y avoir assisté, on puisse se rendre au Congrès » scientifique de France à Montpellier..... »

(Extrait des procès-verbaux de la deuxième session du Congrès de vignerons français et étrangers, tenue à Bordeaux. Séance du 22 septembre 1843.)

..... « La Société de statistique de Marseille, de concert avec le » Comice agricole de la même ville, a procédé par voie de scrutin à » la nomination des membres devant composer la commission directrice et le bureau provisoire; il en est résulté que M. JULES BONNET » a été nommé secrétaire-général du Congrès, M. P.-M. ROUX, tré- » sorier, et les autres membres de la commission sont MM. BAR- » THÉLEMY, CLAPIER, NEGREL-FERRAUD, PLAUCHE et DE VILLE- » NEUVE. ... »

(Extrait des procès-verbaux de la Société de statistique de Marseille. Séance du 2 novembre 1843.)

Ils seront heureux de recevoir leurs conseils et leurs indications et de leur communiquer les résultats de leur expérience.

C'est par ces communications que l'agriculture française, jusqu'à ce jour trop isolée, parviendra enfin à se constituer et à reprendre en France la haute position qui lui appartient.

Agréez, Monsieur, l'assurance de notre considération très distinguée.

Le président de la Commission directrice.   CLAPIER.

Le secrétaire-général du Congrès.   JULES BONNET.

Extrait des procès-verbaux de la Société industrielle d'Angers.

SÉANCE DU 6 MAI 1844.

. . . .

M. J. Bonnet, vice-président du Comice agricole de Marseille, secrétaire-général de la troisième session du Congrès des vignerons, écrit en ces termes :

« Monsieur et cher collègue,

» La commission d'organisation du Congrès des vignerons, a arrêté le programme de la troisième session. Aussitôt qu'il sera imprimé je me ferai un plaisir de vous l'adresser.

» Nous avons pensé qu'une réunion de savants et d'agriculteurs de tous les pays, devait embrasser dans ses travaux tout ce qui se rattache à la culture de la vigne et à la vinification ; et notre programme a été établi sur les bases les plus larges, de manière à renfermer toutes les questions sur la viticulture et l'œnologie. Les questions qui ne pourront recevoir de solution dans cette troisième session devront être renvoyées à la quatrième et ainsi de suite ; de telle sorte que les travaux du Congrès puissent former un corps d'ouvrage d'autant plus utile, que les savants et les agriculteurs de toutes les localités auront concouru à son adoption, et y auront apporté le fruit de leur expérience.

» C'est ainsi que l'institution des Congrès de vignerons deviendra réellement profitable à tous les viticulteurs et œnologues français, et que vous pourrez jouir, vous, Monsieur et cher collègue, qui avez eu l'idée première de l'établissement de ces Congrès en France, de cette douce satisfaction qu'éprouve l'homme de bien, lorsqu'il peut se dire avoir concouru au bonheur et à la prospérité de son pays.

» Je suis, etc. »

P.-S. — La douzième session du Congrès scientifique de France ne s'ouvrira pas à Montpellier, comme on l'avait d'abord décidé, mais à Nîmes, le 1er septembre prochain. En conséquence, l'ouverture de la troisième session du Congrès de vignerons français aura lieu le 20 août ; ce qui permettra aux membres de ce Congrès d'assister ensuite à celui de Nîmes.

SÉANCE DU 10 JUIN 1844.

MM. Clapier, président de la Commission directrice, et Jules Bonnet, secrétaire-général de la troisième session du Congrès des vignerons français, qui siégera à Marseille le 20 août prochain, en envoient le programme en sollicitant aussi l'adhésion de la Société. Celle-ci non-seulement déclare adhérer à cette réunion, mais encore témoigne sa vive sympathie pour une institution qu'elle a créée et dans les bons résultats de laquelle elle a toujours eu la plus grande confiance ; elle décide en outre que tous les documents qu'elle pourra obtenir soit de son comité d'œnologie, soit des œnologues ou viticulteurs du département, seront fournis par elle au Congrès, auquel elle se fera représenter par des délégués qui seront désignés à la première séance mensuelle.

SÉANCE DU 1er JUILLET 1844.

. . . .

M. le président rappelle à la Société que la désignation des délégués qui doivent la représenter aux Congrès de Marseille et de Nîmes, ayant été ajournée à cette réunion, il a invité par circulaire ceux des membres qui se proposeraient de faire le voyage du Midi d'en prévenir le conseil d'administration , avant la séance ; que personne n'en a manifesté l'intention, si ce n'est M. A. Rousseau, dont le départ peut être entravé par des circonstances indépendantes de sa volonté.

En conséquence l'assemblée désigne son président M. Guillory aîné, pour aller représenter la Société au Congrès de vignerons français qui doit avoir lieu à Marseille le 20 août prochain. Elle lui enjoint de veiller avec un soin scrupuleux à ce que cette institution ne s'écarte en aucune manière des vues qui en ont inspiré la fondation.

RAPPORT

SUR

LA TROISIÈME SESSION

DU CONGRÈS DE VIGNERONS FRANÇAIS,

Réuni à Marseille au mois d'août 1844,

PRÉSENTÉ

A la Société industrielle d'Angers et du département de Maine et Loire,

DANS SA SÉANCE DE RENTRÉE DU 19 NOVEMBRE 1844,

PAR SON PRÉSIDENT, DÉLÉGUÉ A CE CONGRÈS.

Messieurs,

Je viens vous rendre compte de trois assemblées scientifiques, près desquelles j'ai eu l'honneur d'être votre représentant. Si vous aviez dû conférer cette distinction au plus digne, je n'aurais pas en ce moment à prendre la parole, mais à vos yeux mon zèle m'a tenu lieu de mérite; il m'a seul valu la faveur dont vous m'avez honoré, et j'ai droit de compter encore sur l'indulgence qu'il m'a conquise, lorsque je viens accomplir le devoir que vous m'avez imposé.

Le Congrès des vignerons de Marseille, le Congrès

scientifique de Nîmes, le Congrès des savants de Milan ont vu tour à tour votre délégué prendre part à leurs séances ; je vous dirai les honneurs qu'il y a reçus, parce qu'à vous seuls ils reviennent ; les distinctions flatteuses dont il a été entouré, parce que c'est à vous qu'il les doit ; je vous dirai l'estime en laquelle vous êtes auprès des hommes éminents qu'il m'a été donné de fréquenter, et celle que vous pouvez prétendre même auprès des étrangers. Mais n'attendez pas que je puisse vous rendre tous les souvenirs que m'ont laissés les solennités majestueuses auxquelles j'ai assisté, toutes les admirations que m'ont inspirées ces hommes supérieurs que je suis fier d'avoir connus ; n'attendez pas surtout que je puisse, par une analyse impossible, reproduire devant vous les joûtes brillantes d'esprit et de savoir dont j'ai été l'heureux témoin.

Au milieu de toutes les jouissances de mon intéressant voyage, vous le dirai-je, Messieurs, je me sentais contristé de mon isolement ; c'était une députation que vous deviez envoyer en Italie et dans le Midi de notre France, pour vous rapporter, par les efforts de chacun de ses membres, quelque chose des travaux admirables et des splendides fêtes où j'étais seul en votre nom. A Milan seulement, un de nos collègues, M. Boutigny (d'Evreux), s'était joint à moi, et j'aurai le récit à vous faire des succès éclatants qu'il a su remporter ; mais à Nîmes, mais à Marseille, j'étais seul ; car celui de nos collègues qui devait m'y rejoindre, M. Rousseau, n'avait pu se trouver au rendez-vous.

J'étais donc parti seul pour accomplir une honorable tâche ; mais j'emportais du moins des travaux importants qui m'avaient été confiés pour le Congrès de vignerons ;

14

j'avais reçu, 1° de M. Vibert, des observations sur ses collections de vignes et sur des cépages d'Amérique ; 2° de M. Sébille-Auger, un rapport sur les travaux en allemand du quatrième Congrès de vignerons allemands tenu à Stuttgard ; 3° de M. A. Leroy, une note avec dessin sur une nouvelle greffe anglaise appliquée à la vigne ; 4° de M. Frédéric Gaultier, un rapport sur les travaux relatifs à la culture de la vigne et à la fabrication du vin, auxquels se sont livrés différents membres de notre Société, depuis la première session du Congrès de vignerons ; 5° le procès-verbal de l'enquête, sur la greffe souterraine de la vigne, faite par notre comité d'œnologie, et enfin le rapport que j'avais rédigé sur les travaux de la Société vinicole de Moselle et Sarre, ainsi qu'un mémoire sur l'état de l'horticulture à Angers, en 1844. M. J. Sorin avait eu aussi l'obligeance de me remettre une notice historique sur notre Société pour le Congrès de Nîmes. Quant aux autres communications qui sont personnelles à votre délégué, j'aurai l'avantage de vous en entretenir à mesure qu'elles se produiront dans l'ordre même des actes des différents Congrès.

Ce fut au commencement d'août, Messieurs, qu'eut lieu mon départ ; je me rendais d'abord à Marseille, où le Congrès des vignerons devait s'ouvrir le 20. Je ne vous parle point des merveilles de la route, des riches vignobles de l'Yonne, de la Côte-d'Or et de Saône-et-Loire, qu'à regret j'étais contraint de traverser rapidement, ni des bords admirables de la Saône, que me permit de connaître le trajet en bateau à vapeur de Châlons à Lyon.

J'étais dans la seconde ville du royaume, je ne pouvais la traverser sans visiter ses monuments et établissements scientifiques ; je devais d'ailleurs commencer l'accomplissement de ma mission, qui m'imposait le devoir d'agir partout et toujours en vue des intérêts de notre Société. Je me hâtai donc à Lyon, de me mettre en rapport avec M. Mulsant, archiviste-bibliothécaire, et M. le Dr Hénon (1), secrétaire-général de la Société d'agriculture et des sciences naturelles du Rhône, dont je connaissais le zèle pour les progrès que recherchent nos associations, et en même temps le culte pour les sciences naturelles auxquelles ils ont déjà rendu l'un et l'autre d'éminents services. Nous nous entendîmes sur les moyens d'étendre les relations déjà si heureusement suivies entre nos deux compagnies. Je reçus aussi d'utiles renseignements de M. Hamon, d'Angers, l'un de nos correspondants et membre de la Société d'agriculture de Lyon. M. Hamon est jardinier en chef du Jardin botanique de la ville, dont il dirige avec talent les travaux ; c'est sous sa surveillance que sont également placées les promenades publiques. Chaque fois que j'entrais au Jardin botanique, j'étais vivement impressionné à la vue du monument élevé sur le milieu de la place Santhonay, à la mémoire de l'artisan *Jacquard*, dont le nom rappelle des souvenirs si chers à notre industrie. Je vis aussi M. Comarmond, directeur du Musée d'antiquités de la ville, et secrétaire du Congrès scientifique de Lyon, qui lui dut son immense succès ; il voulut bien aussi m'aider de ses conseils et m'a offert les deux volumes, qui lui appartenaient, du compte-rendu de son Congrès, pour la bibliothèque d'Angers. M. Comarmond a consacré une partie de son existence et de sa fortune à réunir une collection d'antiquités, que les con-

(1) Ancien directeur de la pépinière départementale et correspondant de la Société royale et centrale d'agriculture.

naisseurs considèrent comme l'une des plus remarquables, et c'est avec plaisir que nous avons pu en examiner
les diverses parties.

De Lyon je me rendis en douze heures à Avignon, sur
l'un de ces énormes pyroscaphes à bord desquels on entasse pour ainsi dire pêle-mêle, des masses énormes de
marchandises, et les nombreux voyageurs qui préfèrent
cette voie d'une célérité extraordinaire.

J'aperçus ainsi en passant sur les rives du Rhône, les
superbes vignobles de *Condrieux*, de *l'Hermitage*, dont
les vins sont si renommés, et ces derniers m'offrirent le
premier type d'un escarpement, dont la culture était rendue facile par des terrasses superposées. Je remarquai encore le même mode de culture dans une partie des coteaux
de Saint-Peray, dont les vins blancs jouissent d'un si
grand renom.

J'étais le soir même à Avignon, et je pris aussitôt la
voiture qui devait me conduire à Marseille; le lendemain
au point du jour nous arrivions à Aix, et tandis qu'on
changeait les relais, je courus à l'extrémité de la magnifique promenade du cours admirer la statue en marbre de
notre bon roi René, due à notre célèbre confrère, M. David d'Angers.

D'*Aix* à *Marseille*, je remarquai, sur une partie des
coteaux qui se trouvent à la gauche de la route, des terrasses superposées bien différentes de celles qui avaient
attiré mon attention sur les bords du *Rhône*; là, faute de
matériaux propres à construire des murs de soutènement,
on dispose des glacis gazonnés qui remplissent parfaitement le but proposé.

Enfin j'entrai à Marseille par la porte d'Aix, et là je vis
encore un monument où se trouve attaché le nom de

notre compatriote David. C'est un magnifique arc de triomphe destiné à rappeler la gloire de nos immortelles campagnes. David et Ramey se sont partagé les sculptures, au nombre desquelles je citerai un immense bas-relief, dont notre musée possède une si belle épreuve, et dans lequel notre cher sculpteur a représenté les *Enfants de la France volant à la défense de la patrie.*

Ma première visite fut pour notre excellent collègue, le docteur P.-M. Roux, qui n'avait épargné ni peines ni soins pour amener à bonne fin la troisième session de notre Congrès de vignerons ; il me présenta à ses collègues de la Commission directrice, qui accueillirent avec le plus cordial empressement votre délégué. Après avoir fourni à MM. Clapier (1), président; Jules Bonnet (2), secrétaire-général, et le docteur P.-M. Roux (3), trésorier, les renseignements qu'ils pouvaient réclamer, je me disposai à profiter des quelques jours qui me restaient avant l'ouverture du Congrès de Marseille, pour aller visiter Hyères et Toulon. Du vieux donjon d'Hyères on jouit d'une des perspectives les plus admirables qu'on puisse imaginer : deux riches coteaux viennent vous y charmer, surtout celui qui s'abaisse vers la mer et déroule ses massifs d'orangers, de citronniers, d'oliviers et de vignes, jalonnés çà et là de hauts palmiers. Dans les jardins que l'on admire à Hyères, on voit prospérer en pleine terre la canne à sucre, le palmier-dattier, le caféier, l'oranger, de superbes citronniers, le daubentania, les néfliers du

(1) Président du Comice agricole de Marseille.

(2) Vice-président du même Comice, correspondant de la Société royale et centrale d'agriculture et de l'Académie de Marseille.

(3) Secrétaire perpétuel de la Société de statistique de Marseille, correspondant de la Société industrielle d'Angers, etc.

Japon, une belle collection de nérium et de nombreuses
plantes des tropiques dont j'ai perdu le souvenir. Pour
donner une idée du climat d'Hyères, il suffit de dire qu'il
y existe, sur une place publique, un rang de vigoureux
palmiers-dattiers, et une plate-bande d'aloës.

A Toulon, l'accueil le plus affectueux m'attendait de
la part du Nestor de nos horticulteurs, de l'estimable
M. Robert, dont les nombreuses communications à la Société royale d'horticulture de Paris sont toujours vivement appréciées. C'est sous la conduite de son modeste et
savant directeur, praticien aussi habile que théoricien
distingué, que j'ai visité le beau Jardin botanique de la
marine, dans lequel j'ai remarqué tout d'abord plusieurs
espèces de beaux palmiers que l'on y voit croître, fleurir
et fructifier; de forts pieds de dattiers mâle et femelle, plusieurs lataniers mâles et femelles produisant des régimes
de fruits en parfaite maturité; diverses espèces d'orangers
se couvrant annuellement de fleurs et de fruits; des noyers
pacaniers de 20 à 25 mètres d'élévation; des diosphoros
virginiana; un annona triloba produisant de bons fruits;
un cyprès chauve, au port majestueux, de 27 à 28 mètres
de hauteur et de 4 mètres de circonférence à sa base.
M. Robert m'apprit que cet arbre provenait d'une bouture faite par lui en 1796. Les serres et les planches présentent à chaque pas des productions qu'on ne saurait se
lasser de contempler. Le mode intelligent d'irrigation, au
moyen duquel le laborieux directeur peut arroser lui-
même toutes les planches de son école botanique, fixa
aussi mon attention. On retrouve sans cesse le goût exquis qui a présidé à la distribution de ce jardin et les
grandes connaissances de celui qui y consacre tous les
instants de sa vie. M. Robert a bien voulu me promettre

toutes les plantes que notre Société désirerait réclamer de lui.

Le fort vent qui soufflait de la mer nous empêcha de nous embarquer pour aller visiter le curieux jardin d'acclimatation annexé à l'hôpital de la marine de Saint-Mandrier. Je fus également bien accueilli à Toulon par un viticulteur distingué, qui des premiers avait sympathisé avec nos Congrès de vignerons. M. Pellicot, dont l'active coopération fut très utile à la session de Marseille.

MM. Robert et Pellicot appartiennent à l'Académie et au Comice de Toulon.

Une remarque commune aux trois villes de Marseille, Hyères et Toulon, c'est que le lait s'y distribue d'une façon singulière et qui garantit sûrement de toute fraude : on y promène par les rues, pour les traire en présence même des acheteurs, de superbes vaches, quelques ânesses et une quantité extraordinaire de chèvres qui fournissent la majeure partie du lait.

Les terrasses superposées sont extrêmement répandues sur les flancs des coteaux escarpés qui bordent la route de Marseille à Toulon, et dans les environs de ces deux villes, ainsi qu'à Hyères. Leurs murs de soutènement maintiennent les terres, principalement plantées en bois et vignes, souvent aussi en oliviers et mûriers.

De retour à Marseille la surveille du Congrès, j'eus plusieurs entrevues avec MM. les membres de la commission d'organisation qui s'occupait alors activement de l'accomplissement de sa mission. Déjà le concours de la plupart de nos œnologues nous était acquis ; mais nous apprîmes avec regret que plusieurs d'entr'eux ne pourraient assister à nos réunions. M. le comte Odart, le digne vétéran des viticulteurs, retenu à Tours pour surveiller l'impression

de son Ampélographie dont il voulait présenter le premier
exemplaire au Congrès, ne put l'obtenir assez à temps de
son imprimeur. M. Demerméty, de *Dijon*, qui devait se
joindre à nous, en fut encore empêché par son grand âge;
mais il adressa quelques observations qui furent reçues
avec empressement. M. Isarn de Capdeville, de *Montauban*, qui s'était mis en route avec M. Lannes, de *Moissac*,
resta malade à Toulouse. M. Casalis-Allut, de *Montpellier*,
fut retenu chez lui par la précocité d'une partie des vendanges des immenses plantations de vignes de choix qu'il
cultive depuis plusieurs années; et enfin M. le docteur
Baumes de *Nîmes*, si connu comme producteur du *Tokai
Princess*, fut, par un empêchement imprévu, arrêté dans
l'accomplissement de la promesse qu'il nous avait faite.
Tous du moins avaient, par leurs adhésions, témoigné
leurs sympathies pour nos Congrès de vignerons.

D'un autre côté des noms bien connus en œnologie
avaient répondu à l'appel qui leur avait été fait, et l'on
pouvait prévoir que cette session ne serait pas moins digne d'intérêt que les précédentes. Parmi eux je citerai
tout d'abord MM. Reynier, d'*Avignon* (1), Aubergier
père, de *Clermont-Ferrand*, de Labaume, de *Nîmes* (2),
Lannes, de *Moissac* (3), Pellicot, de *Toulon* (4); Chéron,
de *Chablis*. Citerai-je aussi M. Gros jeune, du *Var*, œnologue qui a fait ses preuves et qui m'a chargé de vous
offrir son *Mémoire sur la culture de la vigne et la vini-*

(1) Membre de l'Académie de Vaucluse.
(2) Président de la Société d'agriculture et membre de l'Académie
du Gard.
(3) Membre du Comice agricole.
(4) Membre du Comice agricole et de l'Académie de Toulon.

- 217 -

fication; M. le conseiller Vallet, d'*Aix* (1); M. Miége (2) qui a apporté au Congrès le fruit de connaissances acquises dans la gestion de divers consulats de la Méditerannée; M. Viguier (3), dont la grande expérience en culture et en œnologie a été si bien appréciée. La commision directrice ou d'organisation comptait aussi dans son sein des membres, qui par leurs connaissances et leur zèle ont puissamment contribué à l'intérêt qu'ont présenté nos discussions. Tels sont MM. Clapier, auquel n'est étrangère aucune question agricole; J. Bonnet, qui en agriculture sait si bien associer la théorie et la pratique; Plauche (4), dont la grande expérience se révèle dans la publication des Annales provençales, recueil d'agriculture qui a rendu tant de services dans le Midi; Barthélemy (5), que des études variées ont si bien mis à même d'utiliser son zèle dans nos réunions; de Villeneuve et Negrel-Ferraud, trop souvent éloignés par des devoirs publics. M. Clapier m'a remis pour vous diverses brochures sur la caisse hypothécaire des Bouches-du-Rhône, sur l'utilité des comices agricoles, sur la question vinicole, et un discours au comice de Marseille; M. J. Bonnet vous envoie aussi deux publications, l'une sur la question vinicole, l'autre sur la culture et le rendement en huile de l'arachide, du

(1) Conseiller à la cour royale, délégué de l'Académie d'Aix.
(2) Directeur des affaires étrangères, membre de l'Académie de Marseille.
(3) Correspondant de l'Institut de France.
(4) Correspondant de la Société royale et centrale d'agriculture et de l'Académie de Marseille, directeur des Annales provençales d'agriculture pratique, etc.
(5) Correspondant du Muséum d'histoire naturelle de Paris, secrétaire du Comice agricole et membre de l'Académie de Marseille.

madia sativa et du sesame ; M. Barthélemy m'a chargé
de vous offrir le compte-rendu des travaux du Comice
agricole de Marseille.

M. G. Debovis (1) nous a également apporté le résultat
de son expérience dans le commerce et en économie rurale ; et M. Demandol, cultivateur éclairé, les judicieuses
observations auxquelles il s'est livré dans sa pratique.
M. Turrel, le successeur de G. Jauffret, est venu aussi
mettre à notre disposition son expérience en ce qui se rattache à la chimie et à la science des engrais. Un seul
étranger était venu nous apporter le fruit de ses lumières,
M. Blanchet, de *Lauzanne*, qui m'a fait hommage pour
vous de son Essai sur l'art de tailler la vigne et les arbres
fruitiers. MM. les consul de Russie et vice-consul de Sardaigne avaient aussi donné leurs adhésions.

Le nombre des adhérents au Congrès s'élevait à cent
quatorze (2) dont le département des Bouches-du-Rhône
et ceux limitrophes formaient la majeure partie. Notre
Société fondatrice voyait figurer sur cette liste trois de
ses membres honoraires, treize membres titulaires et sept
membres correspondants (3). En dehors de la Société,

(1) Négociant, membre du Comice agricole de Marseille.
(2) Dont un du royaume de Sardaigne, l'Association agricole de
Turin ; un de Suisse, M. Blanchet, de Lauzanne (canton de Vaud) ;
quarante-neuf des Bouches-du-Rhône, vingt de Maine et Loire ; dix-
neuf de la Gironde, quatre du Var, trois du Gard, deux d'Indre-et-
Loire, trois de Vaucluse, deux de l'Allier, deux du Tarn et Garonne,
deux de la Côte-d'Or, et un de chacun des départements suivants :
Puy-de-Dôme, Calvados, Yonne, Lot et Garonne, Ain et Seine.
(3) Membres honoraires : MM. de Caumont, O. Leclerc-Thouin,
comte Odard ; — membres correspondants : MM. des Colombiers,
Demerméty, Magonty, A. Petit-Lafitte, Plauche, Puvis, docteur
Roux ; — membres titulaires: MM. Fleury-Roussel, Guillory aîné,

cinq noms venaient compléter le contingent de notre département (1).

M. le baron Babo, du grand duché de Bade, fondateur des Congrès de *vignerons allemands*, nous avait adressé des témoignages de sympathie et proposé l'échange de nos publications.

M. Rodolphe Christmann, secrétaire-général du sixième congrès de vignerons allemands qui a dû siéger au mois de septembre dernier à *Durckeim*, nous a témoigné de son côté avec quel plaisir il accueillait les ouvertures que nous lui avions faites, en nous exprimant la pensée « que dans l'état actuel de l'œnologie les communications de nos deux associations sur le résultat de leurs recherches ne peuvent qu'être de la plus grande utilité, quoique nous les poursuivions dans des conditions différentes. » En conséquence il envoie le programme du Congrès de *Durckeim* et nous propose l'échange annuel de nos procès-verbaux imprimés, afin d'arriver de cette manière à notre but commun.

L'un de nos correspondants, M. Ottmann père, de *Strasbourg*, nous avait adressé un rapport en allemand de la Société de vignerons de *Wurtemberg*, document qui constate les persévérants efforts réalisés dans cette contrée pour l'introduction et la propagation des bonnes espèces de vignes, par la distribution annuelle de plusieurs milliers de ceps élevés dans les pépinières du gouvernement et de cette Société. Le Congrès de Marseille a

Leclerc-Guillory, Leclerc-Laroche, A. Leroy, Lesourd-Delisle, Levesque-Desvarannes, Pachaut, Sébille, E. Talbot, Thomas, Varannes et Vibert.

(1) MM. R. Bougère, Boutet-Delisle, docteur Chapuis, I. Guinoy-seau-Joubert et docteur Hunault.

fait traduire en français cette pièce qui devra être insérée dans le volume de ses actes.

Ce fut le 20 août que s'ouvrit enfin notre troisième session du Congrès de vignerons français ; c'était le jour indiqué par le programme. Cette fois encore la Commission directrice et les personnes présentes à cette assemblée, voulurent reconnaître dans la personne de votre délégué les obligations qu'elles vous avaient d'avoir fondé cette institution et de l'avoir maintenue par vos instructions : votre délégué fut de nouveau porté à la présidence générale du Congrès.

Mon zèle était acquis à notre institution ; j'avais entrepris un long voyage pour remplir dans toute son intégrité le mandat flatteur que vous m'aviez confié ; je me résignai à accepter la tâche laborieuse et en même temps si honorable que l'on m'imposait pour la troisième fois. Là j'étais votre représentant, et mon zèle ne devait pas faillir pour répondre dignement au témoignage de haute estime qu'on vous accordait dans ma personne.

Les travaux du Congrès ont duré sept jours, pendant lesquels ont eu lieu le matin , *séance générale,* au milieu du jour , *excursion*, et le soir *séances des sections*. Je n'ai pas voulu mêler à ce compte-rendu l'analyse des documents produits à nos diverses réunions et des discussions qui les ont accompagnées ; j'ai cru devoir en faire un travail à part, et pour le rendre plus fidèle, j'en ai emprunté les éléments aux *Annales provençales d'agriculture pratique* et aux quatre journaux quotidiens de Marseille, le *Sémaphore*, le *Nouvelliste*, le *Sud* et la *Gazette du Midi* , qui comme leurs confrères de Bordeaux l'avaient fait l'an dernier, se sont empressés de rendre compte de nos séances. Tout en cherchant à donner à ce résumé le moins d'étendue possible, j'ai pensé que l'importance de la mission dont vous m'aviez chargé et la situation délicate dans laquelle je me suis trouvé, me faisaient un devoir de vous faire connaître en entier tous mes actes et même leur appréciation par ces divers journaux.

Je ne dois pas vous laisser ignorer, Messieurs, que pendant plusieurs jours votre délégué a eu à combattre, dans une lutte d'autant plus dangereuse qu'elle agissait dans l'ombre, le projet fortement arrêté de transformer nos paisibles travaux en une arène où seraient venues se traiter, comme dans les réunions de l'Union vinicole, les questions d'économie politique. Je connaissais le but de l'institution créée par vous; j'avais vos instructions..... Mon énergie ne m'a pas fait faute, et grâce à l'appui de quelques-uns de mes collègues du bureau que j'avais cru devoir initier à cette lutte occulte, nous sommes parvenus à déjouer ce projet qui ne tendait à rien moins qu'à la destruction des Congrès de vignerons, dont il nous a fallu en cette circonstance critique rappeler l'unique but, *amélioration des procédés de culture et de vinification.*

Avant de se séparer, le Congrès de Marseille a décidé que la quatrième session du Congrès de *Vignerons français* aurait lieu en 1845 dans la ville de *Dijon*, qui par l'importance de ses vignobles avait des droits incontestables à cette faveur. *Le Comité central d'agriculture de la Côte-d'Or* l'avait sollicité, et c'est à juste titre que le choix a été fait de cette riche et belle cité.

Ainsi s'est terminée cette session qui a été bien loin de rester inférieure aux précédentes, et par le mérite des membres qui y ont pris part, et par l'importance des documents qui en sont résultés. M. le secrétaire-général

J. Bonnet, qui a fait preuve d'un grand dévouement pendant la durée des travaux, les a recueillis et coordonnés avec un soin digne des plus grands éloges.

Ma mission en partie terminée, j'ai visité quelques-uns des établissements publics que possède *Marseille*. Celui qui m'a le plus intéressé et par les richesses qu'il renferme et par l'exquise urbanité de son directeur, c'est le Musée d'histoire naturelle, dont les remarquables collections et l'intéressante ménagerie, où sont élevées de fortes autruches, doivent leur importance actuelle aux actives et laborieuses recherches de ce directeur, M. Barthélemy. Les oiseaux surtout, y sont préparés avec un goût infini et conservés avec le plus grand art. Ce savant professeur d'histoire naturelle adressa au mois de mai dernier, à la Société royale et centrale d'agriculture, qui l'a fait insérer dans son bulletin mensuel, une note sur le parti qu'on peut tirer des autruches dans l'économie rurale et domestique. La Société centrale avait jugé que l'intérêt que présentait cette note, était d'autant plus digne d'être connu, que M. Barthélemy s'occupait plus activement que jamais de l'introduction en France des animaux utiles (1).

Le Musée des tableaux où le Congrès tenait ses séances générales, possède quelques collections des écoles française, italienne et flamande; on y remarque quelques ouvrages des grands maîtres anciens et modernes. Il est bien moins important par le nombre que celui de notre ville.

Quant à la collection des antiques et des médailles, on la dit et elle nous a paru extrèmement remarquable.

(1) Bulletin des séances de la Société royale et centrale d'agriculture. Tome 4, no 9 — 1844.

Le Jardin des plantes est parfaitement nivelé, et d'une forme régulière qui présente dans ses divisions une grande symétrie. L'école de botanique y paraît parfaitement tenue. C'est une promenade fréquentée lorsque le mistral ne règne pas comme le jour où nous l'avons visité.

Le Pénitentiaire a aussi appelé nos investigations; je l'ai visité en détail, et j'ai été surtout frappé du contraste qui y existe entre la tenue toute militaire des jeunes détenus et le costume religieux des innombrables maîtres et surveillants qui fourmillent dans cette maison ; on y paraît tenir surtout à l'effet produit sur les étrangers qui la visitent. Si les ateliers m'ont semblé bien dirigés, j'ai trouvé d'autre part que l'on négligeait un peu trop la culture des jardins, où l'on a la prétention de former une école d'agriculture pour une partie des jeunes détenus. Voici au surplus ce que disait dans son dernier rapport au Conseil général, M. le préfet des Bouches-du-Rhône, sur les deux Pénitentiaires de ce département : « Les deux Pénitentiaires au moyen desquels nous nous efforçons de réformer la portion la plus malheureuse et la plus vicieuse de la société, ont maintenant subi avec succès l'épreuve du temps. Le nombre des récidivistes est très faible parmi les individus qui en sortent. Leur influence semble être aussi fort puissante quant au chiffre des individus qui y entrent. Celui des jeunes détenus est descendu à moitié de ce qu'il était en 1839; celui des femmes, au quart. Sans tirer de l'état présent de ces deux maisons des conséquences trop rigoureuses en leur faveur, on peut dire, ce me semble, qu'il y a tout lieu d'en espérer une amélioration réelle dans une classe nombreuse de créatures livrées sans obstacles naguères à tous les mauvais penchants, à tous les mauvais exemples, et destinées dans leur âge mûr au bagne et à l'échafaud. »

L'un de nos zélés collègues du bureau, M. le vice-secrétaire Poleti, qui avait eu la bienveillante obligeance de diriger les excursions du congrès, s'offrit encore à servir de cicérone aux étrangers qui n'étaient pas partis immédiatement après la séance de clôture. D'abord on visita au quartier de la *Petite-Chapelle*, la propriété de la *Goujonne*, où nous pûmes examiner un système complet de desséchement pour débarrasser des eaux pluviales, les vignes plantées sur un sol imperméable. Entre les rangs de ceps, les houillères présentaient, malgré la sécheresse prolongée, une luxuriante culture de choux-fleurs, doliques et tomates. L'incision annulaire essayée en grand dans cette propriété sur des mûriers, des figuiers et des oliviers aglando, paraîtrait de prime abord une pratique avantageuse.

Notre seconde visite fut dirigée vers une villa près du Jardin botanique. Le jardin qui est un des plus beaux du pays, présentait dans sa partie paysagère, une végétation bien triste, si on la compare à ce que nous voyons dans nos contrées : l'eau montée au moyen d'un chapelet à godets, était distribuée par irrigation dans toute la partie maraîchère ; par ce moyen, sous un climat très sec on obtient d'abondants produits chez tous les maraîchers des environs de la ville.

Avant de quitter Marseille, j'obtins de l'Académie royale des sciences, belles-lettres et arts, avec laquelle nous échangeons depuis plusieurs années nos publications, 12 volumes de ses mémoires, de 1803 à 1814, contenant des documents d'un haut intérêt, et surtout des lettres inédites de notre bon roi René d'Anjou.

Je me mis en route pour Avignon, avec MM. Lannes
et Reynier, non par la voie d'Aix, mais par celle de *Sa-
lon*, en côtoyant des terrains jadis improductifs, et aujourd'hui fertilisés par les arrosages de la *Craponne* et
surtout de la *Durance*; les admirables résultats de ces arrosages, se font surtout apprécier dans les environs d'*Avignon*, où la riche culture de la garance le dispute par
l'abondance des produits aux luxuriantes prairies naturelles.

En arrivant à Avignon nous nous empressâmes, mon
compagnon et moi, de visiter le champ si renommé des
cultures d'expérimentation de notre hospitalier cicérone.
M. Reynier mit en outre une attention des plus délicates
à nous initier à tout ce que cette ville et ses environs présentaient de plus remarquable.

Les nombreuses publications de M. Reynier sur la culture de la *patate*, dont il s'occupe depuis de longues
années, appelèrent dès notre entrée dans son jardin d'expériences, notre attention sur les diverses espèces de cette
plante alimentaire dont il fournit les marchands de comestibles de la capitale. Il nous fit voir en bonne végétation sa nouvelle *patate de Madagascar*, dont il estime
fort la qualité.

Sa collection de vignes, par suite de nos préoccupations
naturelles, attira bientôt après notre attention. Nous y
remarquâmes d'abord le *Kardarkos*, raisin de Hongrie
d'un produit bon et abondant; le *Raisin des Dames du
Vaucluse*, gros et bon chasselas dont il expédie toute la
récolte à Paris; l'*Oliade*, dont le docteur Baumes fait un
vin de dessert; le *Chasselas perle blanche* ou *Diamant*;
le *Palestine Lamartine*, à très longues grappes; *Nouveau
sans pepin*, plus gros que le Corinthe blanc; *Chasselas*

15

Napoléon, que nous trouvâmes excellent ; le *Rosez* de *Piémont*, qui donne un vin renommé ; un muscat noir d'un goût très fin, dont on fait un vin de Constance ; le *Chasselas Petiau*, rose et bon ; le *Cirono du Pô* dont le fruit est velouté noir ; le *Derchetal* hongrois dont le fruit est bon ; *Gonfle de Veden*, donnant un gros raisin blanc recherché.

M. Reynier, à qui M. Sageret a confié sa rare collection de melons, se livre à cette culture si riche chez lui, et qui par conséquent n'est pas la partie la moins curieuse de son jardin. Le *melon de la Chine*, de la collection Sageret, qu'il nous fit manger, est couleur d'abricot, sa chair est fondante et d'un goût exquis d'ananas. Sa *bazelle* de *Chine* est une belle plante grimpante dont les feuilles et les tiges se mangent comme celles des épinards. Ses *doliques à œil vert du Brésil* sont un excellent manger, surtout en vert.

Nous fûmes redevables à M. Reynier des relations charmantes qui s'établirent entre nous et M. Requien, savant distingué, citoyen désintéressé qui, après avoir suivi l'exemple de Calvet, en donnant sans réserve ses précieuses collections à la ville d'Avignon, en est devenu gratuitement le conservateur et directeur. Ces deux dignes amis nous ont fait voir en détail le remarquable Jardin botanique, le Musée d'histoire naturelle, l'un des plus importants de France, dirigé personnellement par M. Requien. Un riche herbier qui seul ferait la réputation d'un naturaliste, renferme, dans plus de 300 volumes, toutes les conquêtes de la Flore française et étrangère, et cette nombreuse et précieuse bibliothèque botanique a été donnée par le même savant, qui, après avoir doté les musées de la ville de tant de matériaux historiques, réunit dans un autre local tout ce qui se rattache à la science

de la nature. Nous visitâmes aussi la volumineuse bibliothèque et les quatre musées de peinture, antiquités (il est
peu de villes dans nos départements qui puissent offrir une
collection d'antiquités aussi précieuse que celle d'Avignon)
et médailles du moyen âge, et enfin celui des illustres.
Dans l'enceinte du musée, la reconnaissance publique a
placé le portrait de Calvet son fondateur, et voici ce que
dit à ce sujet un ouvrage sur Avignon et ses monuments :
« Il manque un portrait encore à côté de celui de Calvet,
celui du second créateur de ce musée, du citoyen dévoué
qui sacrifie et ses instants et son modeste patrimoine aux
progrès de la science, à la propagation des arts. Nos yeux
le cherchent parmi nos illustres compatriotes : mettez-le
à côté de Calvet; il doit toujours y avoir une place pour
la reconnaissance. » (*Avignon, son histoire et ses monuments. J. B. M. Hodon*, 1842).

Ainsi, grâce à la générosité de Calvet et de Requien,
Avignon possède des collections de la plus haute importance et dont les honneurs nous furent faits avec une prévenance charmante.

M. Reynier nous mit aussi en rapport avec un de ses
amis, M. Ricard, agriculteur praticien très éclairé, qui
nous initia avec une grande franchise aux détails de la
culture de la garance et des procédés agricoles de cette
riche contrée.

Après une excursion à la célèbre fontaine de *Vaucluse*,
qui est éloignée d'environ 32 kilomètres, nous prîmes
congé de nos nouveaux amis et nous nous arrachâmes à
l'affectueuse et cordiale hospitalité avec laquelle nous avait
accueillis M. Reynier. Nous lui serrâmes une dernière
fois la main sur le bateau à vapeur qui bientôt nous eut
transportés à *Arles*.

Depuis que vous vous êtes occupés, Messieurs, des Congrès de vignerons, le nom du docteur Baumes, de Nîmes, a été reproduit plus d'une fois dans vos publications ; nous avions donc hâte de faire la connaissance de ce viticulteur distingué, dont nous reçûmes l'accueil le plus affectueux ; nous nous empressâmes, mes collègues de Marseille et moi, de visiter son beau vignoble de Saint-Gilles ; une partie de ce vignoble est consacrée à la production du fameux Tockai princess, dont la qualité parfaite avait été reconnue par le dernier Congrès de vignerons. La supériorité du Tockai de M. le docteur Baumes sur celui de plusieurs de ses voisins qui cultivent aussi le Furmint, provient de la perfection de sa culture et de sa vinification. C'est le cas de rappeler ici un extrait du journal du comité central d'agriculture de la Côte d'Or du mois de juillet 1843 : « Tockai français. Nous connaissons encore un tockai français de la plus haute distinction produit par M. le docteur Baumes, dans un vignoble des environs de Nîmes, avec du Furmint de Hongrie. Limpidité et légèreté parfaites, parfum exquis, rare délicatesse, moëlleux sans fadeur ; telle est cette liqueur vraiment délicieuse, parfaitement inconnue en France, où il serait facile d'en faire de semblable dans vingt départements. »

RÉSUMÉ DES SÉANCES GÉNÉRALES

DE

LA TROISIÈME SESSION DU CONGRÈS DE VIGNERONS FRANÇAIS,

Tenue à Marseille en août 1844 (1).

PREMIÈRE SÉANCE GÉNÉRALE, DU 20 AOUT 1844.

La première réunion du troisième Congrès des vignerons a eu lieu hier mardi, dans la salle des tableaux du Muséum de la ville, que l'administration municipale a bien voulu mettre à la disposition de l'assemblée pendant toute la durée de la session.

A neuf heures, M. Clapier, président provisoire, ainsi que MM. Jules Bonnet, secrétaire-général, P.-M. Roux, secrétaire-trésorier, Plauche, directeur des *Annales provençales d'agriculture*, Neyrel Feraud, membre de l'Académie de Marseille, et Barthélemy, directeur du Musée d'histoire naturelle, membres de la Commission directrice, ont pris place au bureau, et la séance a été ouverte par un discours remarquable dans lequel M. Clapier a fait ressortir les avantages que présentent les Congrès en général, destinés à rapprocher les hommes instruits de tous les pays et à fonder le noyau de la grande famille intellectuelle ; et dans ses développements il a signalé plus spécialement l'immense influence que doivent exercer les

(1) Emprunté aux *Annales provençales d'agriculture* et aux journaux quotidiens de Marseille, le *Sémaphore*, le *Nouvelliste*, le *Sud* et la *Gazette du Midi*.

Congrès de vignerons sur l'amélioration de la culture de la vigne et de la confection des vins dans les divers vignobles de France. Ce discours donne une idée générale de l'importance de la viticulture en France et un aperçu très intéressant des produits vinicoles des départements du Var et des Bouches-du-Rhône.

Procédant ensuite à l'élection des membres du bureau définitif, l'assemblée proclame président honoraire :

M. Bouchereau, de Bordeaux.

Pour président: M. Guillory aîné, président de la Société industrielle d'Angers.

MM. Reynier, d'Avignon, Pelissier, de Bordeaux, ont obtenu le fauteuil de la vice-présidence.

Les votes pour les fonctions des vice-secrétaires se sont portés sur MM. Poletti, de Marseille; Lannes, de Moissac; Pellicot, de Toulon.

MM. les présidents honoraire et actif ont remercié l'assemblée de l'honneur qu'elle a daigné leur conférer.

M. Guillory s'est exprimé dans les termes suivants :

« Messieurs,

» Avant de m'asseoir dans ce fauteuil, où m'ont appelé vos bienveillants suffrages, permettez-moi de vous exprimer les sentiments dont je suis pénétré. La mission de diriger vos travaux est un bonheur trop grand pour que je n'en sois pas fier ; elle impose des devoirs trop élevés pour que je ne sois pas effrayé de mon insuffisance. Une seule pensée me rassure : vous avez compté sur mon zèle, sur mon entier dévouement ; vous avez espéré que je me consacrerais tout entier à l'institution de cet utile Congrès qui vient d'ouvrir aujourd'hui sa troisième session, et qu'avait fondé il y a deux ans la Société industrielle d'Angers, dont je suis près de vous l'empressé représentant. C'est à cette Société elle-même, à l'heureuse inspiration dont elle fut animée, que je reporte les honneurs que vous me décernez aujourd'hui, mais je ne décline pas les obligations que vous avez imposées à mon zèle, et soutenu par vous tous, Messieurs, par votre amour de la science et du bien général, par votre indulgence et vos sympathies, je trouverai en moi la force d'accomplir le pénible, mais l'honorable rôle que vous m'avez confié. Il vous eût été facile de choisir, dans cette assemblée, des noms plus influents, des hommes plus habiles; vous n'auriez pas rencontré, je le proclame, un cœur plus dévoué et plus reconnaissant.

» Est-il besoin, Messieurs, au moment de commencer vos travaux, d'en rappeler la profonde et sérieuse utilité ? Vous en avez tous la conscience, et votre seul empressement à vous rendre en ces lieux est un éclatant témoignage accordé par vous au but de ce Congrès ; les deux premières sessions n'ont-elles pas d'ailleurs produit leurs excellents résultats ? Angers et Bordeaux ont vu dans les deux dernières années, s'agiter, au milieu de nos réunions, les questions les plus importantes et du plus grave intérêt. Il vient pour la troisième fois ouvrir ses travaux sous le beau ciel de la Provence, au milieu de cette riche et magnifique culture que favorise un bienfaisant climat, autant que l'intelligence élevée des heureux habitants de ce pays. Il vient vous apporter les conquêtes qu'il a faites ailleurs et vous demander en échange d'étudier avec vous celles qui vous appartiennent.

» Marseille a reçu dans son sein les nombreux étrangers qu'elle avait conviés à s'y rendre. Les hommes les plus versés en viticulture viennent lui faire part de leurs richesses et de leurs travaux : elle va de son côté étaler à leurs yeux les trésors de sa belle nature , la magnificence de ses productions ; chacun va redoubler de zèle, d'amour pour la science, d'entraînement pour le bien public , et cette assemblée ne se séparera qu'en laissant derrière elle les plus brillants, les plus utiles souvenirs.

» Nous avons l'honneur de vous proposer, Messieurs, de voter des remerciements à MM. les membres de la Commission d'organisation et à MM. les secrétaire-général et trésorier dont les soins persévérants ont préparé si dignement cette troisième session. »

Immédiatement après, la division des divers membres présents en deux sections a été faite.

SÉANCE DES SECTIONS , DU 20 AOUT 1844.

A trois heures après-midi, la première section , ayant pour objet la viticulture , s'est réunie dans la salle des séances de l'Académie.

M. Guillory aîné a demandé le scrutin pour la nomination des président , vice-président , secrétaire et vice-secrétaire de la première section.

M. Clapier a été nommé président.

M. Piaget, membre du comice de Marseille, vice-président.

M. Barthélemy a été appelé au secrétariat.

M. Beuf, de la Société de statistique, au vice-secrétariat.

A quatre heures et demie, réunion de la deuxième section chargée des questions d'œnologie.

Le scrutin dépouillé a désigné M. de Labaume, prési-

dent de la Société d'agriculture du Gard, pour la présidence.

M. Aubergier, de Clermont-Ferrand, pour la vice-
présidence.

M. Bourgarel, de Marseille, et M. Viguier, correspondant de l'Institut, ont été nommés secrétaire et vice-secrétaire.

Dans les première et deuxième sections, divers mémoires ont été lus, écoutés avec attention, et ont donné
lieu à des observations importantes.

DEUXIÈME SÉANCE GÉNÉRALE DU 21 AOUT 1844.

La seconde séance du Congrès a eu lieu hier matin
21 du courant.

Le secrétaire-général a donné lecture du procès-verbal
de la première séance; la rédaction en a été approuvée
sans observations.

Les secrétaires des première et deuxième sections ont
lu à leur tour le procès-verbal des séances qui ont eu lieu
dans l'après-midi du 20.

M. Guillory aîné, président-général, a déposé sur le
bureau divers mémoires qui seront distribués aux sections, ainsi que des imprimés sur des sujets variés de viticulture.

Un seul mémoire ayant été renvoyé par la première
section à la séance générale, M. Viguier, son auteur, en a
donné communication à l'assemblée. Quelques débats se
sont engagés sur divers points de ce mémoire.

M. le secrétaire-général fait connaître ainsi les sociétés
qui sont représentées au Congrès :

Académie royale d'Aix. — M. le conseiller P. Valet, délégué.

Société industrielle d'Angers. — M. Guillory aîné.

Comice agricole d'Aubagne. — MM. Sibourg, Sauvaise-Jourdon et Tarnavant.

Société linnéenne de Bordeaux. — M. Bouchereau.

Société d'agriculture de la Gironde. — M. Pelissier.

Société d'agriculture du Gard. — M. G. de Labaume.

Société de statistique de Marseille. — MM. les membres de la commission.

Comice agricole de Marseille. — *Idem.*

Comice agricole de Moissac. — M. Lannes.

Comice agricole de Toulon. — MM. Pellicot et Moutet.

Association agraire de Turin. — M. Magnone.

Comice agricole du Var. — M. de Gasquet.

La Société d'agriculture de l'Allier avait également envoyé son adhésion.

M. Plauche a demandé la parole pour développer ses idées sur le mode de discussion à suivre dans les séances, afin de ménager le temps d'une manière utile. Il a formulé à ce sujet une série de questions concernant la culture générale de la vigne.

Le bureau, après s'être consulté, a décidé que les mémoires adressés au Congrès seraient, dans chacune des sections, l'objet d'un rapport analytique, et que la discussion de chacune des questions posées par M. Plauche succéderait immédiatement aux lectures qui pourraient être faites par MM. les rapporteurs.

Trois des questions posées au programme ont été développées ; des opinions différentes ont été émises par divers membres, et après une longue et intéressante discussion sur le choix du sol, le mode de plantation et la nature des engrais, la séance a été levée.

Une excursion a été dirigée vers le territoire de la Rose, pour l'examen de la culture de la vigne, dans une propriété de cette localité.

TROISIÈME SÉANCE GÉNÉRALE, DU 22 AOUT 1844.

La séance de ce jour a présenté le plus vif intérêt par l'excellente direction donnée à la discussion des matières à l'ordre du jour, par la variété et la solidité des observations présentées tour à tour par des hommes d'une haute intelligence théorique et pratique des questions de viticulture.

Il s'agissait du choix à faire des cépages et de l'exposition pour la plantation de la vigne.

M. le président rend compte de l'excursion agricole qui a eu lieu la veille.

Un membre propose une modification à l'ordre des travaux précédemment convenu. — Elle est adoptée.

M. de Bovis. — Tout en s'occupant de perfectionner la culture de la vigne, il ne faut pas oublier que dans les fonds riches et fertiles la culture des plantes fourragères doit être préférée, et qu'il convient de conseiller aux propriétaires de donner dans ces fonds la préférence à cette culture.

M. Clapier dit que l'observation de M. de Bovis lui fournit une heureuse occasion d'expliquer une parole d'un de ses écrits qui paraît avoir été mal interprétée; il n'a pas voulu dire que la culture de la vigne était mauvaise en soi; elle est mauvaise quand elle usurpe les terrains qui seraient profitables à d'autres cultures, mais elle est éminemment utile quand elle est employée à rendre productifs des coteaux qui, sans elle, seraient voués à la stérilité. Quant aux limites à lui imposer, c'est la force des choses qui les posera ; la vigne se développera toujours dans la petite culture et fuira la grande propriété à cause de la cherté des bras.

M. Clapier fournit ensuite quelques indications sur les principaux cépages usités dans le pays.

M. Bouchereau donne des renseignements étendus sur le transport des cépages d'un pays à un autre ; c'est Marseille qui a répandu en France les premiers plants de vigne, elle les a reçus de la Grèce ; c'est de cette source que sont dérivés presque tous les cépages du Midi, c'est la vigne sauvage améliorée qui a formé la base de presque tous les cépages du Nord ; M. Bouchereau cite plusieurs exemples qui indiquent que de bons cépages transportés sur le sol étranger ont dégénéré. Il donne des indications sur les cépages de Bordeaux ; les bons crus n'en ont que deux ou trois, on les cultive et les récolte séparément, suivant leur ordre de maturité, mais on les mêle après la récolte de manière à les faire fermenter ensemble.

M. de Labaume dit que dans la question de cépage on se préoccupe trop de la qualité et pas assez de la quantité : il faut tout sacrifier à la qualité, dans les crus de premier ordre ; dans les crus inférieurs il faut viser à la quantité ; c'est le seul moyen de réaliser pour la vigne un bénéfice convenable.

M. Clapier pense que dans la question du cépage il ne faut pas oublier non plus la question des raisins secs, qui n'est pas sans importance dans nos contrées.

M. Negrel dit que les cépages employés à cette destina-

tion sont la Panse ordinaire, la Panse muscade et l'Ara-
gnan, la Clarette et le Pascal blanc; mais la Panse ordinaire est préférable.

M. Clapier demande si l'introduction des plants de
Corinthe et de Malaga ne serait pas utile.

M. Bouchereau pense que cette introduction serait fort
utile. La Provence, qui produit des vins de table de second ordre, pourrait produire avec avantage des vins de
liqueur ; on pourrait obtenir ces plants de vignes de
Malaga. Le raisin de Corinthe se divise en raisin blanc et
raisin rouge; le rouge est préférable; le Sultany sans
pepin que l'on cultive à Smyrne est très estimé; il en possède quelques plants; son introduction serait très utile.

M. de Gasquet assure que pour obtenir une bonne qualité de vin, il faut mêler plusieurs sortes de raisins.

Un membre dit qu'en Provence on mélange les diverses
espèces de raisins et que, cependant, on obtient en certains
quartiers des vins très estimés; il cite les vins de la
Garde, ceux de la Malgue, ceux de Cassis; il pense que
c'est surtout dans les méthodes des vendanges qu'il faut
apporter des améliorations.

M. Plauche pense qu'on ne doit pas mêler les cépages
et qu'il faut les planter séparément; mais il croit que le
mélange des diverses qualités de raisins est utile à la
bonne qualité du vin, et qu'en conséquence il conviendrait
de séparer les plants de diverse nature, mais qu'il faudrait à la vendange mêler leurs produits.

Un membre prétend qu'à Aubagne le vin de la Dîme
était réputé le meilleur, et que ce vin était formé de
toutes espèces de raisins.

M. Bouchereau dit qu'à Bordeaux les propriétaires

n'emploient habituellement que deux ou trois espèces de cépages au plus.

M. Gros jeune estime que la supériorité du vin de la Dîme tenait à sa meilleure fabrication.

M. Turrel donne quelques explications sur les modifications que les engrais peuvent apporter à la nature du terrain.

M. le Président fait observer que cette question sera plus tard examinée.

M. Clapier combat l'opinion émise par M. de Labaume qu'il faut préférer la quantité à la qualité.

M. de Labaume explique et développe son idée.

M. Bouchereau dit que l'amélioration du vin exige le sacrifice de la quantité et beaucoup de soins, et que les marchands ne font pas, à la vente, assez de différence entre les diverses qualités de vins.

M. Plauche pense qu'en ce cas il faut s'adresser au consommateur; il cite les succès qu'il a obtenus en envoyant directement des vins de Provence à Paris, où ils se sont vendus à l'égal des bons vins de Bourgogne.

M. Sauvaire–Jourdan assure que la consommation du vin de Provence a subi depuis quelque temps de graves modifications: les pays d'outre-mer en tirent très peu; Paris, au contraire, en réclame des quantités chaque année croissantes. Dans le choix des cépages il faut avoir égard à cette nouvelle destination et soigner la qualité.

M. de Mandolx pense que, pour obtenir des résultats certains, il conviendrait que le comité de Marseille se livrât à quelques expériences comparatives.

M. Leroy offre d'apporter à la prochaine séance des

échantillons des principaux cépages du terroir. — Accepté avec reconnaissance.

M. de Gasquet dit qu'on ne doit pas hésiter à conseiller la culture de la vigne aux propriétaires. — Depuis 30 ans, il n'y a eu de grandes fortunes faites en agriculture que celles basées sur la culture de la vigne.

M. de Bovis. — L'on a parlé du Grenache, mais il ne faut pas le confondre avec le Rivesaltes ; ce dernier plant est d'une clarification difficile ; le Grenache ne présente pas cet inconvénient et offre, en outre, de grands avantages.

M. Poletti signale plusieurs vignobles composés de Grenache qui produisent de très bons vins.

M. Viguier a reçu, il y a plusieurs années, des plants de Trébizonde qui ne sont autre chose que le plant de Grenache ; ce plant a été accueilli, dans quelques parties de la Provence, avec une grande faveur ; il dure moins, mais il produit beaucoup plus ; le Grenache se distingue du Rivesaltes à ceci : que le sarment à sa base est gris, mêlé de raies jaunes, tandis que le Grenache est gris, mêlé de raies rouges foncées.

M. de Bovis dit que la feuille du Rivesaltes est claire et donnant sur le jaune ; le Grenache a le feuillage plus foncé.

M. Poletti signale le Pique-Poule, fort répandu en Languedoc, comme méritant d'être cultivé.

Un membre demande la clôture. — Le Congrès adopte les résolutions suivantes :

Sur les changements de cépage. — En général, il est sage de choisir dans la localité les meilleurs cépages connus, sans cependant négliger les étrangers.

Sur leur uniformité. — En général, il est utile de séparer les divers cépages dans leur culture, mais il est utile de mêler leurs produits pour obtenir de bons vins.

Sur la question des meilleurs cépages dans l'arrondissement de Marseille. — La solution est remise à la fin du Congrès.

La séance est renvoyée à demain vendredi, huit heures du matin, — le public étant admis.

Ce qui fait le charme de ces discussions c'est l'exquise urbanité qui y préside, c'est surtout, nous le répétons avec intention, la direction donnée aux débats par M. le président général, avec une aptitude et une sagacité spéciales, avec une justice éclairée et surtout impartiale (1).

SÉANCES DES SECTIONS DES 21 ET 22 AOUT.

Il importe, pour la juste appréciation des travaux du Congrès des vignerons siégeant à Marseille, de tenir compte des actes des sections de cette assemblée, et de les faire connaître au moins par la voie de l'analyse ; car c'est au sein des sections qu'a lieu la lecture des divers mémoires présentés, c'est encore là très-souvent que s'agitent des discussions non moins pleines d'intérêt que celles auxquelles donne lieu la réunion générale.

Disons d'abord, pour être dans la vérité, que telle a été dès les premiers jours l'affluence des membres au sein des sections, qu'on a senti la nécessité de les confondre en une seule, de les convertir en une autre réunion générale ayant pour mission de connaître des mémoires, d'en juger

(1) Le *Sémaphore* de Marseille, du 23 août 1844.

la valeur, d'en autoriser ou d'en rejeter l'insertion au compte-rendu qui sera plus tard livré à la publicité.

Et si nous cédons au plaisir d'énumérer quelques-uns de ces mémoires, si nous avons à rappeler quelques-unes des discussions dans lesquelles tels ou tels membres auront pris une bonne part, nous citerons, au point de vue de la viticulture :

1° Le mémoire de M. Viguier, où, entr'autres bonnes choses, on trouve l'exposé d'un mode de défoncement du sol qui apporte dans la main-d'œuvre une réduction notable.

2° Rapport de M. Sauvaire–Jourdan sur un mémoire de M. Barbaroux.

3° Compte-rendu du quatrième Congrès des vignerons allemands par M. Sébille–Auger, président du Comice agricole de Saumur.

4° Mémoire de M. Bourgarel sur le rendement en huile des pepins de raisins, découverte rajeunie et expérimentée en grand, avec appréciation en chiffres des avantages qu'on peut en tirer.

5° Mémoire de M. Miège sur la culture des divers crus de Marsalla en Sicile. On y trouve tout ce qui se rattache à l'exposition, aux labours, aux engrais, à la variété des produits, aux quantités récoltées, aux exportations, aux consommations locales, aux maladies de ces vins.

6° Mémoire de M. de Bec, directeur de la ferme-modèle des Bouches-du-Rhône, sur la plantation de la vigne.

Le point de mire de l'auteur est l'abaissement du prix de facture, ou, en d'autres termes, l'économie d'argent qui doit sans cesse préoccuper l'agriculteur pour donner aux produits la plus grande valeur possible.

7° Notice de M. Sibour (question d'œnologie), se ratta-

16

chant intimement au système Chaptal, et que, sous ce rapport, il convient de placer de nouveau sous les yeux des agronomes.

8° Enfin mémoire de M. Vibert sur ses collections de vignes et notice de M. A. Leroy, d'Angers, sur les avantages de la greffe anglaise.

L'impression de tous ces mémoires a été votée à l'unanimité.

Et quant aux discussions orales, — MM. Plauche, de Bovis, de Labaume, de Gasquet, de Villeneuve, Pellicot, Clapier, Sauvaire-Jourdan, Aubergier, de Chéron et bien d'autres encore y prennent part, tant pour la discussion des mémoires, que pour soutenir ou combattre certaines doctrines générales ou se rattachant à des localités spéciales.

Consignons encore ici que MM. Bouchereau et Guillory ne cessent d'apporter leur tribut d'expérience au sein des sections, aussi bien que pour ce qui s'élabore au sein du Congrès général : le premier sur ce qui est des usages de la Gironde en si bon renom pour sa spécialité viticole ; le second pour ramener à la tradition réglementaire, qui a déjà fait la fortune des Congrès antérieurs et qui trace la route sans écueils des Congrès à venir (1).

QUATRIÈME SÉANCE GÉNÉRALE DU 23 AOUT 1844.

Immédiatement après l'ouverture de la séance, M. Guillory aîné se lève et fait la communication suivante au nom de la Société fondatrice dont il est le délégué :

(1) *Nouvelliste*, du 26 août 1844.

« Messieurs,

» J'ai l'honneur de représenter près de vous la Société industrielle d'Angers et du département de Maine et Loire. Ce fut cette Société, vous le savez, qui la première, en 1842, songea à provoquer en France la réunion périodique des hommes qui s'adonnent à la culture de la vigne et à la production des vins. L'industrie vinicole est depuis longtemps en souffrance ; les causes de ce malaise ont été diversement indiquées par plusieurs ; la Société industrielle a pensé que le remède le plus efficace se rencontrerait nécessairement dans la production meilleure, et qu'il fallait désormais reporter vers la qualité des vins tous les efforts qui se bornaient à en obtenir la quantité. Ce fut là le seul but qu'elle voulut marquer aux recherches des vignerons français, les seules études qu'elle se fit le devoir d'imposer aux Congrès dont la première session se tint à Angers sous ses auspices. Toute autre discussion fut bannie des séances ; les questions d'économie politique et autres furent rejetées du cadre des travaux, et la seule pensée de l'amélioration de la culture et de la fabrication dut réunir tous les efforts que l'on cherchait à mettre en commun.

» Voilà, Messieurs, des questions que leur nature livre à notre examen. Et croyez-le bien, elles ont leur importance ; combien avons-nous encore de conquêtes à faire en tout ce qui concerne la culture même de la vigne et la fabrication du vin ! combien de systèmes à débattre, de procédés nouveaux à juger, d'améliorations à introduire ! Restons dans ce cercle fécond, Messieurs, nous ne pourrions que perdre à l'élargir, et de la sorte, fidèles au but

que nous ont marqué nos devanciers, nous verrons les
Congrès de viguerons devenir chaque année un centre
commun, où chaque œnologue, apportant son tribut,
viendra de son côté s'enrichir des conquêtes de tous; la
spécialité d'une telle institution en assure la durée, et qui
peut calculer les services qu'elle est appelée à rendre
dans l'avenir ?

» Fondé dans le nord-ouest de notre région viticole, le
Congrès s'est transporté l'année dernière au sud-ouest.
Nous voici cette année réunis au sud-est, et l'Italie ainsi
que la Suisse doivent nous apporter l'appui de leurs lumières. Dans un an ne sentirez-vous pas le besoin d'aller
demander au nord-est de cette même région sa part d'enseignement que l'Allemagne, cette fois, pourra rendre
plus précieux par son voisinage ? Plus tard il conviendra
sans doute de revenir au centre de nos départements viticoles, et l'on donnera ainsi satisfaction entière au vœu
émis l'an dernier à Bordeaux pour que le Congrès allât
tenir une de ses sessions à Toulouse.

» L'itinéraire que nous nous permettons d'indiquer ici,
Messieurs, n'est pas tracé par une frivole fantaisie, c'est
le résultat de nos plus sérieuses méditations. Après être
venu sous votre beau ciel étudier vos riches cultures, le
Congrès se rapprocherait de l'Allemagne, et, vous le savez, l'Allemagne peut nous donner l'exemple dans la voie
du progrès. Les viguerons allemands ont eu déjà cinq
réunions annuelles, et j'ai eu l'honneur d'entretenir le
Congrès de quelques-uns de leurs travaux. La sixième
assemblée va se tenir au centre du Palatinat (Bavière
Rhénane) dont les vins ont une si grande renommée, à
Durkheim, petite ville entourée des beaux vignobles de

Seebach, d'*Ungstein* et de *Kahestadt* (1). J'ai parlé surtout dans les précédentes sessions des réunions d'Heidelberg, de Mayence et de Wurtzbourg. Celle de Stuttgard,
dans le *Wurtemberg*, a été l'objet d'un rapport que j'ai
déposé sur votre bureau, au nom de M. Sébille-Auger,
de Saumur, secrétaire-général de notre première session ;
permettez-moi de vous entretenir un instant des travaux
du Congrès de Trèves (Prusse Rhénane), qui a tenu ses
séances du 6 au 9 octobre 1843.

» La liste des membres de ce Congrès et des délégués
des Sociétés savantes comprend 92 noms ; 75 appartiennent à la Prusse, 11 à la Bavière, 2 au duché de Bade,
2 au Luxembourg, 1 au Wurtemberg, et 1 à Nassau (2).
La session s'est ouverte sous la présidence de M. de Haw,
maire et conseiller provincial. La marche suivie pour les
travaux a été la même que dans les précédentes réunions.

» Une exposition intéressante avait lieu dans l'une des
salles du Casino, où se tenaient les séances ; c'étaient des
raisins, des branches de vigne, des échantillons de vins,
des outils et des modèles de divers genres.

» Il résulte de l'indication des travaux des sections que

(1) M. de Wrède, gouverneur de la Bavière Rhénane, à *Spire*, a
été désigné pour présider ce Congrès, et M. Rodolphe Christmann,
conseiller de ville à Durkheim, pour remplir les fonctions de secrétaire-général.

(2) A Heidelberg, où eut lieu le premier Congrès, on comptait
96 membres, à Mayence 161, dont 116 de Hesse-Darmstadt, 1 de
Hesse-Cassel, 23 de Nassau, 10 de Bade, 6 de Bavière, 2 de Franc-
fort, 1 de Prusse, 1 de Saxe, et 1 de Wurtemberg ; à Wurtemberg
153, parmi lesquels 131 Bavarois, 8 Badois, 5 Wurtembergeois,
5 Hessois et 1 de Nassau ; à Stuttgard, 82 seulement ; comme à
notre Congrès de Bordeaux, la liste n'en fut point imprimée dans les
Actes.

dans la première séance, M. le commissaire Mohr fit au nom de M. le baron Babo, de Manheim, un rapport général sur les travaux de la section vinicole.

» Les diverses questions traitées dans la première séance de la section vinicole furent relatives à l'influence de la couleur des vins sur la richesse en alcool, à la fermentation vineuse dans les cuves couvertes ou découvertes, à l'écumage du moût, aux avantages du séjour jusqu'en mars du vin sur la lie, à l'altération du vin passé à l'aigre, à l'efficacité de l'emploi du plâtre, à l'influence de la grandeur des vaisseaux sur la fermentation du moût, et aux marchés de vins dans les centres de consommation.

» Dans la deuxième séance, M. Muhl, de Trèves, communiqua un mémoire sur l'état de la culture de la vigne sur la Moselle et la Sarre. On s'occupa ensuite de l'influence qu'exerce le sol sur les vignes, de leur amendement par la marne, de l'influence de l'usage de la bière sur la consommation du vin, des diverses espèces de pressoirs, et particulièrement du pressoir à vis, de celui à encaissement fermé et du pressoir hydraulique, enfin de la plantation de la vigne en crossettes ou en chevelus, au moyen du plantoir ou de la bèche.

» On s'occupa pendant la troisième séance de la taille, des divers modes de greffe, des moyens de juger la qualité du vin sur le moût, de la recherche du bouquet attribué principalement à la pellicule du raisin, de la fâcheuse influence de la taille à long bois sur la qualité des vins, des diverses sortes d'engrais les plus avantageux à la vigne, et du produit de la vigne *Lacryma Christi*.

» M. Babo y communiqua de curieuses observations sur l'influence des diverses natures du sol, sur la végétation des vignes, ainsi que sur l'influence de la couleur du vin, sur la quantité d'alcool indiquée par le pèse-liqueur.

» La seconde section s'occupa avec soin de l'examen des objets exposés et de la dégustation des vins ; son rapport fut présenté par le directeur général Koepp.

» Quatre des questions portées au programme n'ayant pu être mises en délibération, furent renvoyées au Congrès de 1844 , à *Durkheim*.

» La première séance générale ouverte par un discours du président, M. Haw , avait été employée à l'élection du vice-président et au choix des chefs de sections.

» La seconde séance générale fut consacrée à l'audition des rapports divers des sections, à la fixation du lieu du prochain Congrès, et à l'élection du président et du secrétaire-général de ce Congrès.

» Un discours d'adieu termina cette réunion.

» L'examen du compte-rendu du Congrès de *Trèves* nous a révélé, qu'outre l'existence de la Société vinicole de *Moselle* et *Sarre*, il existe d'autres associations du même genre en Allemagne, et notamment à Gratz, en *Styrie*, province dans laquelle la récolte annuelle des vins, dont quelques-uns participent de la qualité de ceux du Rhin, est évaluée à 313,946 hectolitres ; et à *Prague*, dans la *Bohême*, qui produit seulement annuellement 15,860 hectolitres de vin.

» Nos voisins nous ont encore devancés en créant ces associations qui n'existent point en France.

» Il faut remarquer en outre que la *Société royale de Saxe* possède à Dresde une section vinicole.

» Plusieurs Sociétés savantes ont adopté cette innovation en France et nous pouvons citer aujourd'hui celles

d'agriculture de la Gironde, de l'Hérault, la Société industrielle d'Angers, et sans doute plusieurs autres.

» Ainsi, Messieurs, l'Allemagne nous précède sans
cesse dans la voie de ces utiles créations; l'Allemagne
sans doute a beaucoup plus à faire que nous, favorisés que
nous sommes par la nature et le climat; mais nous ne devons pas nous laisser dépasser par les progrès de nos rivaux, et tous nos efforts doivent tendre à maintenir la
juste réputation de supériorité dont nous sommes en pos-
session depuis un temps immémorial.

» C'est en améliorant sans cesse la culture et la fabrication que nous resterons les maîtres de cette riche industrie, et tel doit être le but de ce Congrès. Lorsqu'elle en
provoqua l'institution en France, la Société industrielle
d'Angers comprit tout ce que ces réunions annuelles
pourraient avoir d'intérêt et d'avenir pour les producteurs de vins; et vous rendez vous-mêmes un juste hommage à cette pensée par votre présence en ces lieux.

» Représentant près de vous de la Société qui fonda ces
Congrès, je mettrai tous mes soins à remplir dignement
le mandat qui m'a été confié et à seconder de tout mon
pouvoir vos intéressants travaux; je serai fier en vous
quittant, Messieurs, de rapporter à mes collègues le fruit
de vos lumières et les agréables souvenirs que me laisseront les hommes distingués venus de toutes parts à ces
utiles réunions. »

Une nouvelle question d'une importance marquée s'est
présentée à la discussion immédiatement après cette intéressante lecture. Il s'agissait de l'espacement des ceps,
dans la plantation des vignes.

Deux membres nouvellement arrivés, avaient à prendre part à la lutte viticole, et leur concours de lumières

devait se réunir au fond commun de nombreuses et savantes observations, approvisionné dès les premières séances du Congrès.

Ce sont : MM. le conseiller Vallée, délégué de l'Académie des sciences de la ville d'Aix, et Reynier, membre de l'Académie des sciences d'Avignon.

Dans un concours de vignerons habiles appartenant à des localités différentes et éloignées l'une de l'autre, telles que le Var et Maine et Loire, la Gironde, les Bouches-du-Rhône, le Gard et Vaucluse, ce conflit d'opinions et de doctrines devait nécessairement s'établir ; aussi la discussion a-t-elle été longue et vivement soutenue de part et d'autre.

Toutefois, le résumé de la question a été posé à la suite des répliques définitives de MM. Clapier et Vallée, et formulé par le bureau dans les termes suivants :

« Le Congrès décide que la plantation par rangée et » en ligne sur un seul rang est la plus favorable. »

Il est peu de membres parmi ceux qui étaient présents à la séance qui n'aient payé leur tribut à cette discussion qui a été complétement élaborée.

CINQUIÈME SÉANCE GÉNÉRALE, DU 24 AOUT 1844.

Cette séance a donné lieu, de la part de plusieurs œnologues du Congrès, à des observations pleines de justesse et de sens. Nous citons, dans le nombre, celles présentées par M. Plauche sur la nécessité de pratiquer des semis. Il est convenable, pour que les idées émises par ce praticien distingué arrivent à l'appréciation de chacun de la manière la plus exacte, d'insérer ici l'analyse de l'opinion telle qu'elle a été formulée.

M. Plauche dit que, dans son opinion, la reproduction
de la vigne ne saurait être faite par les vignerons autrement que par bouture, mode qui donne des résultats très
prompts et qui seul peut assurer la conservation de la
variété de cépage qu'on veut reproduire. Il pense que cet
avis ne sera pas contesté et il lui paraît inutile de le
motiver par des développements. Son but, en prenant la
parole, est d'appeler l'attention du congrès sur la reproduction de la vigne par semis. On se plaint sur tous les
points de la France de la dégénérescence des bons cépages, non sous le rapport de la qualité, mais sous celui de
l'abondance du produit en raisins. Le seul moyen de remédier à cette altération de la vigueur des bons cépages,
altération qui est due à la reproduction successive de ces
cépages par bouture, est indiqué, selon M. Plauche, par
la physiologie végétale. Dans toutes les espèces de végétaux, l'altération des variétés ne peut se réparer que par
un appel aux semis; par les semis on obtient de nouvelles
variétés, souvent préférables aux anciennes, et ces variétés, puisées à la source que la nature indique, sont régénérées et plus vigoureuses dans leur végétation. Mais si
dans la famille des solanées que M. Plauche, dans ses
développements, cite pour exemple, la reproduction par
semis présente des résultats dans un petit nombre d'années, il n'en est pas de même dans la famille des sarmen-
tacées, et ce n'est qu'après trente ans qu'on peut obtenir
des résultats appréciables.

Quelques agronomes distingués, dit M. Plauche, se
sont livrés à des expériences, et ils ont obtenu des variétés nouvelles très intéressantes; mais ces hommes mour-
ront, et il est peu probable que leurs expériences soient
poursuivies par leurs héritiers. M. Plauche pense donc

qu'il ne faut rien attendre des vignerons eux-mêmes à cet égard. Il propose au Congrès de prendre la résolution suivante : *Le Congrès émet le vœu que le gouvernement use de son influence sur les administrations locales, pour que des expériences soient faites dans les principaux jardins des plantes des diverses parties du royaume, à l'effet d'obtenir de nouvelles variétés de vigne régénérées par la voie de semis.*

Dans ces établissements publics, a dit M. Plauche, les directeurs meurent ; mais l'établissement reste, et le directeur nouveau est naturellement appelé à continuer l'œuvre de son prédécesseur. Cent ans sont deux fois la vie moyenne d'un homme, mais ils ne sont rien dans la vie d'un peuple.

M. Plauche a demandé que l'assemblée émît le vœu de solliciter le concours de M. le ministre de l'agriculture, afin que ce haut fonctionnaire usât de son influence auprès des administrations des grandes villes pour faire procéder, dans les jardins botaniques, à des semis de pepins de raisins, dont les produits seraient choisis plus tard et propagés, en tant qu'ils présenteraient des variétés propres à fournir des vins de qualités supérieures.

L'assemblée, passant outre aux objections présentées sur le peu d'importance de ces essais, qu'on a prétendu intéresser beaucoup plus les cultivateurs et les amateurs que les propriétaires de vignobles, a décidé que ce vœu, explicitement formulé, serait transmis au gouvernement.

La question de la taille de la vigne ayant été mise en discussion, un membre, M. de Labaume, a fait observer que le choix des instruments propres à cette taille devait être examiné en première ligne.

Deux instruments d'agriculture, l'un d'ancienne date, l'autre tout nouvellement introduit dans l'économie, se sont trouvés en présence ; et ici encore des opinions différentes devaient se heurter.

C'est ainsi que, dans la Gironde, l'emploi d'un instrument équivalant à la *poudadouire* provençale est en usage pour la taille soignée des vignes, et que le sécateur n'est employé que comme instrument opérant avec célérité.

De leur côté, les œnologues provençaux ont soutenu que le sécateur opérait avec précision et célérité, et que conséquemment il réunissait les avantages qui doivent en conseiller l'emploi.

M. de Labaume s'est empressé de communiquer le procès-verbal d'un concours ouvert par la Société d'agriculture du Gard, sur l'emploi comparatif de la serpette et du sécateur. Il en est résulté, après plusieurs essais exécutés par les meilleurs vignerons, que le sécateur fabriqué convenablement pour la taille de la vigne, a obtenu une préférence marquée.

La taille de la vigne et l'influence qu'elle exerce dans l'intérêt de la conservation du cépage et de la bonté de ses produits, ont été traitées par divers membres, spécialement par MM. Blanchet, de Lausanne, et Lannes, de Moissac ; puis la grande question des engrais est arrivée pour animer une discussion nouvelle, dans laquelle M. Turrel a fait ressortir la nécessité de l'analyse du cépage lui-même pour arriver à la connaissance du meilleur engrais qui lui convient. L'influence heureuse du charbon proprement dit, de celui animalisé et suranimalisé de Coudoux, a été soutenue, tandis que d'un autre côté, l'usage des engrais animaux serait infirmé dans certains cas.

L'ébourgeonnement de la vigne devait attirer sur un terrain fécond en dires et controverses, le plus grand nombre possible d'œnologues. En effet, presque tous les membres présents ont fourni leur contingent d'observations sur cette opération de viticulture.

M. Piaget rend compte de l'excursion faite chez M. de Mandolx, dont il se plaît à louer la culture. M. Turrel lit un rapport sur le travail d'analyse chimique des vins de Bordeaux, dû à M. Fauré.

La discussion continuant sur les derniers travaux de viticulture, on demande de toutes parts que, vu le terme avancé de la session, on passe aux questions du programme qui se rattachent spécialement à la fabrication des vins.

M. le président ouvre immédiatement cette deuxième partie de l'enquête, qui donne lieu à plusieurs communications d'un haut intérèt, et surtout à une discussion animée, à laquelle prennent principalement part MM. Valet, Gros jeune, Labaume, de Bovis, Clapier, Turrel, Viguier, Pellicot, de Cheron, etc...

L'exposition de diverses qualités de raisins du crû et étrangers a été faite sur le bureau, et la séance de dégustation des vins a été ajournée au lendemain, jour de dimanche, pour être suivie d'une excursion à la propriété de M. J. Bonnet, dans le territoire d'Aubagne.

SÉANCES DES SECTIONS DES 23, 24 ET 25 AOUT 1844.

Il nous reste, pour compléter notre compte-rendu des travaux des sections du Congrès de vignerons, à relater les mémoires divers dont la lecture a occupé l'assemblée dans les 4e et 5e séances. Le cadre de notre journal nous impose le devoir de nous borner à une simple analyse.

Dans la séance du 23, sur sept mémoires présentés, six ont traité des questions de viticulture, un seul a eu pour objet la fabrication du vin.

M. Poletti a développé ses idées sur les courbages, sur la manière d'y procéder et sur les résultats qu'on peut s'en promettre.

M. Demandolx, propriétaire au quartier l'Estaque, a réuni dans un mémoire étendu et conçu d'une manière systématique, tout ce qui se rapporte à la culture de la vigne. Ce sont de bonnes doctrines pratiques qu'on aime à retrouver dans un travail spécial.

M. Pellicot, de Toulon, a fait l'énumération des divers cépages usités dans cette localité.

Communication a été faite : 1° d'une notice de M. Tourrès sur la culture de la vigne dans le département de Lot-et-Garonne.

2° D'une lettre de M. Ramey, de Bordeaux, sur les premières questions du programme du Congrès, celles relatives au choix du sol, de l'exposition et du mode de planter.

3° D'un extrait d'une enquête sur la greffe de la vigne. (Séance du comité d'œnologie de la Société industrielle d'Angers, du 6 juillet 1844).

Le mémoire d'œnologie soumis à l'assemblée appartient à M. Viguier.

La nécessité d'épuiser, pendant la session du Congrès, les divers articles du programme, ayant motivé la réunion des deux sections en assemblée générale, la séance du 24 a eu lieu dans la salle des tableaux du Musée.

On y a lu : 1° un mémoire de M. Matta, de Bordeaux, sur la synonymie de la vigne.

2° Un rapport sur l'amélioration des vignes, extrait
d'un journal allemand publié à Stuttgard et remis par
M. Guillory aîné. Le fait signalé de la propagation dans
un cercle assez circonscrit du pays dont il s'agit, de plusieurs millions de cépages divers, soit à titre d'argent,
soit d'une manière gratuite et spontanée, témoigne de la
haute importance qui s'attache désormais à la viticulture
et à la production des vins chez nos voisins, où l'esprit
d'application se fait remarquer si éminemment pour toutes les branches du commerce et de l'industrie.

L'assemblée a puisé, dans un mémoire sur la fabrication du vin par M. Barbaroux, quelques documents qui
seront inscrits aux actes du Congrès sous la forme purement analytique.

M. Barthélemy a donné lecture du rapport suivant de
M. Guillory aîné, sur les travaux de la Société vinicole
de *Trèves* :

« J'ai eu l'occasion, Messieurs, de prononcer devant
vous le nom de la Société vinicole de Moselle et Sarre ; je
viens mettre sous vos yeux quelques renseignements relatifs à cette Société.

» Peu d'années avant la formation du Congrès de
vignerons allemands, c'est-à-dire en juin 1836, les propriétaires de vignobles des bords de la Sarre et de la Moselle formèrent le projet de se réunir en société à Trèves
(Prusse-Rhénane) dans l'intention de s'occuper du perfectionnement de la culture de la vigne et de l'amélioration de ses produits.

» La Prusse-Rhénane possède environ dix mille hectares de terres plantées en vignes ; ses principaux crus
sont classés par Jullien, dans la deuxième classe des vins
secs étrangers à la France.

» Dès la première année de son existence, la Société
vinicole de Trèves compta quatre-vingt-cinq membres ; ce
nombre s'accrut de dix-neuf en 1837, et de sept en 1838.
Chacun des sociétaires dut payer une cotisation de deux
écus (8 fr.). Outre les réunions trimestrielles ordinaires,
la Société tient chaque année une assemblée générale.

» Le dépouillement des cahiers, publiés en langue allemande par cette Société, nous a fait connaître l'énoncé
suivant de ses travaux les plus caractéristiques :

» Tableau de diverses espèces de vignes ; formation de
leurs pampres et de leurs bourgeons.

» Discussion sur la question des premières vendanges,
des moyens de former des vignerons capables d'une culture judicieuse.

» Sur l'introduction de la méthode de cultiver la vigne
au rhingau.

» Rapport sur un nouveau pressoir.

» Sous le titre de *Mélanges* sont compris tous les travaux ordinaires des séances jusqu'en 1843 inclusivement;
ils sont relatifs à la culture générale et à l'œnologie

» Une foule de pièces officielles attestent que, comme
nous l'éprouvons en France, les propriétaires de vignes
prussiens ne sont pas dans une position favorable pour
l'écoulement avec profit de leurs produits ; des remontran-
ces faites à divers magistrats concernant la première vendange et la culture des osiers, sont suivies de pétitions au
ministre des finances, au directeur général des contribu-
tions ; de demande en rémission de l'impôt pour 1838,
laquelle est suivie d'un rescrit de la régence royale.
Tous ces points donnent lieu à une correspondance soutenue entre les autorités et le bureau de la Société. Viennent ensuite une ordonnance et un rescrit de la régence

relatifs à la première vendange et au glanage ; puis des
arrêtés de l'Électorat de Trèves pris en 1750, 1781 et
1787, relatifs à la culture de la vigne ; et enfin des passages tirés du discours final de la diète provinciale de
1841 sur la culture des vignes.

» Parmi ces nombreux documents, celui qui nous a paru
devoir présenter le plus haut intérêt, donne le plan d'une
école vinicole, présenté à la Société de Trèves le 25 janvier 1837. J'ai l'honneur de vous en soumettre l'analyse.

BUT DE L'ÉCOLE.

» Former l'éducation des jeunes gens pour toute l'étendue de la culture des vignes, de la préparation et du soin
des vins dans les caves.

» L'établissement devrait avoir en vue de former de
bons administrateurs et des ouvriers intelligents, afin
que l'ignorance des uns et des autres n'arrête pas les
propriétaires dans les améliorations qu'ils se proposent de
faire.

ENSEIGNEMENT.

» L'enseignement serait tout à la fois théorique et pratique. Sous le premier rapport, à l'éducation primaire
ordinaire viendrait se joindre les notions théoriques sur la
culture de la vigne, la confection des vins, les soins à
leur donner ; il faudrait ajouter encore quelques autres
études ; ainsi feraient partie de l'enseignement : la comptabilité, la rédaction des devis, l'arithmétique, l'arpen-
tage, le dessin linéaire et la levée des plans. Quant aux
sciences naturelles, telles que la physique, la chimie
générale, l'histoire naturelle et la géographie dans leurs
rapports avec la viticulture et l'œnologie, elles viendraient,

17

comme sciences accessoires, compléter cette éducation toute spéciale.

» Quant à l'instruction pratique, elle consisterait dans l'exécution de tous les travaux manuels des vignerons, autant que l'établissement le comporterait ou que les propriétés voisines en offriraient les moyens ; la pratique de toutes ces parties de l'économie rurale pour les cultures accessoires et la gestion d'un domaine, et surtout le nourrissage et l'éducation des bestiaux. Enfin, il faudrait connaître sommairement le métier de tonnelier.

ORGANISATION INTÉRIEURE.

» L'établissement ne devrait recevoir que des jeunes gens dont l'enseignement élémentaire serait terminé et qui suivraient les cours pendant trois ans.

» Quatre et six heures d'enseignement auraient lieu par jour ; de sorte que, pendant les mois où se font les travaux les plus importants dans les vignobles, le moment des leçons serait abrégé et se ferait seulement de grand matin et le soir, afin de laisser tous les jours plus de temps aux exercices pratiques.

» Un enseignement gratuit serait donné aux élèves peu fortunés, et des concours publics auraient lieu annuellement.

» On ouvrirait des cours séparés pour les simples ouvriers.

» En commençant, il suffirait d'un seul maître sous la surveillance du bureau de la Société vinicole.

» Quant aux frais, on aurait à dépenser 1,150 écus (4,600 fr.) pour l'appropriation d'un vignoble normal ; les appointements des deux maîtres seraient de 950 écus, soit 3,800 fr.

» Cependant on peut espérer que la fondation aurait
lieu par des souscriptions volontaires; plus tard, le paie-
ment de la pension des élèves et les produits de la vigne
fourniraient en partie aux dépenses annuelles, de sorte
qu'un pareil établissement pourrait être réalisé au moyen
d'actions sortant de la Société elle-même.

» De tels établissements, Messieurs, s'ils pouvaient se
fonder en France, produiraient, sans nul doute, d'immenses et féconds résultats. Nous ne savons si les plans
ainsi tracés de la Société vinicole de la Moselle et Sarre
ont reçu leur exécution sous ses auspices. Elle a du moins
eu le mérite d'indiquer, de la sorte, une voie d'améliorations et de progrès qu'il est désirable de voir s'ouvrir plus
tard. »

Cette communication a été accueillie avec un curieux
intérêt, surtout dans la partie qui avait trait au projet
d'école de vignerons.

Les divers mémoires sus-relatés ont été admis à l'impression; et là a dû finir l'action des sections dans les
opérations d'ensemble du Congrès des vignerons.

SIXIÈME SÉANCE GÉNÉRALE DU 25 AOUT 1846.

La majeure partie des membres du Congrès ayant
assisté à l'examen de la commission de dégustation, la
séance n'a été ouverte qu'à dix heures.

M. de Chéron communique le plan du pressoir troyen
dont il fait usage dans son vignoble de *Chablis*.

M. Bourgarel rend compte de la visite faite par les
membres du Congrès dans les chais de plusieurs négociants en vins de Marseille. Il signale un foudre en
pierres de 600 hectolitres de capacité, et un autre vais-

seau en bois de 365 hectolitres, en faisant remarquer principalement la bonne tenue de ces établissements (1).

Le rapport de la commission d'exposition et de dégustation est ensuite communiqué par M. le secrétaire.

La discussion est reprise sur la 2ᵉ section du programme : — Fabrication des vins.

Les deux premières questions relatives à la vendange, au foulage, à l'égrappage et à l'addition des plâtres et autres ingrédients dans la vendange, donnent encore lieu à quelques observations.

On passe ensuite à l'art. 9 traitant de la fermentation, qui donne lieu à une lumineuse discussion sur les procédés de vinification.

Les articles 4 et 5 sur le pressurage et les vases vinaires, ayant été suffisamment traités, lorsqu'on s'est occupé des méthodes de vendange, on juge inutile de s'y arrêter.

La 6ᵉ question, sur la conservation des vins, provoque d'utiles renseignements.

Cette discussion, à laquelle la majeure partie des membres présents ont pris part, a mis en parallèle les procédés de vinification de diverses contrées.

Ajoutons en deux mots :

Que des excursions intéressantes ont eu lieu dans cer-

(1) 65 chaix sont en activité à Marseille. Ils bonifient chaque année 400 hectolitres de vins ordinaires et environ 10 hectolitres de vins de liqueur. Outre les chaix, 115 entrepôts reçoivent et expédient les vins de Provence et du Languedoc. En résumé le mouvement des vins à Marseille est de 500,000 hectolitres, dont 300,000 sont exportés pour l'étranger, les colonies et le cabotage. (Extrait de l'essai sur le commerce de Marseille de Jules Julliani, analysé par M. P.-M. Roux, répertoire de la Société de statistique de Marseille, 1843, pages 418 et 419.)

taines propriétés du territoire ; qu'une exposition de
beaux et bons raisins a été faite par M. Reynier, pour
un plant particulier, le *Czerna noir,* raisin de Hongrie,
importé en France par M. le comte Odart ; par M. J. Bonnet, pour des *chasselas* bien mûris et d'un goût exquis ;
par M. Leroy, pour des raisins divers, *Morvèdes, Grenache* et autres qui constituent le fonds du territoire de
Séon, renommé pour son vin ; par M. Vibert, d'Angers,
ses nombreuses variétés de feuilles de vigne obtenues de
semis, et toutes curieuses par leurs formes ; par M. Hallié, de Bordeaux, un plan de pressoir circulaire, et par
M. A. Leroy, d'Angers, un modèle de greffe anglaise
pratiquée sur une souche de vigne.

Disons aussi qu'une dégustation de vins du crû et
étrangers a eu lieu, et a été le sujet d'appréciations exactes et motivées ; qu'on y a remarqué :

1° Les produits locaux, tout *Morvèdes,* de M. Bonnet ;

2° *Les muscats noirs de Cassis,* de M. d'Authier ;

3° Les excellent Chablis de M. de Chéron.

Et comme vin de liqueur :

Le *Tokai princess,* vin succulent provenant du *Furmint,* qualité de raisin introduite à Nîmes par M. le
docteur Baume.

Et nous aurons complété la dernière partie de notre
compte-rendu d'une session que chacun a trouvée trop
courte, qui laissera à Marseille de longs et agréables
souvenirs.

SEPTIÈME SÉANCE GÉNÉRALE DU 26 AOUT 1844.

M. le président propose à l'assemblée de s'occuper du
choix de la ville où devra se tenir la prochaine session

du Congrès en 1845. Il rappelle la demande faite à ce sujet par le comité central d'agriculture de la Côte-d'Or, et propose de désigner *Dijon*.

Plusieurs membres prennent la parole ; on propose *Toulouse ;* M. Lannes rend compte à ce sujet des démarches qu'il a faites auprès du président de la Société d'agriculture de la Haute-Garonne ; on indique encore les villes de Lyon et Avignon.

Il est décidé que la quatrième session aura lieu à Dijon en août 1845.

M. Aubergier père fait un rapport sur l'excursion *d'Aubagne ;* il paye un juste tribut d'éloges à l'excellente tenue de la propriété de M. J. Bonnet, sur laquelle 20 hectares de vignes sont soumis aux cultures perfectionnées. 200 fortes souches de mûriers, fournissent à l'éducation de 40 onces de vers-à-soie.

« Un travail qui a surtout appelé l'attention des visiteurs, ajoute le rapporteur, c'est le défrichement des vignes situées dans les bas-fonds, l'amendement de leur sol par l'écobuage et leur transformation en pré, dont ceux établis seulement depuis deux ans présentent de bons résultats.

» M. J. Bonnet, abandonnant dans quelques parties de son vignoble le système des *houlières*, y a introduit la culture en plein ; dans d'autres il a séparé les espèces, ce qui présente des avantages aujourd'hui appréciés, et nous avons remarqué, dit le rapporteur, des carrés entiers de *Grenache* et de *Morvède*, cépage dont on vante ici la qualité supérieure ; il pratique aussi la culture en houlière à un seul rang, qu'on regarde aujourd'hui comme la plus perfectionnée dans la Provence, parce qu'entre les ceps on pratique la culture la plus productive qu'on puisse es-

pérer, en y obtenant jusqu'à trois récoltes par an, en pois,
fèves, pommes de terre, sucrines, pastèques, melons,
artichauts, épinards très estimés, radis mêlés avec ces
derniers, etc. »

Le Congrès s'est attaché de nouveau à résoudre des
questions très importantes d'œnologie, telles que celle des
divers systèmes de cuves, de ce qui a trait à la fermentation, des diverses manières de presser le marc des raisins,
des vases vinaires en bois ou en maçonnerie, et de leur
influence sur la qualité des vins. Le Congrès a fini par
examiner la question relative aux préparations et mélanges que subissent les vins dans les établissements destinés
à les rendre propres aux grandes exportations.

Comme dans les précédentes réunions, les discussions
ont été des plus instructives, et celle à laquelle a donné
lieu l'examen de la dernière question, a conduit l'assem
blée à stigmatiser les falsificateurs de vin.

Enfin, le moment est arrivé de prononcer la clôture des
travaux, ainsi que l'a fait M. Guillory, président. Mais
avant cette lecture, M. J. Bonnet, secrétaire-général, a
pris la parole pour remercier le Congrès de l'avoir appelé
à remplir des fonctions qu'il eût trouvées bien difficiles,
a-t-il ajouté, sans le concours des autres membres du
bureau.

M. le docteur P.-M. Roux, trésorier, s'adressant ensuite aux membres du Congrès, leur a dit :

« Messieurs,

» En présence de viticulteurs, d'œnologues d'une expérience consommée, la prudence me prescrivait de garder le silence, et désirant profiter de leurs communications, je n'avais d'autre rôle à jouer que celui d'auditeur

attentif. C'est ce que j'ai fait pendant toute la durée de cette session. Mais au moment de voir se séparer tant d'hommes recommandables, je ne saurais me dispenser d'élever la voix pour leur faire de tendres adieux. Non que je cherche par cette manifestation, à donner à penser que j'ai su mieux qu'un autre apprécier leur mérite, loin de moi cette prétention ; j'ai voulu, puisque l'an dernier j'ai eu la satisfaction d'obtenir que le Congrès des vignerons français dont j'étais vice-président se réunirait cette année dans notre ville, j'ai voulu, dis-je, témoigner ici à ceux-là même qui me secondèrent le plus dans cette vue, notamment à M. Bouchereau, président honoraire, et à M. Guillory aîné, président du Congrès, toute la reconnaissance de la Société de statistique dont j'étais le délégué à la deuxième session, et du Comice agricole de Marseille, auquel depuis j'ai eu l'honneur d'appartenir. C'est qu'il nous est permis de considérer comme un événement de la plus haute importance, l'arrivée d'un Congrès éminemment utile, au milieu de nous, Marseillais.

» Cette arrivée ne servirait-elle, indépendamment des précieux résultats obtenus quant à notre viticulture et à la fabrication de nos vins, qu'à faire bientôt choisir Marseille, comme réunissant toutes les conditions favorables à la tenue du Congrès scientifique de France, nous aurions à nous féliciter d'un tel acheminement. Or, vous tous, et surtout vous, Messieurs les étrangers, qui avez bien voulu répondre à notre appel, vous direz s'ils peuvent compter sur notre hospitalité, sur nos cordiales sympathies, les hommes de progrès qui, comme vous, seraient conduits chez nous par la pensée généreuse de nous communiquer leurs lumières.

» Recevez, Messieurs, nos sincères remerciements pour
ce que nous vous devons, et l'expression de notre regret
que les instants que nous avons passés ensemble, aient
été si courts. Soyez sûrs que Marseille vous tiendra
compte de votre empressement à vous rendre au premier
Congrès qui se soit assemblé dans son sein. Croyez bien
que nous n'oublierons jamais que vous sûtes captiver
notre attention, presque tous par l'exposé de principes,
fruits de vastes connaissances pratiques, et plusieurs en
ayant associé le prestige de l'éloquence au langage de la
vérité. Croyez, en un mot, que nous conserverons le souvenir du bonheur et de la joie que votre venue nous
a fait éprouver. »

M. Pélissier, de Bordeaux, vice-président, s'est levé
pour exprimer, au nom des membres étrangers, combien
ils ont été sensibles à l'accueil bienveillant qu'ils ont
reçu, et qu'ils ne peuvent qu'en rapporter chez eux les
témoignages les plus flatteurs. M. Pélissier a ajouté que
pour sa part, il se réserve de rendre compte à la Société
d'agriculture de Bordeaux, de toutes les marques d'attention qui lui ont été données, et qu'il attribue modestement à sa qualité de délégué de cette Société.

L'assemblée en se séparant a fait un échange sincère
et empressé de ses vives sympathies. M. Guillory aîné,
président-général, les a exprimées en ces termes :

« Messieurs,

» Nos travaux sont terminés, le moment des adieux
arrive; permettez-nous de vous adresser les nôtres, et de
vous dire les profonds regrets que va nous laisser une si
prompte séparation.

» Appelé à l'honneur de présider vos travaux, j'ai

trouvé cette mission facile, entouré comme je l'étais, et soutenu par votre constante bienveillance. Le zèle que vous avez montré sans relâche a doublé mon courage, et l'affectueuse urbanité de vos discussions ne m'a laissé de soin, que celui de vous écouter et de vous applaudir.

» Je conserverai de cette assemblée de touchants et durables souvenirs : ceux des honorables distinctions dont vous m'avez fait l'objet, ceux des précieux enseignements qu'ont présentés vos séances et que je reporterai fidèlement à la Société qui m'a délégué vers vous.

» Nos remerciements et nos adieux s'adressent donc à vous d'abord, Messieurs, qui avez fait l'éclat de ce Congrès ; ils s'adressent aux deux Sociétés savantes de cette ville et aux hommes éclairés désignés par elles pour organiser nos réunions, et dont les soins dévoués ont si dignement accompli une tâche toujours difficile.

» Ils s'adressent encore aux autorités, à l'administration municipale de cette cité, dont la protection et l'appui nous ont soutenus sans cesse, et dont l'obligeant empressement a secondé les dispositions que nécessitait la tenue de nos séances.

» Ils s'adressent enfin à ce beau pays, si fécond et si hospitalier et qui ne laissera dans nos cœurs que le souvenir de douces impressions.

» Un autre ciel appelle la réunion de ce Congrès pour l'année prochaine ; nous ne reverrons pas alors les admirables côteaux de la Provence : ce serait du moins pour nous une pensée consolante que celle qui nous ferait espérer de revoir à Dijon, dans un an, les hommes éminents que nous sommes vivement émus de quitter aujourd'hui.

» Nous déclarons close la 3ᵉ session du Congrès des vignerons français. »

Tous les membres présents ont mis la plus grande exactitude à suivre les séances du Congrès, le plus grand zèle à prendre part à ses travaux, et chacun, sans distinction de talent, a mis le même empressement à fournir à l'assemblée le tribut de ses connaissances. La discussion a été souvent vive, mais toujours digne et convenable; les questions ont été traitées d'une manière très large, bien approfondies et assez développées, pour qu'il fût possible d'amener des solutions intéressantes. M. Guillory aîné a su, dans ce choc d'opinions, souvent très opposées, maintenir à la discussion une direction droite et ferme; et il serait difficile de présider avec plus de tact et plus d'aplomb, que ne l'a fait cet honorable membre du Congrès, qui emporte avec lui toutes les sympathies de l'assemblée. (Annales provençales d'agriculture pratique et d'économie rurale. — 17ᵉ année, nᵒˢ 199 et 200. — Juillet et août 1844.)

Extrait des procès-verbaux de la Société industrielle d'Angers.

SÉANCE DU 19 NOVEMBRE 1844.

. . . .

M. Guillory aîné, que la Société avait délégué près des Congrès de Marseille, Nîmes et Milan, se trouvant fatigué à la suite d'une indisposition, prie M. E. Talbot de vouloir bien donner pour lui à l'assemblée lecture du rapport dans lequel il rend compte de sa triple mission.

Après cette communication pleine d'intérêt et qui a été écoutée avec une attention vive et soutenue, M. G. Bordillon propose d'adresser à M. Guillory des félicitations sur le zèle avec lequel il a rempli le mandat qui lui avait été confié, et de lui en témoigner les plus vifs remerciements.

Cette proposition est accueillie à l'unanimité par l'assemblée qui vote en même temps l'impression du rapport.

Le même membre dit qu'entre autres détails intéressants contenus en grand nombre dans le compte-rendu de M. le président, il a remarqué notamment ceux qui constatent les efforts tentés en certains pays pour l'amélioration de la culture de la vigne et surtout la propagation des bonnes espèces de raisins; qu'il serait à souhaiter pour notre départememt, qui est essentiellement vinicole, que la Société industrielle, à l'exemple de ce qui se pratique en Allemagne, cherchât à y établir des pépinières qui continssent des plants des espèces de vignes produisant le meilleur vin.

SÉANCE DU 25 NOVEMBRE 1845.

Lettre du Président du Congrès de vignerons allemands de Durckeim.

. . . .

... En vous exprimant par la présente le plus vif remerciement pour votre rapport si intéressant sur le Congrès des œnologues français, tenu à Marseille l'année dernière, je prends la liberté de vous envoyer (suivant notre amicale convention d'échanger réciproquement nos procès-verbaux) la relation du Congrès de vignerons allemands qui a eu lieu à Durkheim en octobre 1844.

Le Congrès de cette année se tiendra du 6 au 10 octobre, à Fribourg, dans le grand duché de Bade, et il ne manquera pas assurément d'offrir le plus grand intérêt, tant à cause de la culture toute particulière de la vigne à laquelle on se livre dans cette contrée, que du voisinage de la Suisse et de l'Alsace.

Loin de toute pensée d'égoïsme, continuons en France aussi bien qu'en Allemagne à échanger nos écrits et les résultats de nos recherches, à travailler en commun sur le progrès de l'œnologie et à contribuer ainsi au bien-être d'une grande partie de nos concitoyens...

CONGRÈS

DE

VIGNERONS FRANÇAIS

QUATRIÈME SESSION TENUE A DIJON

EN AOUT 1845.

DISPOSITIONS PRÉLIMINAIRES.

**Extrait des procès-verbaux de la Société industrielle
d'Angers.**

SÉANCE DU 7 AVRIL 1845.

. . . .

M. le docteur Vallot, secrétaire perpétuel du Comité
central d'agriculture de la Côte-d'Or, demande les renseignements nécessaires pour l'organisation du prochain
Congrès de vignerons à Dijon, mande que son Comité recevra avec reconnaissance les exemplaires des actes des
deux premières sessions, qui lui ont été expédiés par la
Société, et qu'il sera très satisfait de recevoir le dessin du
double cinq épis qui lui a été promis.

— 271 —

SÉANCE DU 10 JUILLET 1845.

. . . .

M. E. Delarue, secrétaire-général de la quatrième
session du Congrès des vignerons français, à Dijon,
donne des renseignements sur tout ce qui a été fait pour
préparer cette prochaine session, dont il transmet le programme.

. . . .

Sur la proposition de M. le président, la Société déclare
adhérer à la treizième session du Congrès scientifique de
France, qui se tiendra à Reims, en septembre prochain,
et à la quatrième session du Congrès de vignerons français, qui aura lieu à Dijon au mois d'août ; elle témoigne
toute sa sympathie pour cette dernière institution qu'elle
a fondée elle-même, et invite ceux de ses membres qui le
pourraient, ainsi que son comité d'œnologie, à préparer
des travaux pour cette session. Il est décidé que les délégués de la Société à ces deux réunions seront désignés à
la prochaine séance.

SÉANCE DU 4 AOUT 1845.

. . . .

M. Delarue, secrétaire-général de la quatrième session
du Congrès de vignerons français, à Dijon, donne de nouveaux renseignements sur les préparatifs qui se font en
cette ville pour la prochaine réunion.

. . . .

La Société désigne ensuite, pour son délégué au Congrès de Dijon, M. Guillory aîné, son président.

RAPPORT

SUR

LA QUATRIÈME SESSION

DU CONGRÈS DE VIGNERONS FRANÇAIS,

Réuni à Dijon au mois d'août 1845,

PRÉSENTÉ

A la Société industrielle d'Angers et du département de Maine et Loire,

DANS SA SÉANCE DE RENTRÉE DU 23 NOVEMBRE 1845,

PAR SON PRÉSIDENT, DÉLÉGUÉ A CE CONGRÈS.

Messieurs,

Je n'ai pu avoir l'honneur, cette année, d'aller vous représenter au Congrès scientifique de France, au Congrès des savants italiens et à la réunion de l'Association helvétique des sciences naturelles.

Ce n'est pas sans un vif regret que j'ai été privé d'assister à ces trois intéressantes réunions, qui pour moi eussent été si pleines d'attrait ; mais j'ai du moins la certitude que vos délégués ne vous laisseront rien perdre de l'intérêt qui s'attache à ces solennités. L'un de nos collègues, M. Ch. Ernoult, vous a représentés au Congrès scientifique de Rheims et il s'empressera de vous en rendre compte : de son côté, le docteur Bertini, chargé de porter vos témoignages de sympathie aux savants italiens réunis à *Naples*, a promis de vous faire connaître les faits les plus importants accomplis en présence des fêtes splendides du Congrès ; enfin M. Fazy-Pasteur vous entretiendra des travaux scientifiques du Congrès de *Genève* et des cérémonies tout-à-fait intéressantes, au milieu desquelles a eu lieu l'inauguration du monument élevé à la mémoire du naturaliste de Candolle.

Pour moi, Messieurs, je savais d'avance le brillant accueil préparé aux étrangers de Rheims, Naples et Genève ; j'avais un vif désir de connaître ces intéressantes cités et les hommes distingués qu'elles possèdent, ainsi que ceux qu'elles devaient réunir dans leur sein ; mais il m'a fallu renoncer aux douces jouissances que j'y aurais rencontrées et me borner au voyage de Dijon, afin de concourir autant qu'il était en moi à la consolidation du Congrès de vignerons français, que vous avez si heureusement créé dans notre patrie.

Il fallut me résigner à me rendre directement à Dijon, où je devais, Messieurs, avoir l'honneur de vous représenter, en même temps que la Société statistique de Marseille, qui, elle aussi, m'avait conféré une délégation des plus flatteuses ; encore fus-je obligé de faire ce voyage en traversant la capitale sans m'y arrêter, ce qui, je vous l'avoue, fut un pénible sacrifice pour moi. Plusieurs de nos savants collègues m'y attendaient au passage, et vous savez tout ce que notre Société peut gagner dans ces relations de ses membres habitant des régions diverses : M. le docteur Matthieu Bonafous, de Turin, l'une des illustrations agricoles de l'Italie, nous avait donné de

18

Vichy, où sa santé l'avait conduit, un rendez-vous à Paris; MM. Boutigny et Julien nous y attendaient également; ce dernier avait même eu l'attention de nous convier à une réunion où nous devions rencontrer quelques étrangers de distinction.

Obligé de renoncer à tant de plaisirs offerts, je ne songeais qu'à la quatrième session du Congrès de vignerons français, où, cette fois encore, d'éclatants témoignages de sympathie devaient vous être offerts dans la personne de votre délégué, appelé à remplir une des plus importantes dignités de ce Congrès.

C'est pour moi, Messieurs, un devoir de vous dire que le Congrès de Dijon a fait faire un immense progrès à notre institution, et il me suffira d'en énoncer les phases les plus caractéristiques, pour vous en faire apprécier la portée.

D'abord il a été préparé avec un zèle infini par la Commission d'organisation, à la tête de laquelle se trouvait M. Nau de Champlouis, pair de France, préfet du département. En prenant sous ses auspices notre institution, jusqu'alors privée de tout encouragement de la part du gouvernement et des hauts fonctionnaires de l'Etat, M. de Champlouis a su lui rendre un immense service.

Les autres membres de la commission lui avaient aussi apporté l'appui de leur position sociale et de leur savoir dans la spécialité de ce Congrès : M. Detourbet comme président du comité central d'agriculture de la Côte-d'Or, qu'il dirige avec une grande supériorité; M. Varembey, premier avocat-général, connu par d'importants travaux agronomiques; M. Moreau, zélé viticulteur; M. Demerméty, l'un de nos œnologues les plus distingués, dont plus d'une fois vous avez reçu d'intéressantes communications, et qui, depuis longues années notre collègue, est l'un de ceux qui les premiers nous encouragèrent dans la création de ce Congrès de vignerons ; M. Fleurot, trésorier du Congrès, qui dans les sciences naturelles s'est fait un si beau nom, surtout par la savante direction qu'il imprime au Jardin botanique de Dijon, dans lequel il a créé une utile collection de vignes, qui lui a permis de publier plusieurs écrits sur cette matière ; et enfin M. Delarue, membre de l'Académie royale, de la Société d'agriculture et du Conseil municipal de Dijon, qui dans les fonctions de secrétaire-général du Congrès, a contribué au succès de notre œuvre avec un grand dévouement, un haut savoir, une capacité rare et une infatigable activité. Aussi, Messieurs, avec un tel patronage, notre institution a-t-elle grandi et s'est-elle fortement consolidée.

La session de Dijon a apporté au Congrès de vignerons français des changements importants que je dois commencer par vous signaler. On a cru devoir adopter d'abord le complément de l'institution telle qu'elle avait été conçue en Allemagne ; des considérations particulières ne nous avaient pas permis de réaliser ici cette pensée d'une manière complète. Ces Congrès en Allemagne réunissent non seulement les *vignerons*, mais encore les *pomologistes* ; on s'y occupe également de la culture de tous les arbres fruitiers, ainsi que nous le fîmes connaître à la première session ; mais alors nous n'étions pas en position de nous livrer aux mêmes études, et le Congrès se borna pour y suppléer à former dans son sein une section de producteurs de cidre, qui dut être abandonnée dès la seconde session.

A Dijon on a compris tout le secours que pouvaient se prêter mutuellement ces deux branches intéressantes de notre économie rurale, et il a été arrêté que désormais le Congrès réunirait les vignerons et les pomologistes français, et que par conséquent, une section de *pomologie* ou de cultivateurs d'arbres fruitiers serait ajoutée à celles de *viticulture* et d'*œnologie*.

Une autre amélioration introduite à Dijon, dans la marche de notre Congrès, consiste dans la diminution des séances générales, qui, quotidiennes autrefois, avaient fini par faire, en partie, double emploi avec celles des sections ; il en résultait une fatigue inutile pour beaucoup de membres, qui par ce motif ne suivaient souvent que les unes ou les autres. Dans cette circonstance, il nous a fallu encore revenir à l'exemple donné par les Congrès de vignerons allemands et suivi avec tant de succès par les Congrès scientifiques italiens. Lorsque nous avions rédigé notre premier programme, nous avions dû le calquer autant que possible sur ceux de nos Congrès scientifiques qui nous offraient d'excellents exemples à suivre. Au Congrès d'*Angers*, quelques rapports seulement attestèrent l'existence des sections ; à celui de *Bordeaux*, elles commencèrent à acquérir une plus grande importance ; et enfin à celui de *Marseille*, elles absorbèrent tellement l'attention, qu'il fallut réduire les travaux des séances générales à la discussion des questions du programme et à la lecture des procès-verbaux, renvoyant aux sections, à quelques exceptions près, la connaissance des mémoires, rapports et autres communications intéressantes ; aussi chacun a-t-il regretté que les procès-verbaux des sections de cette troisième session, n'aient pas été insérés dans les Actes du Congrès. La Commission d'organisation de Dijon qui ignorait ces faits, avait adopté dans son programme les mêmes bases des travaux qu'aux précédentes sessions; mais dès qu'elle en a eu connaissance, au moment de l'ouverture du Congrès, elle n'a point craint de revenir sur ses dispositions précédentes et s'est empressée de proposer à la première réunion de réduire les séances générales à deux, l'une d'installation et l'autre de clôture; en donnant à ces assemblées générales une couleur académique, et renvoyant aux séances quotidiennes des sections les travaux qui rentraient dans la spécialité de chacune d'elles. Cette marche a été adoptée et l'expérience en a démontré l'avantage; aussi avons-nous l'espoir qu'elle sera suivie désormais.

Si ce quatrième Congrès a réalisé des travaux plus nombreux et plus importants que les précédents, il le doit non-seulement à l'expérience acquise dans les réunions antérieures, mais encore au plus grand concours d'œnologues distingués qui de tous les points de la France viticole s'y étaient donné rendez-vous. On a eu toutefois à regretter l'absence de MM. Hardy, qui dirige avec tant de zèle la pépinière viticole du Luxembourg; Isarn-Decapdeville, de Montauban, possesseur d'une belle collection de vignes; Pelicot de Toulon (1), dont les communications au Congrès de Marseille offrirent tant d'intérêt (2); J. Bonnet de Marseille; le conseiller G. de Labaume, du Gard (3) et surtout du docteur Baumes, de Nîmes (4), dont les remarquables succès en œnologie sont depuis longtemps attestés à nos gourmets les plus délicats par son délicieux *Tokaï-Princess*, qui lui a valu à Marseille et à Dijon, les félicitations unanimes du Congrès.

En vous parlant des travaux du Congrès, Messieurs,

(1, 2, 3, et 4) Membres correspondants de la Société industrielle.

ma tâche va devenir facile, grâce aux numéros des journaux le *Constitutionnel*, le *Journal d'Agriculture du comité central* et le *Courrier de la Côte-d'Or*, qui ont publié quelques-uns des actes de la session de Dijon, et qui me permettent ainsi, en y joignant mes simples souvenirs, de vous en donner une analyse succincte; elle vous initiera, autant que possible, à ce qui s'est passé d'intéressant.

La Commission directrice et le Comité central d'agriculture de la Côte-d'Or, dont elle émanait, avaient cherché à faire employer le plus utilement et le plus agréablement possible tous les instants des étrangers qui étaient venus pour le Congrès. Ainsi dans l'intervalle des séances chaque jour une excursion était indiquée entre les deux réunions du matin et du soir.

Le 21, nous visitâmes les établissements scientifiques et artistiques de Dijon.

Le 22, eut lieu une excursion au clos Vougeot et au château de Gilly, jadis somptueuse habitation des pères cellériers de l'ordre de Cîteaux, alors détenteur des principaux vignobles de la Côte-d'Or, où nous fûmes si splendidement et si cordialement accueillis par M. Ouvrard.

Le même jour nous avons pu visiter l'exposition horticole, qui produisait un effet délicieux dans la belle salle de Flore du palais des États, où elle était disposée avec infiniment de goût et d'art. On y remarquait des épis de céréales assez curieuses, plusieurs couches de champignons comestibles, des ananas et des fruits, ainsi que des légumes charnus conservés dans des flacons.

Des échantillons d'engrais attiraient l'attention des agriculteurs.

Les viticulteurs y pouvaient étudier aussi un pressoir à

vendange à coffre circulaire et un cylindre à écraser le raisin.

Le 23, c'est le concours d'animaux domestiques qui nous a préoccupés. Il était nombreux et a parfaitement satisfait notre curiosité sur l'importance des bestiaux dans la Côte-d'Or. Les races chevalines, quoique peu nombreuses, nous parurent profiter des encouragements qu'on leur prodigue. Un seul taureau Durham a fixé notre attention ; mais en revanche il y avait de beaux échantillons de races suisses, de Fribourg et de Schwitz, ainsi que de leurs produits croisés.

La race ovine ne présentait que très peu de sujets, du reste remarquables.

Le dimanche 24, nous avons assisté à la séance publique, pour la distribution des récompenses. Cette solennité, qu'on avait environnée de beaucoup d'éclat, était présidée par le préfet, M. Nau de Champlouis ; on y a successivement décerné, après avoir entendu les divers rapporteurs, des encouragements aux bestiaux, aux instruments aratoires, à la culture maraîchère, aux fruits, à la floriculture, aux engrais et à l'industrie séricicole.

Le 25, M. le directeur Fleurot nous a conduits au Jardin des plantes, où sous sa complaisante indication nous avons pu apprécier chacune des parties de ce bel établissement qui jouit en France et à l'étranger d'une réputation si bien méritée.

Le 26, enfin, nous sommes montés à la tour de l'Observatoire, accompagnés de son directeur M. A. Perrey (1) qui nous y a fait admirer le magnifique panorama qui se déroulait sous nos yeux, en nous signalant *Cham-*

_____

(1) Membre correspondant de notre Société.

bertin, le *clos Vougeot*, et les principaux vignobles de la Côte-d'Or.

Le théâtre avait été rouvert en notre intention et un brillant concert fut donné pendant notre séjour, par la Société philharmonique, au profit de la souscription pour ériger un monument à Lesueur.

Non-seulement l'administration municipale de Dijon nous avait réservé un accueil empressé dans tous les établissements publics, mais encore elle avait voulu prendre une louable initiative en se chargeant des dépenses nécessitées par la tenue de nos séances.

De son côté le Conseil général de la Côte-d'Or, alors en session, s'est empressé de voter une somme de six cents francs pour compléter les frais d'impression des travaux du Congrès, auquel il a attaché une grande importance.

Les adhésions avaient été plus nombreuses qu'aux précédents Congrès et le département de la *Côte-d'Or* en fournissait plus de la moitié ; Maine et Loire venait immédiatement après pour un dixième (1). Notre Société fondatrice figurait sur la liste générale par l'indication de vingt-cinq de ses membres (2).

(1) *L'Yonne* pour un vingtième; *Saône et Loire* pour un trentième; ensuite l'*Allier*, les *Bouches-du-Rhône*, la *Gironde*, l'*Isère*, le *Jura*, le *Rhône*, le *Tarn-et-Garonne*, le *Vaucluse;* et enfin chacun pour une adhésion les départements de l'*Ain*, du *Calvados*, du *Doubs*, du *Gard*, de l'*Hérault*, d'*Indre-et-Loire*, du *Lot-et-Garonne*, de la *Mayenne*, de la *Meuse*, de la *Moselle*, du *Puy-de-Dôme*, de la *Seine* et du *Var*.

(2) Membres honoraires MM. de Caumont, comte Odart, Roux. — Correspondants, MM. J. Bonnet, Demerméty, des Colombiers, Lannes, Pellicot, Perrey, Puvis, Reynier, docteur Vallot — Titulaires, MM. Fleury-Roussel, Guillory aîné, I. Guynoiseau, Leclerc-Guillory, A. Leroy, A. Lesourd-Delisle, Pachaut, Sébille-Auger, Varannes et Vibert.

Ainsi que cela s'était déjà pratiqué dans des circonstances analogues, M. le secrétaire-général Delarue avait
eu la prévoyance de retenir au même hôtel des logements
pour tous les étrangers. Aussi nos repas se faisaient-ils
en commun, autant que les fréquentes invitations en
ville pouvaient le permettre, et les relations de tous les
instants, qui résultaient de ce rapprochement, contri-
buaient puissamment à établir, entre les œnologues
venus de divers contrées, des liens intimes qui se resser-
reront de plus en plus, par suite des pensées communes
qui les préoccupent.

La session close, il fallait se résigner à interrompre de
si douces relations, il fallait quitter l'ancienne capitale
de la Bourgogne qui avait été si hospitalière pour nous ;
renoncer aux charmantes promenades au parc de Lenôtre,
à la délicieuse et fertile campagne qui entoure Dijon et à
la contemplation des riches côteaux qui produisent les
vins si renommés. C'est alors que chacun se donnait
rendez-vous pour l'an prochain, dans la ville de Lyon,
où cette fois encore, nous l'espérons, un accueil de franche confraternité est réservé à notre Congrès ; là, des
excursions non moins intéressantes aux principaux crus
des côtes du Rhône, viendront nous rappeler les visites
des vignobles du Bordelais, de la Provence et de l'Anjou ;
là aussi les nombreux œnologues et pomologistes de ces
belles contrées, qui jusqu'à ce jour, n'ont pu se joindre
à nous, veulent bien nous promettre leur concours et
viendront compléter la famille vigneronne. Ainsi les
instants de la séparation étaient charmés par les élans
de l'espérance, et chacun de nous, au moment de quitter
la ville qui nous avait si gracieusement accueillis, son—

geait avec bonheur à la réunion nouvelle, dont cependant nous séparait encore une année tout entière

Avant de nous séparer à Dijon, M. Delarue m'a chargé de vous faire hommage en son nom, de son *Essai sur la statistique vinicole de la Côte-d'Or* et de son rapport au Conseil municipal de Dijon *sur la conversion du droit d'octroi par tête sur les bestiaux en droit au poids;* M. le d^r Bonnet , de Besançon, m'a remis dans la même intention son volumineux *Manuel d'agriculture à l'usage de la Franche-Comté;* M. Aubergier père, de Clermont-Ferrand, sa *Nouvelle méthode de vinification;* et enfin notre collègue, M. Reynier d'Avignon, son *Mémoire sur la culture de la patate.*

L'an dernier, je vous signalais (1) la curieuse distribution du lait, faite par les vaches, les ânesses et les chèvres elles-mêmes, dans les villes de *Marseille, Toulon* et *Hyères;* cette fois, je dois appeler votre attention sur les précautions prises par l'administration municipale de *Dijon,* pour garantir à ses concitoyens la pureté du lait qu'ils consomment.

Les agents de la police sont toujours nantis de lactomètres très simples, au moyen desquels ils s'assurent dans les pots des laitières que ce précieux aliment est apporté en ville dans son état naturel. S'ils aperçoivent la moindre sophistication dans le lait, il est aussitôt répandu par eux dans le ruisseau.

Dans les premiers temps où ces mesures furent adoptées, il fallut sévir fréquemment ; mais actuellement, les laitières, sachant par expérience qu'elles sont exposées

(1) Rapport sur les Congrès de Marseille, Nîmes et Milan.

à perdre leur marchandise, ne s'y hasardent que très rarement ; il en résulte que, depuis plusieurs années, on consomme de très bon lait à *Dijon*, par suite de ces mesures de précaution qui n'ont occasionné que des frais insignifiants.

Je crois devoir, en terminant ce rapport, vous citer ici, Messieurs, bien qu'elle contienne quelque chose de personnellement flatteur pour votre délégué, l'appréciation qu'a faite en peu de mots du Congrès, un journal quotidien de la capitale.

« Les plus curieuses questions y ont été débattues avec beaucoup de soin. C'était plaisir d'entendre ces hommes, les uns jeunes et ardents, les autres vénérables par leur âge et leur longue expérience, discuter avec chaleur parfois, mais toujours avec une exquise politesse et je ne sais quoi de fraternel, même dans les dissentiments les plus prononcés. M. le comte Odart, le doyen et l'une des gloires de la viticulture française, était président d'honneur. M. Guillory aîné, d'Angers, le père des Congrès de vignerons ; M. Puvis, à qui d'utiles travaux agronomiques ont fait un nom très honoré, présidaient les sections avec une aménité de formes et une lucidité de parole remarquables. » (*Le Constitutionnel* du 2 septembre 1845.)

RÉSUMÉ DES SÉANCES GÉNÉRALES

DE

LA QUATRIÈME SESSION DU CONGRÈS DE VIGNERONS FRANÇAIS,

Tenue à Dijon en août 1845.

————

PREMIÈRE SÉANCE GÉNÉRALE DU 20 AOUT.

C'est au palais des Etats, mis sans réserve par l'administration municipale de Dijon à la disposition du Congrès, dans la belle salle de la Société philharmonique,
que la session a été ouverte à neuf heures du matin, sous
la présidence provisoire de M. Nau de Champlouis, pair
de France et préfet de la Côte-d'Or, assisté de Messieurs
les membres de la commission directrice.

M. le président provisoire a prononcé un discours
plein de convenance et de goût. Il a fait ressortir tout
d'abord combien avait été heureuse et féconde la pensée
qui avait fait naître et grandir cette institution dans notre
patrie. Il s'est livré ensuite au développement du cadre
des travaux indiqués par le programme, et s'est principalement arrêté sur l'importance de la culture de la vigne
et de ses produits dans la Côte-d'Or. Il a terminé en appelant sur cette matière les savantes discussions de l'assemblée, où devaient s'échanger au profit de tous les
lumières de chacun de ses membres, et où, par un heureux privilége, l'expérience double ses richesses en les
partageant.

M. le secrétaire-général ayant ensuite donné lecture
du programme, M. le président provisoire a invité la

réunion à procéder à la formation de son bureau définitif.

M. le comte Odart (1), ainsi que cela avait eu lieu déjà aux Congrès d'Angers et de Bordeaux, fut nommé par acclamation *président honoraire*, et le dépouillement des divers scrutins donna le résultat suivant :

M. Nau de Champlouis, président.

M. Détourbet, de Dijon (2), ⎫ vice-présidents.
M. Reynier, d'Avignon (3), ⎭

M. de Vergnette-Lamotte, de Beaune (4), ⎫ vice-secrét.
M. Cazalis-Allut, de Montpellier (5), ⎭

MM. Delarue, secrétaire-général, et Fleurot, trésorier, complétant le bureau définitif, M. Nau de Champlouis engagea les membres qui le composaient à venir se constituer au bureau.

Alors M. Delarue communiqua la correspondance, et fit connaître les divers documents adressés au Congrès, et qui furent immédiatement renvoyés aux sections qu'ils concernaient.

M. le président ayant, après cette opération, accordé la parole à votre délégué, je fis au Congrès une communication dont voici la teneur :

« Messieurs,

» La Société industrielle d'Angers, en nous déléguant près de vous pour la troisième fois, nous a chargé de vous renouveler l'expression de sa vive sympathie pour

(1) Membre honoraire de notre Société.
(2) Correspondant de la Société royale et centrale d'agriculture.
(3) Membre correspondant de notre Société.
(4) Ancien élève de l'Ecole polytechnique.
(5) Secrétaire de la Société d'agriculture de l'Hérault, l'un des œnologues qui les premiers ont encouragé notre institution.

cette création dont elle suit les heureux résultats. Elle compte avec intérêt les services que cette institution a déjà rendus, et elle a foi dans ceux qu'elle est appelée à rendre, en réunissant chaque année les hommes spéciaux, tous animés d'une même pensée, tous voulant *l'amélioration de l'industrie vinicole par le progrès de la culture de la vigne et le perfectionnement de la fabrication du vin.*

» Nos quatre premières sessions, tenues à chacune des extrémités de notre région viticole, constituent déjà un fait important, en mettant dès à présent l'œnologue en mesure de faire pour ainsi dire la statistique de quatre sections importantes de nos vignobles. Nos prochaines sessions fourniront sans doute des éléments non moins intéressants sur nos vignobles du centre, et les Congrès de vignerons français auront ainsi réalisé dans un avenir peu éloigné l'une des causes les plus efficaces du progrès de l'œnologie en France.

» Vous vous rappelez, Messieurs, que l'Allemagne nous a devancés dans cette voie, et qu'aussi chaque année nous avions l'habitude de vous énumérer les principaux faits consignés dans les actes des Congrès des vignerons allemands. Cette fois nous avons le regret de ne pouvoir accomplir la même tâche, faute d'avoir reçu le compte-rendu du Congrès de 1844, qui a dû se tenir à *Durckheim*, dans la Bavière rhénane ; comme nous l'attendions non seulement de Durckheim, mais encore de Mayence et de Strasbourg, d'où nos correspondants nous l'avaient fait espérer, nous avons lieu de croire qu'il n'est point encore publié (1).

(1) M. Ant. Humann, membre honoraire de la Société industrielle, à Mayence (Hesse Darmstadt), qui, par ses renseignements et

» Si l'*Allemagne* nous a devancés dans cette voie de progrès, l'*Italie* paraît devoir nous y suivre avec zèle, ainsi que le prouve le manifeste du cinquième Congrès scientifique italien, tenu à Lucques, en 1843, et dans lequel la section d'agronomie et de technologie déclarait que *dorénavant dans tous les Congrès italiens, elle usera de toute son influence pour exciter les propriétaires à adopter les meilleures méthodes de vinification, et elle mettra tout son zèle à mériter le titre de protectrice de l'œnologie en Italie.* Des mesures étaient prescrites par

ses conseils aussi empressés que bienveillants, a tant contribué à nous faciliter la création en France des Congrès de vignerons, dont il avait pu apprécier les heureux résultats de l'autre côté du Rhin, M. A. Humann, dis-je, nous a appris par sa lettre du 30 octobre dernier, en nous annonçant l'envoi du protocole du Congrès de Durckheim en 1844, « que le dernier Congrès de vignerons allemands s'est tenu à *Fribourg*, dans le pays de Bade, et que la ville de *Bingen* à six lieues de Mayence a été désignée pour le Congrès de 1846. »

M. A. Humann ajoute que ce compte-rendu contient des documents intéressants qui nous fourniront en outre la preuve que nos travaux en agriculture et surtout en œnologie, qui sont signalés à plusieurs reprises dans cet ouvrage, sont appréciés en Allemagne.....

M. Rodolphe Christmann, secrétaire-général du Congrès de Durckheim, vient aussi de nous en remettre le compte-rendu, qui paraît tout récemment publié, et nous écrit « que le Congrès de cette année a dû avoir lieu du 6 au 10 octobre à *Fribourg*. dans le grand-duché de Bade; et qu'à cause de la culture toute spéciale de la vigne dans cette contrée, ainsi que du voisinage de la Suisse et de l'Alsace, il n'aura pas manqué assurément d'offrir le plus grand intérêt..... »

Enfin notre zélé correspondant, M. Ottmann père de Strasbourg, nous a également transmis le même protocole du Congrès de Durckheim, dont nous aurons soin de porter la traduction au Congrès de *Lyon*.

— 288 —

ce manifeste pour avoir une idée juste et précise de l'état où se trouve l'œnologie dans cette contrée, en recueillant le plus grand nombre de notions statistiques sur la quantité et la qualité des vins que l'on y récolte. La même section du sixième Congrès qui a eu lieu en 1844, à Milan, a également pris des dispositions pour atteindre le but proposé. Ce mouvement de progrès est efficacement secondé par plusieurs sociétés du royaume de Sardaigne, parmi lesquelles nous avons remarqué l'Académie royale d'agriculture de Turin et les Sociétés d'agriculture de Chambéry et de Cagliari (1). L'Illyrie et l'Italie centrale font aussi des efforts qui tendent au même but; le marquis C. Ridolfi, qu'on est sûr de rencontrer toujours au premier rang, lorsqu'il s'agit de concourir au progrès de quelqu'une des branches de l'économie rurale, a exécuté dans ses vignobles de Meleto des améliorations dont les résultats se font déjà apprécier.

» L'Allemagne vinicole est aujourd'hui préoccupée d'un fait important; la méthode de fermentation indiquée par Justus Liébig, essayée avec succès par le baron de Babo, devra nécessairement par une discussion approfondie nous

(1) Le Congrès général de l'Association agricole du royaume de Sardaigne, qui a eu lieu à Annecy (Piémont) en 1845, a décerné pour encourager la viticulture une *médaille d'or* au propriétaire de vingt-deux journaux de vigne, dont l'état prospère ne laisse rien à désirer; une *médaille de vermeil*, pour avoir fait miner et planter à grands frais seize journaux et pour y avoir planté un nouveau cépage, dit plan de Dôle; une *médaille d'argent*, pour un établissement coûteux de deux journaux et demi de vigne, et enfin une *mention honorable*; plus pour l'œnologie, une *médaille d'or* pour la champanisation des vins blancs et clairets de Seyssel; une *médaille de vermeil* et une *médaille d'argent*, pour améliorations importantes dans la qualité des vins.

conduire à quelques améliorations importantes dans les procédés anciens.

» Si les travaux de notre Congrès ont attiré l'attention des viticulteurs en France, ils ont aussi été appréciés avec non moins de faveur à l'étranger. C'est ainsi que M. le baron de Babo, fondateur des Congrès de vignerons allemands, nous a adressé l'an dernier à Marseille des témoignages de sympathie, qui nous avaient aussi été exprimés par le président du Congrès de Trèves et par le secrétaire-général de celui de Durckheim. MM. A. Humann, président de la Société d'horticulture de Mayence, et le comte de Colloredo–Mensfeld, président de celle d'agriculture de Vienne, nous ont également adressé des félicitations, auxquels s'est joint M. le marquis Ridolfi, de Florence.

» Depuis cette époque, le Congrès de Milan a accueilli avec intérêt les Actes de nos premiers Congrès de vignerons français, sur lesquels il s'est fait rédiger un rapport. L'Association agricole de Turin, ainsi que le Répertoire d'agriculture du docteur Ragazzoni de la même ville, font de fréquents emprunts à nos Actes, et la Société d'économie rurale de Cagliari, qui avait témoigné le désir de posséder nos publications, nous a fait connaître depuis, toute l'importance qu'elle y attachait.

» Enfin le 20 juin dernier, M. le baron de Babo nous a adressé une lettre dont nous croyons devoir traduire ici littéralement les principaux passages :

« ..... C'est un remarquable phénomène de notre époque que des hommes de différentes nations reconnaissent, aujourd'hui plus que jamais, un lien commun dont la science les entoure. Ils se rapprochent de plus en plus et ils sentent la puissance d'un monde, lequel non divisé en nationalités particulières, réunit tous les hommes dans le

19

perfectionnement commun de leur savoir et dans la recherche des expériences réciproques. Le rapprochement
des agriculteurs français et allemands doit être considéré
comme la conséquence de ce phénomène, et nos efforts
ont donné à ce rapprochement une puissante impulsion.

» ..... Nos efforts pour le progrès de l'agriculture
offrent un double intérêt, car d'une part ils tendent à l'u-
tilité publique, et de l'autre ils nous conduisent nous-
mêmes à pénétrer plus d'un secret de la nature; c'est ce
qui les rend si attrayants pour un homme éclairé. Puisse
le ciel les favoriser toujours !.... »

» Ainsi, Messieurs, c'est en persévérant dans la voie
qui nous a été tracée par les précédents Congrès que nous
atteindrons progressivement le but que s'est proposé la
Société industrielle d'Angers, en important dans notre
patrie les Congrès de vignerons ; grâce aux hommes éminents qui à Bordeaux et à Marseille, ainsi qu'ils l'avaient
fait à Angers, sont venus y apporter leur zélé concours,
ils exercent déjà une heureuse influence sur notre industrie vinicole. »

Après cette communication accueillie avec bienveillance, M. le président proposa au nom de la Commission
directrice de réduire à *deux* les séances générales, qui
d'après l'article onze du programme devaient être *quotidiennes*.

Votre délégué fut appelé à motiver ce changement,
qu'il appuya principalement sur ce qui se passait d'analogue dans les Congrès de vignerons allemands et les Congrès scientifiques italiens, et il eut la satisfaction de voir,
après une lumineuse discussion, accueillir cette innovation qui a produit immédiatement ses résultats.

Il fut en conséquence convenu que la division en sections ne serait pour ainsi dire que fictive, et que chacun sans avoir besoin de se faire inscrire assisterait à leurs séances ; mais il fut entendu que sous la direction de bureaux différents, nommés en séance générale, on ne s'occuperait dans ces réunions spéciales que des sujets qui devaient en ressortir, que la section de *viticulture* se réunirait le matin, et celle d'*œnologie* l'après-midi de chaque jour.

On dut s'occuper dès-lors de l'organisation de ces sections et voici comment furent formés leurs bureaux après plusieurs scrutins :

PREMIÈRE SECTION. — *Viticulture.*

Président : M. Puvis, de l'Ain (1).

Vice-président : M. le docteur Bonnet, de Besançon (2).

Secrétaires : MM. { Prosper Lannes, de Moissac (3).
Sauzey, de Lyon (4).

DEUXIÈME SECTION. — *Œnologie.*

Président : M. Guillory aîné, votre délégué.

Vice-président : M. Poulet de Nuits, de Beaune (5).

(1) Membre correspondant de notre Société, qui par ses intelligents exemples et ses consciencieux écrits a rendu de signalés services aux diverses branches de notre économie rurale. Membre de l'Institut de France et du Conseil supérieur de l'agriculture, M. Puvis est devenu l'un des membres les plus éminents de nos congrès scientifiques de France ; il fut vice-président du bureau général aux sessions de Strasbourg et d'Angers, et président de la section d'agriculture au congrès de Nîmes.

(2) Professeur de la chaire d'agriculture du Doubs.

(3) Correspondant de notre Société.

(4) Correspondant de la Société royale et centrale d'agriculture ; président de la Société royale d'agriculture de Lyon.

(5) Négociant, président de l'Union vinicole de l'arrondissement de Beaune.

Secrétaires : MM. { Louis Leclerc, de Paris (1).
{ James Demontry, de Dijon (2).

L'ordre du jour pour les séances des sections ayant été indiqué pour sept heures du matin et deux heures du soir, cette première réunion fut close à une heure après midi.

SÉANCES DES SECTIONS.

Les sections se réunirent aussi dans l'antique palais des États de Bourgogne, mais dans la salle élégante et commode du conseil municipal, disposée pour les recevoir.

PREMIÈRE SECTION. — *Viticulture.*

SÉANCE DU 21 AOUT.

Présidence de M. PUVIS.

On s'occupe d'abord de la formation de plusieurs commissions.

MM. de Vergnette-Lamotte, Delarue, Dr Bonnet, Cazalis–Allut et Mollerat (3), prennent part à la discussion de la première question du programme de cette section,

(1) Chef d'institution et œnologue distingué.
(2) Propriétaire de vignobles à la Côte.
(3) Membre de l'Académie de Dijon et du comité d'agriculture de la Côte-d'Or, ce vénérable et savant chimiste a rendu d'importants services à sa patrie, en perfectionnant l'extraction de l'acide pyroligneux du bois, la fabrication du verdet et du sucre de fécule de pomme de terre. M. Mollerat a malheureusement peu écrit; en 1808 il fit à l'Institut de France, trois communications qui furent soumises à l'appréciation de Berthollet, Fourcroy et Vauquelin. Ces rapporteurs rendirent justice aux découvertes scientifiques du chimiste bourguignon.

qui est relative au choix et à la préparation des terres.

La lecture d'un remarquable mémoire de M. de Vergnette, fait connaître la description géologique exacte des terrains propres à la culture de la vigne, et indique les zônes où les diverses variétés peuvent être produites.

La deuxième question fournit à MM. le commandant Piérard, de Verdun (1), de Vergnette, Demerméty, Delarue, Sauzey, Cazalis et Molin de Beaune (2), l'occasion de traiter des divers cépages, de leur rajeunissement par le provignage et de l'époque à laquelle le vin de jeunes vignes acquiert de la qualité.

Sur la troisième question, MM. le Dr Bonnet, Demerméty, Puvis, le comte Odart, Gréa, Reynier, L. Leclerc, Detourbet, Marion (3), Cazalis et Varembey, se livrent à de curieux débats à propos du mode de propagation par le moyen des semis, déjà traité à chaque session, et citent encore de nouveaux faits à l'appui de leurs opinions.

———

Le 22. Il n'y a pas eu de séance à cause de l'excursion au clos Vougeot.

———

SÉANCE DU 23 AOUT.

On passe à la seconde partie de la troisième question.

M. Odart remarque que la distance entre les ceps ne peut être fixée d'une manière invariable, et il compare à ce sujet le plus ou moins de vigueur des souches dans le nord ou dans le midi.

(1) Ancien élève de l'École polytechnique, correspondant de la société royale et centrale d'agriculture.
(2) Membre du conseil général de la Côte-d'Or.
(3) Président du comice de Genlis.

M. Reynier rappelle la discussion sur la question des semis, et MM. Puvis, Gaulin (1), Demerméty, Marion et Odart, le suivent de nouveau dans cette voie.

La discussion étant reprise sur la dernière partie de la question, M. Sauzey développe les procédés de plantage dans le *Beaujolais*, et M. Delarue fait connaître ceux usités dans la *Côte-d'Or*.

M. Bourgeois donne des renseignements sur la culture de la vigne dans l'arrondissement de *Salins*.

MM. Cazalis, Piérard, Bourgeois, Poulet, de Vergnette et Puvis, reviennent sur l'espacement des plants, et examinent la profondeur à laquelle il convient de les mettre dans le sol ou de les provigner.

On passe à la discussion de l'article 4, sur les diverses influences de la taille et l'exigence à cet égard de plusieurs cépages. MM. Bourgeois, Odart, Cazalis, Molin et Sauzey, l'envisagent sous le point de vue de la longueur du bois laissé.

M. Demerméty pense que la taille ne doit pas être pratiquée près de l'œil, et qu'il ne faut pas couper en rond, mais en biseau.

Une discussion s'engage sur les divers instruments qui servent à la taille de la vigne, et il en résulte que la serpette est le plus usité dans la *Côte-d'Or*.

MM. Cazalis, Puvis, Reynier, Grapin et Poulet, examinent les avantages et les inconvénients du sécateur, dont l'emploi est ensuite recommandé par le Congrès, comme étant le plus avantageux sous le rapport de la facilité et de la rapidité du travail.

(1) Ancien élève de l'École polytechnique, membre du conseil général de la Côte-d'Or.

On arrive à la cinquième question, traitant spécialement de la culture de la vigne.

M. Demerméty dit qu'en Bourgogne on donne généralement quatre façons. MM. Poulet, Molin et Puvis,
discutent l'opportunité de la quatrième façon.

Suivant M. Cazalis, on commence en *Languedoc* à se
servir de l'araire pour préparer les terrains, en place de
la charrue sans versoirs.

M. Odart fait connaître la culture du *Médoc*, qu'il
regarde comme la plus intelligente et la plus économique
qu'il connaisse.

MM. Cazalis, Lannes, Dr Bonnet et Odart, examinent
l'emploi de la charrue sous le point de vue de l'économie.

MM. Gaulin et Michon, pensent que dans la *Bourgogne* et les vignobles où le provignage est usité, il n'est
guère possible d'adopter l'usage de la charrue sans inconvénient.

M. Reynier a déposé sur le bureau sept grappes de
raisins divers, dont deux très mûres, mais un peu altérées
par le voyage, de Madelaine blanche de semis, l'une à
grains oblongs peu serrés, obtenue par M. Vibert d'Angers (1); l'autre à grains ronds et serrés, obtenue par
M. Jacques.

La Madelaine-Vibert a mûri dix jours avant le Joua-
nen du Vaucluse et lui est supérieure en qualité. Cette
année, d'après M. Reynier, la maturité du raisin est en
retard au moins de quinze jours.

(1) Notre digne collègue, qui, par des essais persévérants et éclairés
par la physiologie végétale, est parvenu au moyen de croisement dans
la fécondation, à obtenir par des semis plusieurs variétés de raisins
remarquables à plus d'un titre.

M. Piérard considère que la culture de la vigne, indiquée par M. Demerméty, est la même à peu près que celle usitée à *Verdun*; il entre à ce sujet dans des détails très circonstanciés sur les diverses façons, la multiplication et le provignage.

M. Sauzey, parlant de la culture suivie dans quelques communes du *Lyonnais*, signale l'usage de lier un pampre de vigne à celui du pied voisin, ce qui forme un berceau le long de la vigne.

M. Puvis dit qu'en *Franche-Comté*, on se sert peu d'échalas; on lie ensemble les sommités de quatre souches.

M. L. Leclerc, craignant de ne pouvoir rester à la séance générale de clôture, obtient la parole pour la lecture de son rapport sur le voyage à *Vougeot*.

Les ravages de la pyrale, dont le clos Vougeot avait tant eu à souffrir pendant plusieurs années, amenèrent tout naturellement les préoccupations de l'assemblée sur ce dangereux insecte.

M. Sauzey en avait fait une étude approfondie; chacun le savait, aussi fut-il invité à communiquer le résultat de son expérience à cet égard.

Commençant par faire connaître l'histoire naturelle de la pyrale, M. Sauzey l'a suivie pas à pas dans ses diverses métamorphoses, et la description vraiment pittoresque qu'il en a donnée a vivement intéressé.

Puis, passant aux moyens de destruction, il a signalé tous ceux tentés à diverses reprises, depuis l'abbé Roberjot en 1787, jusqu'à Victor Audoin en 1837. Les moyens de destruction conseillés par ce jeune savant s'étant trouvés insuffisants et trop coûteux, il a fallu continuer les essais.

Désormais, a ajouté M. Sauzey, grâce à la découverte de M. Raclet, nos efforts pour la destruction de la pyrale ne seront plus impuissants, et nous pourrons, au moyen de l'eau bouillante, combattre ce redoutable insecte jusqu'à sa complète disparition. Un ferblantier de Mâcon construit un appareil léger, non coûteux et consommant peu de combustible, et dans lequel cinq à six litres d'eau, se convertissant en vapeur, suffisent à l'échaudage de deux cents ceps.

La vapeur pénètre sous l'écorce du cep, dissout la gomme du réseau soyeux dans lequel l'insecte est renfermé, et lui donne instantanément la mort, sans qu'il en résulte le moindre inconvénient pour la vitalité du cep qui, loin d'avoir souffert, présente l'année suivante une végétation plus vigoureuse.

Pendant cette séance, on fit passer sous les yeux des membres du Congrès d'autres insectes nuisibles à la vigne, et principalement, celui connu sous le nom d'*Ecrivain*, *Gribouri* ou *Eumolpe*, dont on avait également vu les traces linéaires sur les grains de raisins et les feuilles de plusieurs ceps au clos Vougeot.

On affirme qu'on peut détruire complétement l'Ecrivain en déposant de petits tas de bouffe de chanvre plus ou moins rapprochés, selon le besoin, et recouverts de paille pour en éloigner l'humidité. Les Ecrivains vont chercher un abri contre les froids, pendant l'hiver, dans ces retraites qu'ils croient sûres; et quand le printemps arrive, on n'a d'autre soin à prendre que d'enlever ces tas soigneusement et de les brûler.

On demande qu'on s'occupe immédiatement de fixer le lieu et la date de la prochaine session du Congrès. M. le président fait observer que cet objet serait plus convenablement traité dans la séance générale de clôture ; mais que pour se conformer au désir de l'assemblée, il va ouvrir la discussion sur ce sujet.

M. Demerméty fait ressortir les efforts tentés en Allemagne pour améliorer l'industrie vinicole et signale les progrès déjà réalisés dans cette contrée, qui, moins favorisée que nous sous le rapport du climat, veut suppléer à cette infériorité par le perfectionnement de la culture et de la fabrication du vin. Il conclut de là que c'est de ce côté que nous pouvons seulement espérer des enseignements fructueux, et propose de choisir le lieu où sera tenu la cinquième session sur les bords du Rhin.

M. Guillory dit que la Société d'agriculture de Lyon, a seule demandé que la prochaine session se tînt dans ses murs, et que cette ville réunissant toutes les conditions qu'on peut désirer pour la bonne organisation du Congrès, on doit sans hésiter la désigner. Il y aurait suivant lui un grave inconvénient à choisir un lieu qui n'aurait pas demandé le Congrès et où rien ne serait préparé pour sa réussite. Il ajoute que suivant toute probabilité, le prochain Congrès scientifique devant se tenir à *Marseille*, ce serait un motif de plus pour que le Congrès de vignerons en fût peu éloigné, ces deux institutions devant se prêter un mutuel appui.

M. L. Leclerc appuie la proposition de transporter le nouveau Congrès sur les bords du Rhin, et offre dans ce cas ses bons offices pour le préparer, auprès des œnologues alsaciens, avec lesquels il est en relation.

M. Reynier vote pour la ville de Lyon, qui dans une position centrale devra réunir les œnologues des divers points de la France et surtout ceux des bords du Rhône, qui n'ont pas encore pu prendre part au travaux du Congrès.

MM. Varembey, Gaulin, Piérard, Detourbet et Delarue, insistent pour les bords du Rhin et indiquent de nouvelles considérations à l'appui de leur opinion.

M. Guillory revient sur les inconvénients qui pourraient résulter, dans l'avenir, du choix d'un lieu qui n'aurait témoigné aucune sympathie pour le Congrès, au détriment de ceux qui le sollicitent de tous leurs vœux. Cependant, dans le cas où l'on se déciderait pour les bords du Rhin, il proposerait de choisir la ville de *Mulhouse* et de charger le Société industrielle alsacienne de l'organisation, offrant alors d'appuyer la décision du Congrès auprès de cette Société dont il a l'honneur d'être membre correspondant depuis 1830.

M. L. Leclerc, étant aussi affilié à la Société industrielle de *Mulhouse*, offre également ses bons offices et insiste pour qu'on la choisisse immédiatement.

M. Guillory, revenant sur ses précédents arguments, demande avec instance qu'on fixe la prochaine session à *Lyon*, et qu'on s'occupe à l'avance de préparer celle de 1847 sur les bords du Rhin.

La discussion se continue entre les mêmes membres et MM. Odart, Sauzey, Cazalis, Lannes, et Poillevey (1).

M. Isidore Rose, délégué de la Société d'agriculture de

(1) Président du comice agricole de Poligny.

Tonnerre, déclare qu'il a mission de solliciter la tenue d'une des prochaines sessions du Congrès, dans cette ville, qui par sa position sur les confins de la Champagne et de la Bourgogne, offrirait toutes chances de succès à cette réunion qui est vivement désirée.

La ville de *Lyon* est désignée à une faible majorité, la minorité ayant opté pour celle de *Mulhouse;* il est convenu que le vote définitif sera ajourné à la séance du soir de la deuxième section, chacun devra en être prévenu.

On reprend ensuite l'examen du programme. L'ébourgeonnement et l'effeuillage, sous le rapport de leur influence sur la grosseur et la maturité des raisins, fournissent à MM. Odart, Lannes, Cazalis, Piérard, Reynier, Demerméty et Aubergier, de Clermont-Ferrand, l'occasion de faire connaître leur opinion, motivée sur des faits à cet égard.

Nos ampélographes ont ensuite décrit les divers cépages cultivés par eux. Cette question a été traitée sous toutes les faces et on a vu que la vigne modifie ses productions avec le climat sous lequel elle vit; que là, telle variété donne d'excellents résultats, et qu'ailleurs cette même variété ne conduit qu'à des déceptions.

D'excellents renseignements sur les cépages et la synonymie ont été fournis par eux. Le *Pinot-gris,* connu sous beaucoup de noms en France même, a été justement apprécié pour ses excellents produits. Le *Gamet* a trouvé quelques partisans pour son inconcevable fertilité, qu'on ne peut comparer qu'à celle fabuleuse de l'*Aramon* dans le Midi; mais il a été bien reconnu aussi que la richesse du sol exerçait une grande influence sur cette énorme production. Le *Plant-Malin,* nouvellement introduit dans les cultures, a été recommandé sous le double rapport de la bonté et de l'abondance de ses produits. Le *Liverdun* a paru réunir aussi les mêmes avantages. Le *Pinot-Noir* a été justement considéré dans des contrées diverses comme l'un des cépages du plus grand mérite, tant sous le rapport de la qualité du vin qu'il produit que sous celui de sa précocité.

Les raisins de table ont aussi donné lieu à d'intéressantes communications, et chacun a senti la nécessité d'améliorer cette partie de notre horticulture par les semis et par la recherche en tous lieux des meilleures espèces.

SÉANCE DU 26 AOUT.

M. Mollerat prouve la nécessité de connaître la nature des engrais propres à la vigne.

M. Joigneaux, de Beaune, entre dans d'intéressants détails sur chacun de ceux qu'on peut fabriquer et sur leurs effets respectifs.

M. Delarue pense que les engrais azotés, tout en augmentant les produits, peuvent les dénaturer en soumettant la plante à l'action d'agent nutritifs qu'elle ne peut s'assimiler.

M. Cazalis dit que, chez lui, les vins ne perdent rien de leur qualité par l'usage des engrais azotés ; il cite diverses expériences.

M. Mollerat croit que dans tous les terrains siliceux les engrais azotés peuvent être employés.

M. de Vergnette considère leur emploi comme plus dangereux en *Bourgogne*, à cause de la trop grande quantité de ferment qu'ils tendent à développer.

M. Puvis pense que le fumier de vache peut être employé sans inconvénient sur certains sols attendu que cet engrais contient beaucoup de potasse.

M. Lannes parle des engrais végétaux en usage dans le canton de Moissac.

Ce sujet a vivement préoccupé l'assemblée, et une controverse des plus intéressantes en est résultée. Les engrais étaient rejetés, proscrits rigoureusement par les uns ; les autres soutenaient que leur emploi était sans danger dans certains sols ; d'autres enfin assuraient que leur terrain exigeait des engrais mixtes.

On revient ensuite sur les diverses façons qu'exige la vigne.

M. Guillory lit à ce sujet un mémoire sur la substitution des pieux et du fil de fer aux échalas, substitution par lui tentée dans son coteau de la *Roche-aux-Moines*.

Il parle de l'innovation de M. André Michaux, qui a adressé au Congrès son mémoire ayant pour titre *Plus d'échalas*, et de l'excellent rapport de M. Poiteau qui l'a fortement recommandée à la Société royale d'horticulture. Il passe successivement en revue les essais de ce genre tentés d'après M. Ragazzoni au commencement du siècle en *Lombardie* et en *Toscane ;* ceux de M. Clerc, de *Châtillon-sur-Seine*, qui a publié en 1825 un ouvrage couronné par la Société royale et centrale d'agriculture ; surtout une notice de M. le comte de Machéco, publiée en 1838 dans le *Cultivateur*, et qui lui a donné l'idée de cette innovation, dont il n'a jusqu'à présent qu'à se louer.

M. Puvis parle d'expériences de même nature faites en *Franche-Comté*, et de la propagation de cette méthode dans les houblonnières.

M. Cazalis donne d'intéressants détails sur les pratiques

méridionales et sur les moyens tentés pour économiser les échalas.

D'autres membres fournissent aussi des renseignements d'où il résulte que les avantages de cette suppression ne sont point encore assez évidents pour s'y arrêter (1).

M. de Vergnette donne lecture des passages de son mémoire qui se rattachent le plus à chacune des questions pratiques ; ils sont toujours écoutés avec une attention soutenue, et l'impression entière du mémoire dont toutes les parties se rattachent les unes aux autres, est adoptée.

M. Lannes traite du rajeunissement de la vigne, dans sa contrée.

M. le président annonce la clôture des travaux de la section.

DEUXIÈME SECTION. — *OEnologie.*

SÉANCE DU 20 AOUT.

Présidence de M. GUILLORY AINÉ.

Une discussion animée s'engage dès l'ouverture de la séance sur la question des bans de vendange, qu'on considère comme devant exercer dans beaucoup de contrées

_____

(1) M. Cornesse, curé de Champagne-sur-Vingeanne, indique un procédé expérimenté avec succès par lui depuis plusieurs années. Quand les pampres ont fait paraître tous leurs fruits, il les coupe en laissant une seule feuille sur le raisin, et ralentit l'ascension de la sève, qui à l'instant se répartit sur les feuilles, les raisins et le bois restants. Huit jours après, au plus, le bouton voisin de la feuille, laissé sur le raisin, part et rétablit le mouvement ascensionnel de la sève, et lorsqu'il a acquis de 15 à 18 centimètres d'élévation, il le retranche, laissant toutefois deux feuilles à la base, qui suffisent avec la troisième, mentionnée déjà, pour couvrir le raisin,

une influence sur la fabrication du vin. Une commission composée de MM. Odart, Puvis, docteur Bonnet et Genret est chargée d'étudier cette question.

Les observations météorologiques ayant été aussi envisagées comme étant d'une grande importance pour déterminer les lois selon lesquelles les raisins acquièrent un plus haut point de maturité ; MM. Gaulin, de Vergnette, Perrey, Sauzey et Delarue, ont été désignés pour rechercher par quels moyens on pourrait généraliser les observations de ce genre.

M. de Vergnette donne lecture de la partie de son mémoire qui a pour but de fournir les moyens de constater, par des observations rigoureuses, l'état de maturité d'un vignoble.

CARACTÈRES DE MATURITÉ DU RAISIN.

« Le pédoncule de la grappe est brun et dur, le grain, d'un noir bleu mat, se détache facilement de son petit pédoncule, qui reste violet ; le duvet qui le recouvre est persistant ; en écrasant le grain, les dernières gouttes du liquide sortent légèrement rosées ; le pepin est d'un vert foncé ; en broyant la pellicule entre les doigts, on la trouve mince, et elle colore la peau d'une manière assez prononcée. Dans quelques années privilégiées, on obtient des grains légèrement passerillés, ou figués, grains qui ont achevé leur maturation sous l'influence de la chaleur et de la sécheresse, et qui ont un goût de cuit caractéristique.

» Le grain moins mûr conserve autour de son pédoncule une teinte rouge, tandis qu'à la partie opposée, il présente la couleur noire du grain en parfaite maturité ; placée entre l'œil de l'observateur et la lumière, la partie inférieure de la grume est opaque, le sommet est transparent, et laisse arriver à l'œil une couleur réfractée d'un rouge brun; on aperçoit les pepins à travers la pellicule du grain. Le suc est moins sucré, plus acide, plus blanc, le pepin est plus tendre, d'un vert plus clair, et il est dépourvu du petit point brun qui, dans le raisin mûr, adhère au sommet de l'enveloppe charnue du pepin.

» Dans le raisin qui commence seulement à mêler, la couleur du grain est rouge-brun à la partie inférieure, et verte à l'entour du pédoncule ; à peine présente-t-il sur une de ses faces le petit reflet gorge-pigeon qui indique le côté exposé à la lumière. La transparence de la grume est complète; placé entre l'œil et le jour, le pepin fait ombre, et l'on suit, à travers la pellicule, les fibres du parenchyme et de la cellule; pressé entre les doigts, le grain est plus dur, les pepins sortent vivement et en une seule masse de leur enveloppe, en adhérant fortement au parenchyme qui les entoure ; il y a, proportionnellement à ce qui s'observe dans le raisin mûr, une moindre quantité de liquide, et ce liquide est très-acide ; la pellicule est épaisse, très-fibreuse, et ne donne point par la pression un liquide coloré. Enfin, le pepin est d'un vert tendre; le pédoncule, que le grain laisse à la grappe, reste vert; la grappe elle-même est verte, et n'a point, à son pédoncule, la couleur brune et la dureté que l'on observe dans la grappe du raisin mûr.

» Cette distinction établie, si, sur dix grains pris au hasard dans un raisin, moitié en dessus et moitié en dessous de la grappe, il s'en trouve plus de cinq qui présentent les caractères précités d'une maturité complète, et moins de cinq ayant tous les indices d'une demi-maturité, je dirai que le raisin soumis à cette examen est *mûr*.

» Si le nombre des grains mi-mûrs l'emporte sur celui des grains mûrs, le raisin sera classé comme *mi-mûr*.

» Si, dans le même nombre de grains pris au hasard, dans les mêmes circonstances que plus haut, nous trouvons plus de grains mi-mûrs que de grains commençant seulement à mêler, nous aurons un raisin *mêlé*.

» Enfin, si le nombre de grains qui mêlent dépasse le nombre de grains mi-mûrs, nous aurons un raisin *vert*.

» Comment, d'après ces données, constater, par des observations rigoureuses, l'état de maturité d'un vignoble ?

» En s'arrêtant au hasard à un cep quelconque de la vigne dont vous voulez soumettre la maturation à vos essais, vous prenez, de la manière que je l'ai décrit, dix grains, à chaque raisin, et, sur l'examen que vous en faites, vous le classez dans l'une des catégories que j'ai établies ; vous agissez de même sur le cep voisin, et ainsi de suite, en opérant toujours sur des ceps contigus, jusqu'à ce que votre observation ait porté sur dix sujets.

» On répétera ces observations dans trois parties distinctes d'un même vignoble ; et quand, par le dépouillement des notes que vous aurez consignées à chaque fois, vous constaterez que le nombre des raisins mûrs dépasse le nombre des raisins mi-mûrs, et qu'il n'existe plus sur les ceps de raisins mêlés ou verts, alors vous serez dans des conditions favorables pour vendanger, et il y aurait imprudence à vouloir obtenir mieux, surtout si la saison est avancée ; car les pluies et le froid qui peuvent survenir auraient vite altéré la cellule du grain, modifié la composition du suc, et nul doute qu'un retard mal raisonné ne compromette, dans ce cas, la réussite de la récolte.

» Cette manière de procéder à la visite des vignes paraîira longue et minutieuse, mais je la crois la seule positive et rationnelle ; et une heure ou deux passées, le crayon à la main, au pied de quelques centaines de ceps, nous apprendront plus sur l'état de maturité du fruit, que des journées entières employées à parcourir, dans tous les sens, mais trop *rapidement*, les vignobles de la Côte.

» On concevra facilement qu'il faut soumettre aux essais dont je propose l'expérimentation les vignes de la plaine, les vignes des grands crus, celles des montagnes ; enfin, on aura égard à la nature du terrain ; et l'on distinguera les sous-sols calcaires des sous-sols d'alluvions ou de marnes, la maturation marchant chaque année d'une manière différente dans chacune de ces classes. »

M. Demerméty dit que la cueillette doit se faire, autant que possible, par un temps sec ; un raisin mûr cesse de l'être lorsqu'il a reçu une pluie froide, et quelquefois il lui faut plusieurs jours de beau temps pour revenir à son état de complète maturité.

La question de l'égrappage est vivement controversée, selon la variété du vin à obtenir, la nature du raisin, son degré de maturité, et enfin celle du terrain.

M. de Vergnette signale les avantages que présentent les pressoirs modernes, qu'on perfectionne journellement et auxquels on peut cependant reprocher les trop fréquentes et trop coûteuses réparations qu'ils nécessitent encore.

Séance du 21 août.

Les investigations se portent tout d'abord sur les diverses méthodes de vendanger, de fouler le raisin et les instruments propres à les écraser, qui laissent beaucoup à désirer. MM. Demerméty, Odart, Puvis, Poilevet et Cazalis, font tour à tour connaître les pratiques des divers vignobles. Le foulage avec le pied de l'homme paraît le plus expéditif et le plus économique.

Une commission de dégustation est chargée d'apprécier le mérite des vins adressés au Congrès. Cette commission est formée par MM. Detourbet, Varembey, Odart, Mollerat, Lannes, L. Leclerc, Sauzey, Puvis, Jeanniar, de Nuits, Piérard, de Berru (1), Demerméty, Ouvrard (2) et Aubergier.

L'article du programme, relatif à l'addition des plâtres et autres ingrédients dans les vendanges, donne lieu à d'intéressants débats.

M. Cazalis dit qu'on l'emploie avec succès dans les gros vins de *Provence* et de *Languedoc*. — M. Sauzey parle aussi de l'usage avantageux qu'on en a fait dans le *Beaujolais*.

M. Mollerat cherche à définir l'action de cet agent, auquel on ne peut encore attribuer un rôle exact.

M. Aubergier émet également son opinion à ce sujet.

M. Varembey assure que l'usage du plâtre est resté inconnu en *Bourgogne*.

M. L. Leclerc lit un passage de la brochure de M. Versépuy, de Riom, qui en a fait le sujet d'une étude spéciale.

Quant aux alcools, plusieurs membres préconisent leur emploi dans les vins de médiocre qualité.

Le 22, il n'y a pas eu de séance à cause de l'excursion au clos Vougeot.

---

(1) Délégué de la Société d'agriculture de Tonnerre.
(2) Membre du Conseil général de la Côte-d'Or.

M. Varembey indique les conditions que doit réunir une cuverie, pour que la fermentation s'y opère convenablement. Elle doit être bien close, couverte d'une voûte ou d'un plancher plafonné et exposée de préférence au midi.

MM. Odart, Cazalis, Aubergier, Puvis et Delarue, parlent des divers systèmes de cuve et sont d'accord sur ce fait : que leur capacité ne doit pas dépasser la cueillette de la journée.

M. Sauzey cite un propriétaire qui, voulant utiliser une tour de son château, l'avait fait soigneusement enduire pour qu'elle pût lui servir de vaste cuve. Malgré les précautions prises, cette cuve de nouvelle espèce avait toujours laissé écouler le liquide, ce qu'il attribuait à la pression énorme que les parois avaient à supporter.

On discute beaucoup sur la fermentation à vase clos ou à vase ouvert et l'on reconnaît que chacun des procédés, dans l'état actuel de nos connaissances, a ses avantages et ses inconvénients.

M. de Vergnette lit un travail sur la fermentation des cuves, dans lequel il tend à compléter tout ce que la science a fait jusqu'à ce jour sur une des questions les plus difficiles de la chimie organique appliquée.

Il a fréquemment observé dans la partie supérieure, qu'on nomme *chapeau* de vendange, la formation rapide de myriades de vers qui ne dépassent jamais trois ou quatre centimètres d'épaisseur. Si au lieu d'enlever soigneusement tout ce qui recèle cette affreuse population, on la plonge dans la masse par le foulage, elle communique au liquide une saveur putride.

D'après son expérience, M. de Vergnette conseille de remplacer tous les appareils de fermeture par un couvercle en bois léger, percé de trous, laissant quelque inter-valle entre ses bords et ceux de la cuve, et appliqué sur le marc immédiatement après l'encuvage, sans rien changer à cette disposition donnée au marc jusqu'au moment du foulage. Alors il faut enlever soigneusement la partie supérieure du chapeau, sur une épaisseur de cinq à dix centimètres.

M. Delarue indique un couvercle en trois parties, en usage chez plusieurs propriétaires des environs de Dijon.

La durée de la fermentation et la coloration du vin, donnent lieu à de curieuses observations de sa part.

A propos du décuvage, aujourd'hui soumis au tact particulier et à la grande habitude des vignerons, ou chez quelques propriétaires à l'emploi du gleuco-œnomètre, M. Delarue conseille de se servir des *sphères à décuvage* de M. de Vergnette. Ce petit appareil, qu'il met sous les yeux de la section, est à la portée de tous par son prix et sa simplicité, qui permet au simple manœuvre ne sachant ni lire ni écrire d'en obtenir des résultats toujours satis-faisants.

MM. Odart, Cazalis, Sauzey, Aubergier, Marey-Monge, de Nuits (1) et Poilevet, discutent sur les divers procédés de fermentation et de décuvage, qui paraissent encore présenter de graves inconvénients et laissent champ aux améliorations.

SÉANCE DU 24 AOUT.

La grande question, la question du sucrage des vins, est à l'ordre du jour.

(1) Négociant, ancien élève de l'École polytechnique.

M. Mollerat rappelle l'initiative prise par Chaptal, qui le premier a conseillé l'amélioration des vins par l'addition du sucre.

Il entre ensuite dans les détails les plus circonstanciés et les plus intéressants sur les expériences continuées pendant plus de huit années, par suite desquelles il a été amené à reconnaître la parfaite identité du *sucre de fécule de pomme de terre* avec *le sucre contenu dans le raisin*. Ainsi, la matière sucrée de la pomme de terre contient les principes du vin, moins l'eau, le ferment et le tannin.

M. Mollerat est parvenu à faire avec ces divers éléments une liqueur imitant le vin de *Xérès*.

Aussi, comme Chaptal, a-t-il conseillé dans les mauvaises années, lorsque la nature a refusé aux raisins la quantité de sucre nécessaire pour produire de bon vin, d'y suppléer par l'art, au moyen d'un sucre identique.

M. L. Leclerc combat vivement cette pratique, qui suivant lui, a déconsidéré les vins de Bourgogne à l'étranger et même à *Paris*; il conjure le Congrès de flétrir une innovation qui a conduit ce vignoble à l'état de crise dans lequel il se trouve actuellement, faute du placement de ses vins. Il dit que vainement la science se vante de faire du *Xérès* avec de l'eau, du sucre et des poudres quelconques, qu'il n'y a de *Xérès* possible que celui qui est fait à Xérès par les vignerons, Dieu aidant.

M. Mollerat répond que ce n'est pas le sucrage des vins qui a perdu leur réputation, mais bien l'abus qu'on en a fait; qu'il l'avait seulement recommandé dans les années défavorables, en prescrivant la dose convenable de sucre très pur et parfaitement fabriqué pour rétablir la bonne densité du moût, en l'employant avec des précautions indispensables ; que loin de là, on a sucré à tort et à travers, dans les bonnes comme dans les mauvaises années : les mauvais vins pour les rendre bons, les bons pour les rendre meilleurs.

M. de Vergnette dit, qu'à tort ou à raison, le sucrage a porté atteinte à la haute réputation de la *Bourgogne*, qu'on lui attribue les maladies plus fréquentes des vins et la préférence accordée à des vins avec lesquels ses produits marchaient de pair autrefois.

M. Mollerat reconnaît que par suite du peu d'attention avec lequel on a chauffé, au moyen de poëles, les cuveries et les celliers, il est notoirement connu qu'on a détérioré fréquemment les vins en leur faisant subir une chaleur démesurée.

M. Poulet, de Nuits, reconnaît qu'on a fait abus du sucrage. Il croit, dans l'intérêt de la Côte-d'Or, devoir appeler une réaction ; il ajoute qu'il s'est formé à *Baune*, une association de propriétaires et de négociants qui a entrepris d'atteindre un but aussi désirable.

M. Sauzey fait connaître l'amélioration qu'a apportée le sucrage dans les vins du *Beaujolais*, qui avant n'étaient consommés que sur les lieux de production, tandis qu'aujourd'hui ils concourent à l'approvisionnement de la ville de Lyon.

M. L. Leclerc blâme de nouveau le sucrage et toute introduction artificielle de substance quelle qu'elle soit dans le vin.

M. Varembey parle des motifs qui doivent justifier l'emploi du sucre et des conditions qu'il nécessite.

M. Poulet, par les considérations qu'il a déjà énoncées, sollicite le Congrès de déconsidérer le sucrage.

M. Delarue blâme l'emploi du sucre dans les vins des

grands crus de la Côte-d'Or. Cette opération, très rarement bien faite, dit-il, a conduit à des mécomptes. Il entre à ce sujet dans des considérations sur son influence dans la formation du bouquet des vins, sur la fermentation artificielle qui se trouve totalement changée par l'addition du sucre. Cependant il croit, avec le savant Liébig, qu'en ajoutant un principe sucré dans un moût de mauvaise qualité, c'est, scientifiquement parlant, une véritable amélioration qui n'implique sous aucun rapport l'idée de fraude.

La discussion continue jusqu'à la fin de la séance, entre MM. Mollerat, Varembey, Marey-Monge, Sausey, de Vergnette et Poulet.

SÉANCE DU 25 AOUT.

M. le président résume le débat qui a eu lieu dans la première section, pour la fixation de la tenue de la cinquième session du Congrès.

M. Demerméty reproduit son opinion en faveur des bords du Rhin.

M. Sauzey assure le Congrès de l'empressement et de la vive sympathie avec lesquels il serait aecueilli dans la ville de *Lyon*.

Plusieurs membres prennent successivement la parole pour et contre ces deux avis; enfin la discussion étant close, le scrutin donne une grande majorité en faveur de *Lyon*, qui est par conséquent désigné pour siége du Congrès de 1846.

M. Reynier propose d'ajouter à l'avenir aux deux sections existantes, une troisième section qui s'occuperait exclusivement de la culture des arbres fruitiers. Il déve-

loppe longuement sa proposition, qui est fortement appuyée par M. L. Leclerc.

M. le président dit qu'en Allemagne, où les Congrès
de vignerons ont pris naissance, cette troisième section a
toujours existé sous le titre de section de *Pomologie* ; il
fait connaître les motifs qui ont causé l'ajournement de
cette mesure, dont il appelle de tous ses vœux l'adoption,
comme complément de l'institution.

Quelques observations sont encore échangées et la proposition de M. Reynier est admise à l'unanimité.

M. Isidore Rose communique un mémoire rempli des
plus curieux renseignements sur le sucrage des vins.
Avant de se livrer à la champanisation, il a entrepris de
lointaines pérégrinations. Il a voulu étudier par lui-même
les procédés de vinification des vins les plus renommés.
M. Rose parle principalement des vignobles des îles de la
Grèce et de la *Sicile*, surtout de ceux de *Marsalla*. Ces
vins sont exploités par les Anglais, et la consommation qui
se faisait autrefois dans le pays de production, a été propagée de nos jours par nos intelligents rivaux, en Angleterre, dans le Nord, aux États-Unis et même en France
où ils remplacent les vins de Madère.

Les Anglais, en s'emparant de l'exploitation de ce commerce, ont formé plusieurs établissements importants sur
les lieux ; ils y font subir au vin une préparation dont ils
gardent le secret.

M. Isidore Rose a été accueilli à Marsalla par le chef de
l'un de leurs établissements, et il s'y est assuré que sans
l'addition du sucre et de l'alcool, le commerce ne serait
jamais parvenu à procurer aux vins de cette contrée leur
important débouché (1).

(1) D'après M. Miège, ancien consul-général de France à *Malte*,

Il passe ensuite à la fabrication des vins champanisés, dont il indique les procédés, qui sont modifiés suivant le goût des consommateurs. On les faits corsés pour les Indes, l'Angleterre, le Nord et la Russie ; plus légers pour une partie de l'Allemagne, l'Italie et une portion de la France. Il conclut de ces faits que l'addition du sucre pratiquée rationnellement peut dans bien des cas réellement améliorer les produits des vignobles et leur ouvrir des débouchés.

Une nouvelle discussion a lieu sur cette question, qui se trouve ainsi étudiée sous tous ses aspects.

M. Poulet parle de la champanisation des vins de *Bourgogne* et des causes qui l'ont fait abandonner ; il entre dans des détails sur cette importante industrie.

M. Isidore Rose ajoute de nouveaux renseignements sur cet objet, et captive toujours vivement l'intérêt.

M. Delarue parle du rôle que joue le tannin dans la champanisation.

SÉANCE DU 26 AOUT.

L'enquête du programme est reprise sur les vases vinaires en bois ou en maçonnerie, et leur influence sur la qualité des vins.

On donne la préférence aux vases vinaires en bois.

A propos de la conservation des vins et de leurs maladies, MM. Poulet, Marey et Odart font connaître des procédés pour les rétablir.

M. Delarue s'occupe des vins qui refusent de s'éclaircir

---

le commerce anglais recueille annuellement un bénéfice de 2,550,000 francs dans ce commerce qu'il a su se créer au détriment des indigènes.

et que ne font qu'altérer des collages réitérés ; c'est, suivant lui, que dans ce cas ils ne contiennent pas assez de tannin et on y supplée avec succès au moyen d'une faible addition de poudre de cachou.

MM. Demerméty et Varembey parlent sur le même sujet.

M. le président appelle l'attention sur les nouveaux procédés de fermentation recommandés en Allemagne par Justus Liébig (1) ; après les avoir décrits succinctement, il témoigne de son désir de voir étudier avec maturité une innovation accréditée au-delà du Rhin par des autorités compétentes.

M. Puvis dit qu'en Franche-Comté, on fait quelquefois aussi subir dans des bassins plats, sur des surfaces très étendues et à découvert, la fermentation aux vins blancs ; mais qu'il n'a pas connaissance qu'on l'ait essayée sur les vins rouges.

MM. Varembey, Odart, Delarue, Mollerat et de Vergnette, prennent part à la discussion qui a lieu sur cet intéressant sujet, à propos duquel on provoque l'expérience de tous les œnologues.

M. le président dit que M. Sébille-Auger (2) indiqua dans un remarquable mémoire qu'il lut à la première session du Congrès, un procédé pratiqué par lui depuis plusieurs années et qui a beaucoup d'analogie avec le précédent. Quelques viticulteurs de Maine et Loire l'emploient depuis et s'en trouvent bien.

M. L. Leclerc lit le passage des Actes du Congrès, dans lequel est énoncée l'indication de M. Sébille-Auger. Il

(1) *Lettres sur la chimie.*
(2) Secrétaire général du premier Congrès, décédé le 24 septembre 1845.

présente ensuite une savante dissertation sur les vins du Rhin.

M. Delarue donne de curieux éclaircissements sur la matière colorante des vins, matière qui provient de deux principes, l'un jaune et l'autre bleu. Il traite également ex professo *du bouquet*, celui surtout des vins de la Côte-d'Or, bouquet inimitable jusqu'à ce jour et dans lequel réside principalement la réputation de ces vins.

M. L. Leclerc traite aussi du bouquet et de l'arôme dont il établit la distinction.

Ces belles études ont agréablement préoccupé l'assemblée, en permettant d'espérer la solution d'intéressants problêmes.

M. le président communique le rapport sur les travaux œnologiques de la Société industrielle d'Angers ; en appelant l'attention du Congrès sur ce document, il fait remarquer que c'est le seul qui soit parvenu en conformité de l'instruction adressée par le programme aux Sociétés des départements. Il insiste vivement sur l'utilité de ces communications qui permettraient ainsi au Congrès de centraliser les travaux d'œnologie, entrepris sur les divers points de notre région viticole.

Cette opinion étant partagée, il a été décidé qu'on ne négligerait rien pour provoquer de pareilles communications.

M. L. Leclerc, rapporteur de la commission de dégustation, fait connaître que malgré ses longues séances quotidiennes, ses travaux sont à peine terminés et que le rapport ne pouvant être prêt en ce moment, il se propose de le transmettre plus tard au bureau permanent, ce qui est approuvé (1).

(1) Parmi plus de cinquante espèces de vin dégustées par la com-

M. Demerméty communique la traduction d'un mémoire en allemand, sur l'œnologie, qu'il a reçu du baron
de Babo.

On revient ensuite sur diverses matières déjà traitées et
qui comportaient de nouveaux développements, après
quoi M. le président clôt les travaux de la section.

DEUXIÈME SÉANCE GÉNÉRALE DU 26 AOUT.

Présidence de M. NAU de CHAMPLOUIS, Préfet de la Côte-d'Or.

Comme à la première séance générale, MM. le comte
Odart, Détourbet, Reynier, Delarue, de Vergnette, Cazalis et Fleurot sont au bureau.

M. le président ayant ouvert à deux heures de l'après-
midi la séance, accorde la parole à M. le secrétaire-général Delarue, qui fait le résumé des travaux de la session.
Ce résumé aussi concis que lucide est accueilli avec un
intérêt soutenu. Après avoir remercié de leur appui,
M. le Préfet, l'administration municipale et ses collègues,
M. Delarue s'exprime ainsi : « Que MM. les étrangers à
la localité veuillent bien être certains que jamais nous
n'oublierons les rapports qui viennent de s'établir entre
nous ; qu'ils soient sûrs que nous avons su apprécier leur
dévouement et surtout les documents qu'ils nous ont
communiqués. »

M. Gaulin, rapporteur de la commission de météoro-
logie, indique les services que cette science est appelée à
rendre à l'œnologie et le secours qu'on peut dès à présent
en tirer ; il fait connaître avec quelle certitude la météoro-

mission, un vin sec, éminemment tonique, de *Château-Châlon*,
âgé de 50 à 60 ans, apporté par M. Sauria de Poligny, a excité un
enthousiasme universel. (*Sentinelle du Jura*, du 4 septembre 1845.)

logie concourt à déterminer à l'avance les circonstances et l'époque de la parfaite maturité du raisin. M. le rapporteur recherche ensuite par quel moyen on pourrait vulgariser les observations météorologiques, afin de les mettre à la portée des viticulteurs.

M. Sauzey rend compte dans un rapport substantiel, des visites faites au Jardin botanique et aux établissements publics de la ville de Dijon ; il accorde de justes éloges à la bonne direction de ce jardin dont l'importante collection de vignes a fixé l'attention. Créée au printemps de 1834, la collection du jardin de Dijon acquit dès-lors un accroissement rapide. Les vignes y sont disposées en presque totalité sur une butte ou monticule avec inclinaison à l'exposition du sud, par contrées, et par départements pour celles des vignobles de la France (1). Il fait ressortir aussi le mérite des autres établissements visités.

Ce membre adresse au nom des étrangers venus au Congrès, leurs adieux et leurs remerciements pour l'accueil gracieux qu'ils ont reçu à Dijon : il s'acquitte avec effusion de cette tâche vis-à-vis de l'administration, des deux Sociétés savantes et des œnologues dijonais. Ses chaleureuses paroles sont accueillies avec acclamation.

M. le comte Odart prenant ensuite la parole, exprime sa vive gratitude des témoignages d'estime et de sympathie avec lesquels il a été accueilli dans le Congrès depuis sa fondation ; il dit que son âge avancé lui faisant craindre de ne pouvoir se rendre aux prochaines sessions, il tient à faire connaître à ses collègues combien il a été touché

(1) L'éloignement de la remarquable collection que M. Demerméty a formée chez lui à Pontaillé, avec un zèle et une persévérance bien louables, et sur une plus large échelle qu'au jardin botanique, ne nous a pas permis, à notre grand regret, de la visiter.

des distinctions dont il a été l'objet parmi eux et combien le souvenir qu'il en garde est précieux pour lui.

Le rapport de M. L. Leclerc sur l'excursion au clos Vougeot ayant été lu dans une séance de la section d'œnologie est déposé sur le bureau.

Cette excursion qui présentait un vif intérêt aux étrangers, les a mis à lieu de bien connaître et de pouvoir apprécier un vignoble justement renommé. Les bâtiments d'exploitation, la vigne et le vin, ont tour à tour été soigneusement examinés, grâce aux soins empressés, aux renseignements et aux facilités de tous genres qui leur étaient donnés par son propriétaire, M. Ouvrard, membre du Congrès, qui par un accueil des plus gracieux et les charmes d'une hospitalité élégante, en rehaussait singulièrement le mérite.

Voici quelques extraits du rapport spirituel de M. Leclerc, qui du moins pourront faire apprécier le plus célèbre vignoble de la Bourgogne.....

« Entrez, vous êtes bien chez des vignerons ; voici le pressoir monacal, ou plutôt les quatre antiques pressoirs, énormes, grosses machines qui fonctionnent mieux, encore aujourd'hui, que le pressoir à grue laissé là par M. Tourton, comme unique trace de son passage. Six pièces, liées tant bien que mal, composent l'arbre de chacune de ces curieuses reliques.

» La cuverie forme un beau quadrilatère, à cour centrale, dont les galeries ont 30 mètres sur 10 de large, éclairées chacune par trois fenêtres élevées, donnant un demi-jour favorable ; 34 cuves de tailles différentes, y sont rangées en bataille derrière une centaine de foudres dont la contenance variable est un maximum de 12 pièces de 228 litres. Elles peuvent cuver à la fois 450 pièces.....

» Au clos, avant d'encuver, l'usage est de donner à la récolte un tour de pressoir.

» Deux celliers, l'un de 5 mètres en hauteur, l'autre de trois, peuvent recevoir 1,600 pièces. Ils ne sont point voûtés, mais le plafond est chargé de 66 centimètres de terre recouverte d'un carrelage. La lumière y est facilement réglée à l'aide de volets, et l'air atmosphérique introduit par de petites fenêtres à lancettes. De la sorte, les baromètres peuvent marquer 5 degrés centigrades en hiver, et 12 degrés en été. Il est reconnu que cet usage de varier et de régler la lumière et la température est excellent.....

» En quittant ces bienheureux, mais un peu obscurs séjours, l'œil est littéralement ébloui par une nappe de verdure éclatante, qui se déploie sur une surface de quarante-huit hectares : C'est le clos, c'est le champ sacré ! un magnifique vignoble, dominé à l'ouest par les crêtes arrondies et pelées qui forment le célèbre rameau détaché de la chaîne européenne, sous le nom significatif de Côte-d'Or. Au sud-est, la plaine s'incline doucement jusqu'aux rives de la Saône. Au nord et au sud, la vue charmée s'égare dans les ondulations lointaines et continues des plus riants vignobles, presque tous renommés.

» Voici la constitution du terrain, telle que notre jeune et savant collègue, M. de Vergnette-Lamotte, l'a résumée sur les lieux mêmes.

» Le clos Vougeot est partagé en deux portions à peu près égales, par une alluvion qui a dû s'y épancher d'une petite vallée supérieure, nommée l'*Entre-deux-Monts*. La partie nord offre un sous-sol calcaire compacte oolithique, paraissant appartenir au *Cornsbrash*. Le sol superposé de cinquante centimètres environ, est argilo-siliceux. La portion sud, formée des mêmes éléments,

21

présente une inclinaison au sud de la partie voisine de Vosne. Le centre, en face de l'Entre-deux-Monts, offre un sous-sol de galets anguleux, sous un mètre de terre argiloferrugineuse, à laquelle il est probable que les produits du clos doivent leur caractère distinctif. Reste une zône inférieure parallèle à la route, et qui s'étend sur toute la longueur, à deux cents mètres environ au-dessus du mur de clôture.

» Le clos est planté en Pinot noir. Le *Chardenet*, ou Pinot blanc, qui, il y a vingt ans, s'y trouvait dans la proportion d'un cinquième, a été successivement réduit au quinzième, et le sera au vingtième. Vous savez, Messieurs, que c'est ce noble plant qui donne le Montrachet, considéré par beaucoup d'œnophiles comme le premier vin blanc du monde. Enfin, 5 à 600 pieds de *Bureau*, ou Pinot gris, sont disséminés dans le vignoble.

» Le clos donne treize hectolitres par hectare, en moyenne, quantité inférieure à ce qui s'obtient dans la contrée. On ne fume point ; on apporte seulement quelques terres végétales et des marcs distillés, uniquement pour le provignage qui s'opère par vingtièmes. Le sol reçoit quatre façons, suivant l'usage de la Bourgogne.....

» Nos expériences ont porté sur cinq espèces de vins ; Chambertin blanc, Vougeot blanc, puis Vougeot rouge de 1840, de 1825 et de 1819. Dieu sait les fines observations, les remarques inattendues, les doctes discussions qui ont retenti dans la salle même où durent fonctionner jadis et souvent les révérends Pères ! Que vous dirai-je ? A chaque spécimen, les opinions se résumaient dans ce seul mot que Voltaire, dit-on, essayant de commenter l'œuvre principale de Racine, attachait à chaque vers de son illustre maître : *admirable* !..... »

M. le président Nau de Champlouis se levant, prend
une dernière fois la parole : après avoir félicité l'assemblée sur la manière dont elle a accompli sa tâche, sur
l'importance des travaux qu'elle a exécutés et sur les services que les enseignements qui sont sortis de son sein
sont appelés à rendre, il rappelle que la ville de Lyon a
été choisie alternativement par les deux sections pour la
tenue du Congrès de vignerons de 1846, après quoi il déclare la quatrième session close.

Nota. Parmi les ouvrages offerts au Congrès, on remarquait le Manuel du vigneron de M. Odart. — Le rapport
sur la destruction de la Pyrale, par M. Batilliat de Mâcon.
— L'essai sur la vinification du Jura, par M. Poilevey.
— Le Manuel d'agriculture de M. le docteur Bonnet de
Besançon et celui de chimie agricole de M. Joigneaux.

Extrait des procès-verbaux de la Société industrielle d'Angers.

SÉANCE DU 25 NOVEMBRE 1845.

. . . .

M. Guillory aîné, prenant la parole, rend compte des
travaux de la quatrième session du congrès des vignerons
français, réunis à Dijon, et à laquelle il a représenté la
Société industrielle. Son discours, plein d'intérêt, prouve
par des faits incontestables l'utilité et les services rendus
par les congrès de vignerons, dont la Société peut revendiquer avec un juste orgueil l'initiative, et dont elle poursuit activement le maintien et le progrès......

. . . . , ...

Correspondance. — M. le Ministre de l'agriculture et du commerce remercie de l'envoi du rapport sur le Congrès de vignerons de Dijon.

M. Nau de Champlouis, préfet de la Côte-d'Or, adresse la lettre suivante relative au même Congrès :

« Dijon le 26 janvier 1846.

» Monsieur le Président,

» Le prix que la Société industrielle d'Angers veut bien mettre à ma participation aux travaux du Congrès des vignerons français, réuni l'année dernière à Dijon, est bien au-dessus des faibles services que j'ai pu rendre dans cette circonstance.

» Je suis plus touché que je ne saurais le dire des remerciements que vous me faites l'honneur de m'adresser au nom de cette Société, et je vous prie de recevoir et de partager avec MM. vos collègues l'expression de ma reconnaissance pour un aussi bienveillant souvenir.

» C'est à moi, Monsieur, de me féliciter des excellentes relations que la réunion du Congrès des vignerons m'a offert l'occasion de former, et de l'esprit de sagesse, du sentiment profond de l'intérêt public, qui ont constamment régné au sein de cette assemblée.

» Votre influence et vos lumières y ont puissamment contribué, Monsieur le Président ; je suis heureux de le déclarer ici, et d'y joindre l'assurance de ma considération la plus distinguée.

» *Le pair de France, préfet de la Côte-d'Or,*

» De Champlouis. »

CONGRÈS

DE

VIGNERONS FRANÇAIS

CINQUIÈME SESSION TENUE A LYON

EN AOUT 1846.

DISPOSITIONS PRÉLIMINAIRES.

Extrait des procès-verbaux de la Société industrielle d'Angers.

SÉANCE DU 3 AOUT 1846.

. . . .

M. le docteur A. Potton, secrétaire-général de la cinquième session du Congrès des vignerons dont la réunion aura lieu le 20 août prochain, à Lyon, annonce l'envoi de la circulaire, du programme et des questions arrêtés par la commission d'organisation. Il donne à la Société fondatrice des détails sur tout ce qui a été fait et ce qu'on se propose de faire pour le succès de cette session, et dit qu'en cette circonstance, l'autorité a compris tout l'intérêt que doit offrir une pareille assemblée; que les étrangers qui s'y rendront trouveront dans la ville de Lyon, heureuse de les recevoir, l'hospitalité que méritent des hommes qui se dévouent à toute idée de progrès.

Il termine en insistant sur le concours que l'on attend du président de la Société industrielle pour mettre à bien cette œuvre utile, à l'institution de laquelle il a tant coopéré, rappelant que c'est à sa demande expresse que le Congrès de vignerons et de pomologistes doit se réunir à Lyon; que la Société d'agriculture de cette ville le charge d'une manière formelle de lui en exprimer ses remerciements.

La Société décide que la plus grande publicité sera donnée par elle aux documents imprimés relatifs à la cinquième session du Congrès de vignerons et de pomologistes.

. . . .

M. le président rappelle à l'assemblée qu'elle a remis à s'occuper dans cette séance de la désignation des délégués qui doivent la représenter aux divers Congrès auxquels elle a été invitée; il fait connaître que, malgré les avis qui en ont été donnés depuis plusieurs mois, aucun des membres de la Société n'a fait connaître l'intention de se rendre à ces réunions, mais qu'il est personnellement disposé à accepter, comme il l'a déjà fait plusieurs fois, les missions de cette nature qu'on voudra bien lui confier. Il ajoute que le chevalier Bertini a exprimé le désir de recevoir un mandat analogue près du Congrès italien de Gênes.

En conséquence MM. le chevalier Bertini, membre honoraire à Turin, Guillory aîné, président, et Gustave Guillory, membre de la Société; sont nommés députés au huitième Congrès scientifique italien.

MM. Guillory aîné et Gustave Guillory sont également délégués près de la cinquième session du Congrès de vignerons de Lyon, auquel ils sont chargés de porter les témoignages de sympathie et les vœux de la Société pour cette institution qu'elle a fondée, et qu'elle a suivie depuis avec un si paternel intérêt.

Les deux mêmes membres sont aussi invités à assister à Marseille à la quatorzième session du Congrès scientifique de France, comme représentants de la Société.

COMITÉ ORGANISATEUR

INSTITUÉ PAR LA SOCIÉTÉ D'AGRICULTURE SCIENCES ET ARTS UTILES DE LYON.

MM. Le conseiller SAUZAY, président ;
Le docteur POTTON, secrétaire-général ;
DUQUAIRE, trésorier ;
DE BENEVENT, propriétaire ;
SERINGE, directeur du Jardin des plantes ;
MULSANT, naturaliste, membre de l'académie ;
Le conseiller QUINSON ;
MOUCHON, pharmacien-chimiste.

RAPPORT

SUR

LA CINQUIÈME SESSION

DU CONGRÈS DE VIGNERONS FRANÇAIS,

Réuni à Lyon au mois d'août 1846,

PRÉSENTÉ

A la Société industrielle d'Angers et du département de Maine et Loire,

DANS SA SÉANCE DE RENTRÉE DU 17 NOVEMBRE 1846,

PAR SON PRÉSIDENT, DÉLÉGUÉ A CE CONGRÈS.

Messieurs,

Lorsqu'en 1842 nous vous proposâmes d'essayer l'importation en France des Congrès de vignerons, qui déjà en Allemagne rendaient de signalés services à l'industrie viticole, nous vous présagions alors que, si nous nous mettions hardiment à l'œuvre, nos efforts seraient couronnés de succès.

Vous eûtes foi dans l'avenir de cette institution, et vous vous empressâtes de la fonder, en appelant à votre aide les Sociétés et les hommes spéciaux à même d'en comprendre l'utilité. C'est ainsi que vous prîtes l'initiative.

Qu'en est-il résulté ? La mission que nous nous étions imposée a été comprise, et des résultats inespérés sont venus couronner notre patriotique entreprise.

Déjà cinq sessions ont vu se réunir nos œnologues les plus distingués, à Angers, Bordeaux, Marseille, Dijon et Lyon, où les leçons de la science et de la pratique sont venues alternativement apporter leur contingent de lumières à ce foyer commun.

Vous avez pu suivre pas à pas les progrès incessants de notre création, par les rapports annuels du délégué auquel vous avez chaque fois confié la mission flatteuse de seconder en votre nom les Sociétés agricoles, qui avaient bien voulu accepter la tâche d'organiser chacun de ces Congrès.

Encore chargé de vous représenter à la 'dernière réunion, je viens aujourd'hui m'acquitter d'un nouveau devoir en vous rendant compte du Congrès de vignerons qui a eu lieu avec tant d'éclat, dans la seconde ville du royaume.

A son arrivée à Lyon, votre délégué se mit immédiatement en relation avec M. le conseiller Sauzay, président, et M. le docteur Potton, secrétaire-général de la Commission d'organisation, dont l'accueil fut des plus gracieux.

Déjà, en 1845, je vous avais entretenus de M. Sauzay, qui avait pris une part active au Congrès de Dijon, membre et ancien président de la Société d'agriculture du Rhône, l'un des plus grands propriétaires de vignes du Beaujolais, aussi distingué par ses profondes connaissances que par son dévouement au progrès de l'agriculture, et qui s'est fait principalement remarquer par ses bons exemples pratiques, ses travaux sur l'œnologie, sur les insectes nuisibles à la vigne, sur l'industrie séricicole, etc.

M. le docteur Potton, membre aussi de la Société d'agriculture, et ancien président de la Société de médecine de Lyon, l'un des partisans les plus éclairés de la première de nos industries, s'est dévoué avec un zèle à toute épreuve, au progrès de la viticulture, à laquelle il s'est consacré corps et âme, dans cette mémorable circonstance, en organisant avec M. Sauzay ce Congrès d'une manière aussi éclatante.

Notre collègue M. Mulsant, secrétaire-archiviste de la Société d'agriculture, et président de la Société Linnéenne de Lyon, qui par ses travaux d'entomologie, s'est placé au rang le plus distingué de notre époque dans les sciences naturelles, faisait aussi partie de la Commission d'organisation du Congrès, et ne resta point en arrière de MM. Potton et Sauzay dans les charmantes relations qui se formèrent entre nous.

Quant à notre confrère, le savant botaniste M. Hénon, secrétaire-général de la Société d'agriculture, et avec lequel nous nous promettions aussi de bien agréables rapports, il venait de quitter Lyon, pour herboriser dans les Alpes.

M. L. Leclerc, de Paris, qui avait déjà pris une grande part au Congrès de Dijon, vint à celui de Lyon, avec la mission d'y représenter la Société royale d'horticulture de Paris, qui, pour la première fois, nous prêtait ainsi son appui. M. Leclerc, connu par des travaux d'économie, et voué par sympathie à plusieurs branches de notre agriculture, s'est surtout occupé d'œnologie, d'industrie sérigène et d'horticulture. Le zèle avec lequel il s'est voué depuis deux ans à notre institution, a contribué d'une manière efficace aux heureux résultats qu'on y a obtenus,

Deux autres de nos collègues, MM. de Caumont et Puvis, étaient aussi venus à notre rendez-vous, chacun de son côté. M. de Caumont, dont la carrière laborieuse est toujours si bien remplie, avait, chemin faisant, tenu un Congrès archéologique pendant trois jours à Autun, et une séance de même nature à Châlon-sur-Saône. Grâce au concours de M. Commarmond, il put aussi diriger deux séances archéologiques pendant notre séjour à Lyon, et aller ensuite assister aux Congrès de Marseille et de Gênes, qui ont dû clore cette année, pour ce savant dévoué, la série de réunions commencée aux Congrès archéologiques de Metz et Trèves, au Congrès central d'agriculture de Paris, à ceux de l'Association normande à Argentan, et des Sociétés académiques à Orléans.

M. Puvis, de l'Ain, dont la carrière tout entière a été consacrée au bien-être des agriculteurs et à la propagation des améliorations agricoles, que lui révèlent sa grande expérience, ses nombreux voyages et son esprit observateur, a par ses importantes publications, toutes empreintes d'une consciencieuse conviction, rendu d'immenses services à presque toutes les branches de notre économie rurale, et s'est ainsi placé au premier rang parmi les écrivains qui se vouent à la science agricole, dans laquelle son nom fait autorité.

M. Commarmond, dont je viens de prononcer le nom, et qui déjà en 1844 nous avait donné des témoignages de sympathie, s'est voué depuis longues années à l'étude de l'archéologie, dans laquelle il s'est fait connaître autant par la richesse de ses collections particulières, que par l'habile direction qu'il sait imprimer au Musée d'antiquités de la ville de Lyon. Habile et infatigable organisateur, il fut secrétaire-général du Congrès scientifique de Lyon en 1841.

Je fus enchanté de rencontrer à Lyon un compatriote qui par son mérite, s'y était fait une haute position. M. Bineau, de Doué, professeur à la Faculté des sciences, membre de l'Académie et de la Société d'agriculture, y jouit d'une considération que lui ont acquise son vaste savoir et l'aménité de son caractère. M. Bineau s'est e m-pressé d'apporter son concours à l'institution que vous avez fondée et à laquelle, par ce motif, il avait voué une confiante sympathie.

Les travaux du Congrès, conformément au programme, ont dû commencer le 20 août. C'est dans la brillante salle des fêtes de l'Hôtel-de-Ville, décorée avec un goût exquis et une richesse artistique, des chefs-d'œuvre de l'industrie lyonnaise, que se sont tenues les réunions.

La première séance générale fut consacrée principalement à l'organisation des bureaux. MM. Jayr, préfet du Rhône, pair de France, et Terme, maire de Lyon, membre de la chambre des députés, avaient accepté l'un et l'autre la présidence honoraire. Votre délégué dut encore à la sympathie qu'inspirait sa mission d'être élu président général. MM. Sauzay et de Bénévent, président du Comice agricole de Vaugneray, furent nommés vice-présidents. MM. Duquaire, membre de la Société d'agriculture, trésorier du Congrès, et le docteur Potton, secrétaire-général, complétaient le bureau général.

La première section dut être présidée par notre collègue, M. Puvis, qui l'année précédente, l'avait déjà dirigée avec tant de supériorité à Dijou.

La deuxième section le fut par MM. Coste, conseiller à la Cour royale, et le docteur Jourdan, professeur à la Fa-

culté des sciences, tous les deux membres de la Société
d'agriculture du Rhône. M. Louis Leclerc en fut secrétaire comme il l'avait aussi été à Dijon.

Quant à la troisième section qui devait fonctionner
pour la première fois, la présidence en fut confiée à
M. Seringe, professeur du Jardin botanique, à la faculté
des sciences, directeur et membre de la Société d'agriculture de Lyon. MM. Gillet de Valbreuse, amateur aussi
distingué qu'instruit et Hamon, d'Angers, l'un de nos
membres correspondants, en furent les vice-présidents.

La séance avait été ouverte par M. Sauzay, président
de la Commission d'organisation qui, dans le discours
suivant avait fait comprendre à ses auditeurs le but et le
mérite des Congrès de vignerons, la marche de cette institution, ses progrès constants, et les résultats qu'on devait attendre de cette nouvelle session :

« Messieurs,

» Egaré trop longtemps dans une route qui lui a presque toujours été funeste, l'esprit humain n'aspire désormais qu'à des luttes et à des conquêtes pacifiques. Naguère, les hommes ne se réunissaient que pour se ruer
les uns sur les autres, le fer et la flamme à la main : aujourd'hui, ils se rapprochent des contrées les plus lointaines, pour s'entendre, se communiquer leurs idées, les
résultats de leurs travaux, redresser leurs erreurs, et
chercher en paix les moyens d'arriver, sans secousses, à
l'amélioration du sort commun.

» Pour tout observateur sérieux, n'est-ce pas là, Messieurs, un fait grave, un fait immense ? Ne semble-t-il
pas ouvrir une ère nouvelle à la civilisation ? Et s'il se fit
longtemps attendre, ne nous dédommage-t-il pas du moins

par la grandeur et la rapidité de ses développements ? Il date à peine de quelques années, et déjà son influence prédomine partout : hommes et choses sont en progrès ; tout s'améliore dans les actes de la vie, tout s'agrandit dans les relations ; les cités s'embellissent, le territoire se sillonne de voies nouvelles, où chaque jour le génie dompte, assouplit et utilise quelqu'une des puissances de la nature au profit de l'humanité.

» Cette pensée si féconde, les Congrès en sont la vivante expression, comme les chemins de fer en sont la réalisation matérielle. Et l'agriculture, plus que toute autre branche de la fortune publique, devait s'en pénétrer ; car la tribune, qui a tout fait dans l'ordre social, et la presse, qui a si puissamment secondé l'élan de la science et de l'industrie, sont restées, jusqu'à ce jour, moins généreuses pour les travaux plus modestes, mais plus utiles peut-être du laboureur. Abandonné à lui-même, rien ne le mettait en communication avec les agriculteurs éminents des pays voisins ; leurs découvertes, leurs succès, leurs revers n'ont aucun retentissement pour lui ; il fallait absolument qu'il se déplaçât, qu'il se réunît à ses collaborateurs, qu'il les interrogeât, qu'il étudiât leurs méthodes, qu'il en comparât les résultats, sous peine de végéter éternellement dans les lenteurs d'une pratique enchaînée aux préjugés de la routine. Aussi les Congrès et les Comices agricoles se sont-ils rapidement et généralement établis.

» La vigne, par la richesse de ses produits, la variété de ses cépages, la diversité de ses cultures, des latitudes, des expositions, des sols où elle prospère, méritait une attention toute spéciale. Les Allemands, qui nous ont devancé sur tant d'autres points, l'ont compris les pre-

miers : dès 1839, ils se mettaient à l'œuvre et se formaient
en Congrès à Heidelberg, dans le grand-duché de Bade,
autour de ce tonneau fameux de 2192 hectolitres, dont
les romanciers et les poètes ont célébré le vin de cent
vingt ans. Ce fut une véritable fête nationale dont les
plus grands propriétaires, les savants, les magistrats et le
prince lui-même contribuèrent à rehausser l'éclat. Depuis lors, elle s'est renouvelée chaque année sans interruption : Mayence, Wurtzbourg, Manheim, et successivement toutes les capitales vinicoles de l'Allemagne, ont
réclamé et sollicitent encore l'honneur de devenir le siége
d'une session du *Congrès des vignerons*.

» La France pouvait-elle fermer les yeux sur les avantages que promettait, que réalisait une telle institution?
N'était-ce pas déjà trop pour elle de s'être laissé précéder
dans cette carrière? N'était-il pas évident pour tous que
la réunion périodique des principaux propriétaires, des
œnologues et des vignerons de la Bourgogne et de la
Champagne, du Bordelais et de la Provence, des bassins
de la Loire et du Rhône, et de tant d'autres coteaux consacrés exclusivement à la production du vin, donnerait
nécessairement une vive et salutaire impulsion à cette
partie, la plus riche sans contredit de notre économie rurale, surtout si, à l'exemple de nos sages et prudents voisins, nous savions nous tenir dans le cercle des questions
théoriques et pratiques, fermer la porte du Congrès à l'é-
conomie politique, et en bannir ces irritantes et intermi-
nables discussions de douanes et d'impôts, qui d'ailleurs
ont d'autres occasions, et une plus vaste enceinte pour se
produire?

» Mais pour féconder cette pensée, pour lui donner un
corps, lui imprimer la vie, encore fallait-il un homme de

valeur, de résolution, de persévérance, et dont l'amour
du bien public soutînt le courage contre les obstacles que
l'apathie des uns, et l'outrecuidance des autres, ne man-
queraient jamais de susciter aux dévouements les plus
éminemment utiles.

» Cet homme s'est rencontré en M. Guillory aîné,
président de la Société industrielle de Maine et Loire,
fondateur réel des Congrès de vignerons en France, à qui
revenait dès lors, de droit, l'honneur de présider la première session, tenue à Angers, en septembre 1842, et
dont le zèle n'a fait défaut à aucune des sessions suivantes.

» Depuis, Bordeaux, en 1843, Marseille en 1844, Dijon en 1845, ont été successivement le siége du Congrès
qui, à chaque session, a pris plus de développement et
d'importance, par le concours actif des propriétaires éclairés et des hommes le plus haut placés dans la science et
le commerce. Non que nous voulions accuser le pouvoir
d'indifférence pour cette œuvre utile, et lui faire le reproche que Xénophon adressait de son temps aux magistrats d'Athènes, qui, disait-il, « étaient si occupés à dis-
» tribuer des grâces aux hommes oisifs et puissants, qu'il
» ne leur restait pas le temps de penser à des citoyens
» utiles, mais ignorés. » Nous avons, au contraire, été
témoins, notamment à Dijon, de l'empressement des hauts
fonctionnaires à nous prêter leur appui bienveillant, dans
tout ce qui pouvait jeter quelque éclat sur le Congrès, et
le conduire à un résultat heureux.

» Mais ne nous faisons pas illusion; le pouvoir, qui
peut encourager le zèle, ne peut ni le commander, ni le
suppléer : c'est au nôtre, Messieurs, qu'est confié le dépôt
du Congrès ; et certes, Lyon, qui sait apprécier l'honneur

d'avoir été choisi pour le siége de la cinquième session,
Lyon, cité intelligente et positive, qui comprend que cette
institution importe au commerce autant qu'à l'agriculture, ne la laissera pas déchoir dans ses mains.

» Nous continuerons donc une œuvre si pleine d'intérêt, si riche d'avenir et si bien commencée. Nous la continuerons sous le patronage éclairé de M. le Maire, qui
n'est indifférent à aucune pensée utile, comme il n'est
étranger à aucune science, et qui nous témoigne de la
sympathie en installant le Congrès dans ses salons. Nous
la continuerons en regrettant l'absence du magistrat émi-
nent qui préside à l'administration départementale, que
tant et de si grandes affaires absorbent sans l'accabler,
mais qui, dans l'impossibilité de s'associer à nos travaux, comme il le désirait, a voulu du moins que son
nom fût inscrit le premier sur la liste des membres du
Congrès.

» Je m'arrête, Messieurs, car je ne dois pas consumer
en discours inutiles des moments qui vous sont comptés,
et qui vous permettront à peine d'effleurer les nombreuses
questions que le programme livre à la discussion. »

Le bureau général ayant été installé après les scrutins,
le président adressa des remerciements à l'assemblée,
et la correspondance fut dépouillée : MM. le baron de
Babo (1), fondateur des Congrès de vignerons et pomologistes allemands ; Berdez, président de la Société pour l'a-
mélioration de la culture de la vigne, à Lauzanne ;
le chevalier Mathieu Bonafous (2), de Turin ; Fazy-Pasteur (3), président de la classe d'agriculture à Genève ; le
sénateur Jacquemond (4), de Chambéry ; le colonel Pié-

(1) (2) (3) (4) Membres correspondants de la Société industrielle.

rard, de Verdun ; nos collègues, MM. le comte Odart,
Cazalis–Allut, docteur Baumes, Lannes, docteur P.–M.
Roux, docteur Bonnet, Boutard jeune, Ottmann père,
J. Bonnet, Pellicot et Regnier, témoignaient tous de leur
sympathie et s'excusaient de ne pouvoir venir prendre
part au Congrès.

La tenue, en même temps, du Congrès départemen-
tal d'agriculture de la Côte-d'Or, avait aussi empêché
MM. Delarue, Detourbet, de Vergnette-Lamotte, J. Dé-
montry, Marion, Malin, de se rendre à celui de Lyon
auquel ils avaient adhéré.

Votre délégué termina cette séance par la communication suivante qu'il fit en votre nom.

« Messieurs,

» Depuis cinq ans qu'existent les Congrès de vignerons, ils ont tour à tour siégé aux quatre coins de notre
région vinicole ; aussi la portée des services qu'ils sont
appelés à rendre dans la spécialité qu'ils embrassent, est-
elle aujourd'hui appréciée de tous les œnologues, qui y
ont pris une part sérieuse.

» La Société industrielle de Maine et Loire, en introduisant dans notre patrie cette institution qui déjà portait
ses fruits en Allemagne, ne se dissimula pas les difficultés
qui pouvaient paralyser ses vues d'utilité publique : aussi
s'arma-t-elle de résolution contre les obstacles qu'un
excès de zèle même pouvait susciter à cette œuvre encore au berceau. Dès la première session à Angers, l'admission des questions d'économie politique fut demandée
et les fondateurs comprirent alors les écueils devant lesquels pouvaient venir s'anéantir leurs persévérants efforts.
Aussi pour prévenir autant qu'il dépendait d'eux le grave

inconvénient qu'ils redoutaient, donnèrent-ils à leur délégué aux Congrès de Bordeaux, Marseille et Dijon, les
instructions les plus expresses pour qu'il s'opposât avec
énergie, en leur nom, à ce que toutes les questions étrangères à la culture et à la vinification, y fussent traitées.

» Ici, Messieurs, nous craindrions d'abuser de vos instants, en vous entretenant plus longtemps d'inquiétudes
qui heureusement sont passées, par suite de la consolidation de notre œuvre, et surtout de la sage prévoyance du
programme de notre session. Nos instructions sont toujours
les mêmes ; mais la manière sérieuse dont les Congrès de
vignerons français sont généralement envisagés aujour-
d'hui et l'immense développement qu'ils ont acquis, nous
garantissent désormais leur bonne direction. Aussi notre
rôle se bornera désormais à y représenter la Société fondatrice, dont j'ai l'honneur d'être près de vous le délégué.

» Nous avions éprouvé l'an dernier à Dijon, le regret
de ne pouvoir vous signaler les principaux travaux des
Congrès de vignerons allemands, dont précédemment
nous avions l'habitude d'étudier les tendances d'initiative,
dans la voie que nous suivons. Comme nous l'avions sup-
posé, le compte-rendu de celui de *Durckheim*, en 1844,
n'avait point encore été publié ; mais aussitôt qu'il a paru
trois exemplaires nous ont été adressés de Durckheim
même, Mayence et Strasbourg, par MM. H. Christmann,
Ant. Humann et Ottmann père. Ce dernier a bien voulu
nous transmettre également les Actes du Congrès de *Fribourg* en Brisgau, en 1845.

» Nous sommes donc en mesure aujourd'hui de continuer la tâche que nous nous étions imposée près de vous,
et nous croirons la compléter en passant rapidement en
revue la partie relative à la section de pomologie que

nous avions dû négliger précédemment, puisqu'elle ne trouvait pas son application au milieu de nous.

» Au Congrès d'*Heidelberg*, en 1839, on se livra à l'étude des obstacles qui s'opposent à la culture des arbres fruitiers en Allemagne. Le mérite des fruits envoyés à cette réunion, y donna lieu à un examen plein d'intérêt.

» A celui de *Mayence*, en 1840, l'instruction et l'apprentissage des jeunes jardiniers, les pépinières d'arbres fruitiers du duché de Nassau, les fruits cultivés dans la contrée, les avantages de la culture du noyer, la manière de palisser les pêchers, la destruction des insectes nuisibles, la dessication des fruits et les instruments d'horticulture, préoccupèrent alternativement la section spéciale.

» A la troisième session qui a eu lieu à *Wurtzbourg*, en 1841, les pomologistes allemands recherchèrent les arbres à fruit qui conviennent le mieux pour la région où ne peut être cultivée la vigne; ils accueillirent plusieurs notices sur l'amélioration du prunier, sur les noyers, sur l'introduction des arbres fruitiers dans l'économie forestière, des considérations physiologiques sur la taille et l'abus de la taille des arbres, et adoptèrent un programme pour la publication d'une *Pomona plastica*.

» Au Congrès de *Stuttgard*, en 1842, on s'est occupé de nouveau des insectes nuisibles aux arbres fruitiers, puis des soins qu'exigent les jeunes arbres fruitiers, et d'une classification des fruits d'après la méthode la plus simple et la plus naturelle basée sur les signes les plus caractéristiques.

» A la réunion de *Trèves*, en 1843, on examina une proposition concernant la plantation des mûriers, puis on arrêta la liste des espèces de fruits qui conviennent le mieux à des climats plus rudes, on donna leur description et les numéros sous lesquels on les trouve dans le catalogue des arbres fruitiers de la pépinière de l'Institut forestier de Hohenheim en Wurtemberg.

» Je vous avais, Messieurs, entretenus à Marseille des travaux de ce Congrès de *Trèves*; il me reste aujourd'hui à vous faire connaître les traits les plus caractéristiques des sixième et septième Congrès de vignerons allemands, qui ont été tenus à *Durckheim* et à *Fribourg*.

» La réunion de *Durckheim* eut lieu en octobre 1844. L'influence de la consommation de la bière sur la diminution de celle des vins, y donna lieu à un sérieux examen, ainsi que la formation des nouveaux vignobles, au sujet de laquelle on passa en revue la direction à donner aux rangs de vigne, la plantation, la nature du sol, sa culture, la taille, les cépages les plus productifs sur divers terrains, la hauteur des cépages, les modes de transplantation des vignes en France, l'influence de la pente des vignobles sur la qualité de leurs produits, et celle des abris pour protéger les vignes contre le froid et améliorer par une température plus élevée la qualité des vins qui en proviennent. Des communications appelèrent l'attention sur l'influence pernicieuse de l'humidité sur la végétation de la vigne, sur la couleur jaune et la rouille des ceps, sur les précautions à prendre pour les garantir de la grêle, sur les divers engrais et l'époque de leur application, sur la taille des ceps de manière à avoir le moins possible besoin de supports, et sur des observations recueillies à la fin de 1844, sur la fertilité et la maturité de trente espèces de vignes cultivées à l'école d'essai du comité agricole de Nassau.

» On s'y préoccupa aussi de l'époque de la vendange,

des effets des gelées qui se font sentir avant et pendant cette récolte, puis de la fabrication des vins, du degré de chaleur, de la quantité de ferment, de tannin et de matière sucrée nécessaire à une bonne fermentation, particulièrement dans les cuves ouvertes, et sur les procédés susceptibles de remédier à une fermentation incomplète, ainsi qu'à l'inconvénient de l'excès de mucilage, et aussi sur l'influence qu'exercent les raisins trop mûrs et pourris sur la qualité des vins.

» Les différents pressoirs et leurs effets, surtout l'application de la presse hydraulique et le bouquet des vins, ne furent pas non plus négligés. Les pomologistes s'occupèrent à *Durckheim*, de l'examen de diverses espèces de fruits et surtout de leur arrangement synonymique ; leur attention fut vivement excitée par les ravages causés aux poiriers par un insecte (l'agrilus sinatus fabricius).

» Le Congrès de *Fribourg* se tint en octobre 1845, et des travaux non moins intéressants y furent élaborés. On y revint avec détail sur l'établissement de nouveaux vignobles et le rajeunissement des anciens, le traitement des ceps pendant chacune des quatre saisons, la fumure des vignes, l'époque des vendanges, les proportions de sucre et d'acide qui existent dans les grappes à divers degrés de maturité, le jaunissement des ceps, les variétés de raisins et leur synonymie. Des communications sur la culture de la vigne dans le pays d'Ostenbourg, sur l'établissement de vignes à Hat–Giesberg, près Weisbaden ; sur la nourriture des ceps sur les coteaux des Ihringes et sur la manière de fumer la vigne avec le sarment, y furent aussi accueillies avec intérêt.

» La fermentation dans des cuves découvertes d'après

le procédé Liébig, y préoccupa de nouveau et longuement; l'écumage du vin (1), des recherches sur le traitement du moût pendant la fermentation, les procédés à
suivre avec les raisins gelés, les maladies des vins, y
donnèrent lieu à des discussions approfondies.

» Le résultat de l'examen de la commission de dégustation, offrit autant d'intérêt qu'aux Congrès précédents.

» Enfin la section de pomologie s'occupa de la culture
de plusieurs espèces d'arbres fruitiers, et encore de leur
synonymie, et elle entendit des observations sur la limite
supérieure de la culture des arbres à fruits dans le canton
des Grisons. Peut-être trouvera-t-on trop peu développés
les travaux des pomologues allemands, surtout lorsque
nous entrons dans la même voie qu'eux, en appréciant
l'intérêt qui doit s'attacher à notre nouvelle section ; mais
pour leur donner ici toute l'importance qu'ils comportaient, il eût fallu analyser chacun de leurs procès-verbaux,
ce qui eût dépasé les limites de notre cadre et nous a
réduit à la nécessité d'énoncer seulement le plus saillant.

» Dans deux mois le huitième Congrès allemand se
réunira dans la ville de *Biengen* (Mendermettad) sur le
Rhin dans une contrée renommée pour ses vins, ou, en

---

(1) Dès 1830, dans un mémoire inséré dans le Bulletin de la Société industrielle, sur les moyens d'améliorer les vins de Maine et
Loire, dans les mauvaises années, M. Sébille-Auger, secrétaire-général du 1er Congrès de vignerons français, dont nous déplorons la
perte récente, préconisait l'écumage du vin blanc et en décrivait
avec détail les procédés à froid et à chaud. Depuis, en entretenant
le *Congrès d'Angers* des procédés de vinification, il a reproduit avec
confiance les mêmes indications (Actes de la première session,
pages 133 et suivantes) pratiquées avec succès par plusieurs membres
de notre Société industrielle, sitôt et depuis qu'elles ont été mises
au jour.

cas d'obstacles imprévus, celle de *Heilbronn* (Wurtemberg), a été désignée pour lieu de cette réunion.

» M. le conseiller Hern a été désigné pour le président, et M. le baron de Babo, pour secrétaire-général.

» Ainsi, vous le voyez, Messieurs, l'Allemagne continue à nous précéder dans ces pacifiques conquêtes, que récherchent également les œnologues italiens. Le Congrès scientifique de *Naples* a suivi la voie tracée par ceux de *Lucques* et *Milan*; la plupart des recueils agronomiques de la Péninsule italique, s'occupent fréquemment des progrès œnologiques. J'emprunte au Répertoire d'agriculture, du professeur Ragazzoni, de Turin, numéro d'avril 1846, l'article suivant, dont l'originalité ne vous paraîtra pas sans doute dénué d'intérêt : BANQUETS ŒNOLOGIQUES MENSUELS EN TOSCANE. Le 17 mars dernier a eu lieu, à Pontedera, à l'hôtel de l'Ancre-d'Or, le neuvième banquet œnologique. La liste des souscripteurs au prix de cinq paoli par personne avait été ouverte pour les commensaux jusqu'au 14 du même mois.

» De semblables réunions vont avoir lieu : En avril, à *Maremme*. — En mai, à *Valdarno*. — En juin, à *Pise*. — En juillet, à *Pistoja*. — En août, à *Sienne*. — En septembre à *Livourne*. Ces banquets sont institués dans le but de concourir au progrès de l'art œnologique, pour répandre les meilleures méthodes et en faire l'application en commun.

» On considère ces réunions comme des appendices aux Congrès italiens. On y décerne des récompenses honorifiques, des primes d'encouragement, et ils contribuent à établir entre les propriétaires de vignobles, des relations scientifiques, qui en leur faisant perfectionner les vins nationaux, les mettront un jour à même d'expédier par

Livourne, sous le pavillon italien, l'excédant de leur consommation.

» La Suisse aussi se lance dans cette voie. La *Classe d'agriculture de Genève,* ainsi que nous le révèlent ses bulletins, se livre avec persévérance à l'introduction des meilleurs cépages, au perfectionnement de la culture de ses vignes et de ses procédés de vinification. *La Société pour l'amélioration de la culture de la vigne dans le canton de Vaud,* ne néglige rien pour atteindre le but qu'elle se propose. Des viticulteurs de *Neufchâtel* et de *Berne* aident également à ce progrès.

» Pour nous, Messieurs, la session de Dijon a fait faire d'immenses progrès à notre institution, qu'elle a ainsi puissamment contribué à consolider. La réunion actuelle, nous en avons l'intime conviction, ne sera pas moins féconde en utiles résultats; et j'aurai la satisfaction de reporter à la Société fondatrice le témoignage flatteur des services que vous aurez rendus à l'œnologie française.

» Cette perspective est heureuse, car si nous nous arrêtions en chemin, nous serions bientôt en arrière des Allemands et dépassés par les Italiens et les Suisses. Le Congrès de Lyon, qui réunit des œnologues et des pomologistes distingués par leur expérience et leur savoir, autant que par leur zèle, ne fera pas moins que ceux d'Angers, Bordeaux, Marseille et Dijon pour cette importante partie de notre économie rurale. »

La première section vit s'élaborer des travaux extrêmement intéressants. M. le docteur Lortel, président de la commission hygronométrique du bassin du Rhône et vice-président de la Société d'agriculture, communiqua un mémoire empreint d'une vaste érudition, et qui excita un curieux intérêt, sur l'origine et la propagation de la vigne.

MM. Labbe de Valentiers, président du Comice de Saint-Laurent (Isère) et Louis Leclerc, citèrent quelques faits historiques sur le même sujet.

Un mémoire d'une haute portée scientifique sur la constitution géologique des principaux vignobles du Beaujolais et du Lyonnais fut lu par M. l'ingénieur Thiollière, secrétaire de la section, membre de la Société d'agriculture.

M. Sauzay fournit des renseignements circonstanciés sur le choix, et les procédés de cultures de diverses variétés.

Votre délégué communiqua une notice sur le Pineau d'Espagne, dont il essaie en ce moment la culture dans un carré d'environ quinze ares. Puis il appela l'attention sur le catalogue d'une collection de cépages classés systématiquement par M. de Carlowitz, de Dresde, et traduit par M. Marès, secrétaire de la Société d'agriculture de l'Hérault.

La synonymie de la vigne donna encore lieu, comme aux précédents Congrès, à des discussions. M. Lortel développa la méthode de classification de Metzger, dont il présenta le tableau dressé avec une lucidité remarquable.

M. Puvis lut un important mémoire sur la nécessité de renouveler, au moyen des semis, les espèces dégénérées, et d'en créer de meilleures que celles que nous connaissons.

Les divers procédés de culture, la valeur des produits de l'aramon, les teignes et autres insectes nuisibles à la vigne, provoquèrent, de la part de MM. Puvis, Sauzay,

Jourdan, Labbe, Monery, Lortel, votre délégué, etc., de curieuses investigations, qui portèrent sur la conservation des échalas, par la carbonisation, le goudron, et surtout par la dissolution de sels de cuivre.

Dans la deuxième section, de nombreux renseignements furent fournis sur l'égrappage, l'écrasage et le foulage.

Les appareils de cuvage y furent examinés.

La théorie de la fermentation vineuse, et ses phénomènes, donnèrent lieu à de curieuses observations de la part de MM. Jourdan, Bineau, L. Leclerc, Puvis, Coste, Potton, Buy d'Odenas et Batilliat, chimiste de Mâcon, qui déjà à Dijon avait communiqué d'intéressants documents.

Quant au sucrage, on en a fait ressortir les avantages, les inconvénients, les dangers, et l'impuissance de la chimie pour corriger la nature par l'art ; on a reconnu la difficulté de sonder tous les secrets de la vinification, et surtout l'impossibilité de développer le cachet exquis et caractéristique qui distingue certains crûs.

Une commission de dégustation, organisée dès le commencement de la session, tenait des séances journalières pour apprécier le grand nombre d'échantillons de vins envoyés.

La pression et les pressoirs, dont divers modèles étaient exposés, donna lieu à un débat plein d'intérêt, par suite duquel M. Sauzay se chargea de faire un rapport d'ensemble.

La question relative à l'uniformité des mesures vinaires et à l'application du système métrique aux vases qui servent au transport et au commerce des vins, a fourni à M. L. Leclerc l'occasion de développer des idées propres à conduire à la solution satisfaisante de ce problème.

Les moyens les plus propres à obtenir la bonne conservation des vins, le collage (1), le soufrage, les mélanges, l'alcoolisation et les diverses maladies auxquelles ils sont exposés, donnèrent lieu à de nombreuses indications.

Dans la troisième section, on s'est occupé tout d'abord des meilleures pratiques et méthodes de l'arboriculture et du jardinage, de la culture des principaux arbres à fruit, de leurs maladies et des insectes qui les attaquent, puis de la greffe et de ses différents procédés. MM. Gillet de Valbreuse, Seringe, Willermoz, Hamon, Poncet, Labbe, Monery, Derussy, Puvis, etc., ont apporté le concours de leurs lumières dans ces discussions.

Les espèces de fruits prétendues nouvelles et les variétés annoncées sous un nom pompeux, ont vivement préoccupé l'attention de la section, qui, dans l'intérêt de la loyale horticulture, à laquelle les annonces mensongères portent un si fatal préjudice, en a fait bonne justice, en stigmatisant sans pitié l'ignorance et le charlatanisme qui usent de pareils moyens.

On s'est beaucoup entretenu de la production des fruits de primeurs aux environs des grandes villes, et des bénéfices que cette industrie devait procurer, surtout les es-

(1) On indiqua l'an dernier, à Dijon, pour faciliter le collage entravé par le manque de tannin : 500 grammes de cachou, infusé d'abord pendant vingt-quatre heures dans un litre d'eau, puis décanté, et une seconde infusion dans même quantité d'eau, aussi de vingt-quatre heures, également décantée, donnant deux litres de tannin qui peuvent s'employer à la dose de 25 centilitres par pièce.

pèces à noyaux et à pepins, qui peuvent être avantageusement forcées.

Cette section, qui fonctionnait pour la première fois,
avait admis comme auditeurs les jardiniers qui avaient
sollicité cette faveur. Les discussions s'y sont produites
avec clarté, et cependant sous des formes simples qui les
mettaient à la portée de tous.

L'exposition du jardin botanique a été un précieux
auxiliaire pour la section qui s'y est occupée de la synonymie des fruits.

Les travaux des sections, qui avaient tenu chacune
une séance tous les jours, étant terminés, la deuxième
séance générale a eu lieu le 26 août.

M. Gillet de Valbreuse y a donné lecture du rapport
sur l'exposition de plantes en fleur et de fruits qui avait
eu lieu au jardin botanique.

M. Labbe de Valentiers a rendu compte de l'examen
auquel il s'était livré du Manuel du vigneron de M. le
comte Odart.

M. le Président a exprimé les regrets du bureau, de ce
que d'autres ouvrages importants n'avaient pu être examinés faute de temps. Il a donné l'espérance que la Société d'agriculture de Lyon voudrait bien combler cette
lacune.

M. Louis Leclerc a rendu compte de l'excursion au vignoble de l'Hermitage, ainsi que des travaux du Comité
de dégustation, dont il était également rapporteur.

L'assemblée, après avoir pris connaissance de la correspondance qui y était relative, et notamment de lettres
de MM. le Maire de la ville de Colmar, le Président de la
Société d'agriculture du Haut-Rhin, et celui de la Société
industrielle de Mulhouse, a décidé que la sixième session

du Congrès aurait lieu en août 1847, dans la ville de Colmar,

Plusieurs vœux ayant été émis dans l'intérêt de l'œnologie et de M. Revillon, constructeur de pressoirs, M. le d^r Potton, secrétaire-général, est venu ensuite faire le résumé des travaux de la présente session.

M. Guillory, président général, à qui il appartenait de la clore, prenant le dernier la parole, s'est exprimé en ces termes :

« Messieurs,

» Lorsque vous m'appelâtes à l'honneur de présider cette assemblée, je vous exprimai ma vive gratitude pour cette éminente distinction qui devait, dans ma pensée, se reporter à la Société industrielle dont je suis ici le représentant.

» Les devoirs qui en même temps m'étaient imposés, devenus faciles par la sage direction qu'on avait su imprimer au Congrès, ne pouvaient racheter à mes yeux la position flatteuse à laquelle on m'avait élevé avec une si affectueuse aménité.

» Aujourd'hui que nos travaux sont terminés, vous pouvez, Messieurs, en apprécier toute la portée. Le résumé lucide que vient de nous présenter M. le secrétaire-général, vous les a fait successivement passer en revue, et vous avez pu vous convaincre que si, sur certains points ils n'avaient pas produit les solutions désirables, ils avaient du moins jeté de vives lumières sur plusieurs questions importantes.

» A Lyon, plus encore que dans nos précédentes sessions, la science est venue éclairer la pratique et donner

l'explication de phénomènes jusque-là encore peu approfondis.

» Dans le cours de ces pacifiques débats, vous avez vu
tout ce qu'il nous fallait de persévérance et d'activité pour
ne pas nous laisser dépasser par nos voisins les *Allemands*, les *Italiens*, et surtout par les *Russes* qui, dans
la *Crimée*, élèvent avec intelligence depuis vingt-cinq
ans des vignobles menaçants pour l'antique prépondé-
rance viticole de notre chère patrie.

» Au moment de nous séparer, permettez-nous, Messieurs, de vous adresser nos adieux, et de vous exprimer
les vifs regrets que nous ressentons de voir se dissoudre
déjà une réunion si bienveillante et qui nous a accueilli
avec une si affectueuse urbanité. Nous conserverons de
cette session, soyez-en bien sûrs, de touchants et impé-
rissables souvenirs, que je reporterai religieusement, pour
ma part, à la Société qui m'a députe près de vous.

» Nos adieux et nos témoignages de gratitude s'adressent non-seulement à vous, Messieurs, qui par votre concours empressé et vos lumineuses discussions, avez donné
tant d'importance à notre Congrès ; mais ils s'adressent
encore à la Société d'agriculture de cette ville, et aux
hommes distingués auxquels elle avait confié l'organisation de notre assemblée, organisation dont ils se sont ac-
quittés avec tant de dévouement et de bonheur.

» Ils s'adressent aussi aux autorités du département et
de la cité, dont la protection éclairée et le bienveillant
empressement ont contribué au succès de nos travaux.

» Une autre région appelle l'an prochain notre réunion.
Sur les rives du Rhin, nous n'oublierons point ces bords
du Rhône si hospitaliers, et nous conserverons toujours

un précieux souvenir des douces impressions que nous y avons puisées.

» L'amertume de cette séparation est diminuée par l'espérance que nous concevons de revoir à Colmar une partie des confrères dont il nous est si pénible de nous séparer en ce moment.

» Nous déclarons close la cinquième session du Congrès de vignerons et de pomologistes français. »

Ce Congrès avait réuni environ deux cents adhésions individuelles, et celles de dix Sociétés académiques, d'agriculture et Comices.

Parmi les adhérents, figuraient les noms de sept membres titulaires de la Société : MM. Fleury-Roussel, Guillory aîné, Leclerc-Guillory, André Leroy, Eugène Talbot, Varannes et Vibert, et vingt et un de ses membres honoraires et correspondants.

MM. Sauzay et Potton avaient cherché à utiliser de la manière la plus convenable les instants dont pouvaient disposer les membres étrangers dans l'intervalle des séances.

C'est ainsi que les 21, 22 et 23, on put aller étudier l'exposition de fleurs, fruits et autres produits d'agriculture.

Cette exposition, dont la Société d'agriculture de Lyon avait fait en partie les frais, présentait, malgré la chaleur excessive de l'été, des fleurs d'un éclat admirable, telles que les phlox, les roses, les dahlias, les reines-marguerites naines à fleurs doubles et couleurs variées, les verveines, les fuchsias, les pervenches de Madagascar, les œillets, une infinité d'arbustes à fleurs rares et de belles plantes de serres chaudes, telles que bananiers, ananas en fruits, etc.

Les fruits y offraient de nombreuses et remarquables variétés de poires, pommes, pêches, prunes, mûres d'Espagne, châtaignes et raisins. Des melons des meilleures espèces et des pommes de terre d'espèces nouvelles y figuraient aussi, ainsi que divers pressoirs et objets accessoires de l'horticulture. Au milieu d'une des salles, les nombreuses bouteilles de vin envoyées pour être soumises à l'examen du Congrès, étaient artistement placées sur un obélisque en gradins.

Le 22, on visita la petite filature de soie, établie comme modèle par la Société d'agriculture, qui l'a placée sous la surveillance d'une commission spéciale dans les bâtiments de *la Condition des soies*, où les sériciculteurs peuvent aller se perfectionner. *La Condition publique de la soie*, que nous visitâmes en même temps, est une institution de première utilité pour l'important commerce de cette denrée. Aussi jouit-elle d'une immense confiance par suite de la grande sollicitude avec laquelle elle est organisée pour protéger cette industrie contre la fraude. L'humidité y est enlevée à ce précieux fil au moyen d'appareils à vapeur extrêmement ingénieux.

Le 23, pendant qu'une partie des membres étaient à faire une excursion au coteau de l'Hermitage, les autres visitaient les remarquables musées d'histoire naturelle, de peinture ancienne et moderne et d'archéologie, ainsi que les précieuses galeries lapidaires réunies au Palais des Arts.

Les membres qui s'étaient rendus à Tain, pour examiner le vignoble de l'Hermitage, y furent accueillis, à leur débarquement, avec empressement et courtoisie par M. le Maire et les principaux propriétaires, avec lesquels ils purent parcourir ce coteau renommé, visiter les celliers, déguster les vins d'âges et de qualités divers, et

prendre des renseignements sur la culture et la vinification.

Le 24, la Société d'agriculture et d'histoire naturelle
nous convia à sa séance, qui nous présenta un sérieux
intérêt. Notre compatriote, M. Bineau, y lut un mémoire
sur les relations des densités de vapeurs avec les équiva-
lents chimiques; M. Lortel, une notice sur les rivières
souterraines, et M. Fournet, l'histoire de la dolomie.
Avant de se séparer, le président de cette Société distinguée, voulut bien m'offrir, en son nom, un magnifique
jeton de présence, à l'effigie de l'abbé Rozier, fondateur
de cette Société, en 1761.

Le 25, l'Académie des sciences, belles-lettres et arts
de Lyon, nous invita aussi à sa séance solennelle, dans
laquelle on entendit deux discours de réception, un frag-
ment historique sur la Pologne, et une pièce de vers.

Les séances archéologiques qui eurent lieu les 25 et 26,
et auxquelles M. Commarmond avait, à la sollicitation de
M. de Caumont, convié tous les hommes de savoir, ter-
minèrent dignement ces belles réunions.

M. Mulsant, en sa qualité de président de la Société
linnéenne de Lyon, a eu la bienveillante attention de
prendre l'initiative d'échange de publications entre nos
deux Sociétés, en me remettant pour la nôtre les Annales
de la Société Linnéenne de 1836, et les comptes-rendus
des années 1839, 1840, 1841 et 1842, nous promettant
prochainement l'envoi du volume d'Annales actuellement
sous presse.

M. Willermoz, secrétaire de la Société d'horticulture
pratique du département du Rhône, nous a remis dans le
même but vingt cahiers des bulletins de cette société, des
années 1844, 1845 et 1846.

M. Commarmond nous a chargé de vous offrir la description et les dessins de l'écrin d'une dame romaine, découvert à Lyon en 1841.

M. de Caumont nous a également laissé à votre intention : 1° la définition élémentaire de quelques termes d'architecture; 2° l'historique des sociétés scientifiques d'Autun.

M. le d^r Potton nous a pareillement remis son ouvrage sur la prostitution et ses conséquences dans les grandes villes, dans la ville de Lyon en particulier, et de son influence sur la santé, le bien−être et les habitudes de travail de la population, avec les moyens d'y remédier.

M. Mulsant vous offre aussi une note pour servir à l'histoire de l'Akis punctata; et M. Bineau, 1° ses Recherches sur les produits résultant de l'action de l'iode et du chlore sur l'ammoniac; 2° ses Observations sur le brome de cyanogène; 3° ses Recherches analytiques sur diverses eaux de l'intérieur de Lyon; 4° ses Recherches sur les combinaisons de l'eau avec les hydracides; 5° sur quelques combinaisons ammoniacales.

On nous a distribué au Congrès de Lyon (1) plusieurs brochures, ayant pour titres : Réglement de la Société de Lausanne, pour le perfectionnement de la culture de la vigne; discours de M. Berbez père, son président; rapport au Comice de Villefranche sur les questions des vins, du reboisement, etc.; l'Union agricole d'Afrique, nouveau système de colonisation de l'Algérie.

(1) Ceux qui ont assisté à ces belles séances peuvent seuls dire avec quel ordre, quelle urbanité, quelle intelligence, quel talent les discussions ont été conduites et soutenues. (Rapport à la Société royale d'horticulture de Paris, sur la cinquième session du Congrès de vignerons, par M. L. Leclerc, son délégué.)

CONGRÈS

DE

VIGNERONS FRANÇAIS

SIXIÈME SESSION TENUE A COLMAR

EN SEPTEMBRE 1847.

DISPOSITIONS PRÉLIMINAIRES.

Extrait des procès-verbaux de la Société industrielle d'Angers.

SÉANCE DU 6 AVRIL 1846.

. . . .

M. E. Dolfus, président de la Société industrielle de Mulhouse, mande que cette Société a accueilli avec le plus vif intérêt le projet de réunir, en 1847, le Congrès de vignerons dans le département du Haut-Rhin et qu'elle sera heureuse de concourir, autant qu'il dépendra d'elle, au succès d'un projet qu'elle désire beaucoup voir se réaliser. M. Dolfus cite Colmar comme convenant le mieux pour cette réunion, se trouvant placée au centre des principaux vignobles du département, et offre ses bons offices auprès du président de la Société d'agriculture de cette ville.

. . . .

M. Delarue, correspondant de la Société et secrétaire-général du Congrès des vignerons de Dijon, transmet des observations sur le programme du prochain Congrès de Colmar.

A ce sujet, M. le président fait connaître les démarches qu'il a dû faire auprès de M. le maire de Colmar, investi des pouvoirs pour l'organisation de ce Congrès, afin de maintenir cette institution dans le cadre qui lui a été tracé par la Société industrielle lors de sa fondation.

. . . .

M. le président propose de nommer pour ses délégués au Congrès de vignerons de Colmar, MM. Louis Leclerc, de Paris, Jean Zuber, de Mulhouse, membres correspondants de la Société, et Guillory aîné ; et au Congrès scientifique de Tours, MM. Debeauvoys, Deruineau, Ch. Ernoult, Guillory aîné, André Leroy et Textoris, qui ont fait connaître leur intention d'y assister.

Cette proposition est adoptée et la séance est levée à neuf heures.

RAPPORT

LA SIXIÈME SESSION

DU CONGRÈS DE VIGNERONS FRANÇAIS,

Réuni à Colmar au mois de septembre 1847,

PRÉSENTÉ

A la Société industrielle d'Angers et du département de Maine et Loire,

DANS SA SÉANCE DE RENTRÉE DU 15 NOVEMBRE 1847,

PAR M. L LECLERC, SON DÉLÉGUÉ,

secrétaire-général de la Société d'œnologie française, membre de celle
royale d'horticulture, correspondant des Sociétés
industrielles de Mulhouse et d'Angers.

———

Messieurs et très honorables collègues,

Jusqu'ici, notre respectable président vous avait rendu
compte des sessions du Congrès vinicole. Nul ne pouvait
vous représenter plus dignement dans ces belles assemblés qui l'entourent de confiance et d'hommages, car c'est
à ses lumières, à son zèle, à sa persévérance que nous
devons cette utile institution, dont il est le père, la seule
institution œnologique du grand royaume qui tient le
premier rang sur le globe pour la production vinicole.

Vous savez les causes douloureuses qui ont privé le Congrès de sa présence. Vous comprenez les regrets que je me suis chargé de lui transmettre, et vous avez d'autant plus à vous y associer, Messieurs, qu'au lieu d'une appréciation telle que vous l'eût offerte un homme de si haute intelligence, je ne vous apporte, pour lui obéir, qu'un humble et insuffisant témoignage de mon sincère dévouement. Vos constantes sollicitudes pour la noble industrie de la vigne vous inspireront quelque indulgence, je l'espère, pour ce récit trop imparfait de la sixième session réunie à Colmar, le 26 septembre dernier.

Sous le rapport du nombre, je dois avouer qu'elle a été moins brillante qu'aux années antérieures. On n'avait pas encore bien compris en Alsace tout ce que doit avoir de fécond une assemblée de cultivateurs spéciaux, rapprochés par le même besoin de lumières et de progrès, apportant chacun sa part d'expérience, profitant de celle d'autrui, partage utile, attrayant et fraternel qui grossit le trésor commun, et répandant au loin des connaissances bienfaisantes. Toujours quelque bien, toujours un effet salutaire, fût-il inaperçu d'abord, résulte du contact des hommes assemblés dans un but utile et honnête ; car l'isolement n'est pas bon : il dessèche le cœur, et frappe bientôt l'esprit d'impuissance et de stérilité. Du moins, Messieurs, le rare mérite des vignerons, et je tiens ce titre pour l'un des plus honorables qui puissent se porter en France, l'importance et l'animation des débats, ont donné à l'assemblée de 1847 un vif intérêt. Quelques épisodes lui ont même imprimé un cachet d'originalité toute locale.

Vous dire que l'accueil fait aux membres étrangers en

Alsace a été parfaitement aimable, cela est bien superflu. L'Alsace est une terre de franchise et d'hospitalité. Le caractère y est droit et généreux : c'est le calme intelligent de la Germanie avec toute la bonne grâce française. Nous devons un témoignage particulier de reconnaissance à M. Chappuis, maire de Colmar, et à M. Marcon, secrétaire-général du Congrès, qui ont pris la plus large part à son organisation. Le vénérable et savant agronome M. Puvis, a été élu président du Congrès ; M. le préfet du Haut-Rhin, président honoraire ; MM. de Salomon et Chappuis, vice-présidents.

Voici quelle a été la constitution du bureau dans les trois sections :

Viticulture : MM. Puvis, président ; J. Beisser, vice-président ; D^r Jœnger et Kœpelin, secrétaires.

Œnologie : MM. Louis Leclerc, président ; de Hœhn, vice-président ; Meyer, secrétaire.

Pomologie : MM. Kirschleger, président ; Denbel et Ohl, secrétaires.

Réuni d'abord à la mairie, le Congrès a été transféré ensuite dans la belle salle des Actes au collège, très silencieux à cette époque de l'année. La salle offrait un aspect des plus intéressants : deux tables portaient, en avant du bureau et au sommet des gradins, l'une des plus belles collections de fruits que j'aie vue de ma vie, et organisée avec un ordre, avec une méthode très remarquables. L'innocente passion de votre rapporteur pour les beaux fruits, ne lui inspirera pas la témérité de vous décrire tant et de si délectables richesses ; le volume des Actes du Congrès peut seul satisfaire des connaisseurs tels que vous ; il entrera sans doute aussi dans les plus curieux détails sur la superbe exposition de grappes, toutes ac-

compagnées de bois et de feuilles, laquelle s'étendait
somptueusement à l'arrière du bureau. Sur une autre
table figuraient avec gloire les flacons envoyés au Congrès, et dont il a confié l'attentif examen à un comité de
dégustation composé de neuf membres. Le rapport n'a
pu être terminé pour la dernière séance, tant il y avait
d'études à entreprendre : à aucune session elles n'avaient
présenté cette étendue. L'empressement des viticulteurs
qui soumettent leurs produits à l'appréciation du Congrès,
s'accroît d'année en année. Les Congrès deviennent donc
une autorité, et la sévérité tempérée d'affectueuse bienveillance dont elle a fait preuve jusqu'ici, lui donne une
consécration à laquelle, vous le voyez, les producteurs
rendent un confiant hommage. Combien de liquides remarquables, mais trop inconnus ; combien de progrès
modestes, mais très dignes d'attention, cherchent là un
appui, un secours, une publicité large et méritée qui leur
manquent encore !

Comme vous pensez bien, Messieurs, c'est aux vins
d'Alsace surtout qu'avait affaire le Congrès de dégustation. Vous lirez son rapport, mais permettez-moi de ré-
sumer ici mes impressions personnelles. J'étais venu à
Colmar par le Rhin ; j'avais parcouru le Rheingau, contrée célèbre et magnifique où j'ai vu de superbes vignobles, où j'ai fouillé d'illustres caves dans lesquelles on
trouve des flacons d'une valeur de 25 fr. Qu'allaient donc
me dire ces vins d'Alsace presque inconnus, et que, pour
mon compte, j'ignorais parfaitement, ou plutôt que je
connaissais sous de tristes rapports ? Je me reproche même
d'en avoir parlé quelque part d'une façon dédaigneuse.
Eh bien ! Messieurs, je dois aujourd'hui faire amende
honorable en votre présence : après avoir étudié ce que

les grands vins du Rheingau ont de plus renommé, j'ai
goûté les vins d'Alsace avec un extrême plaisir. Plusieurs, en effet, ont une couleur superbe, une limpidité
parfaite, un bouquet fort riche, un arôme tout spécial et
très agréable, un goût franc et décidé, de la générosité et
de la vigueur. Ce n'est assurément ni Rudesheim, ni Ro-
thenberg, ni Marcobrünn, ni Johannisberg, ni Steinberg,
c'est au moins de la parenté ; c'est mieux, peut-être, pour
nous autres Français, et le flacon le plus cher que j'aie
pu rencontrer ne coûte pas plus de 4 fr.! Quand ces vins
sont mûrs, leur sève, légèrement âpre d'abord, ne déplaît
pas au second verre; elle charme nécessairement ensuite,
pour peu que l'on se laisse séduire, et que l'on continue
bravement l'expérience.

Pardon de ces détails, Messieurs, mais ils m'ont paru
mériter votre bienveillante attention : la France vinicole
ne se connaît réellement pas elle-même ; si l'on excepte
quelques grands noms, combien d'excellents vins voient
à peine leur réputation franchir les limites de la localité
qui les produit! Il serait temps de mettre au grand jour
l'inventaire total de nos richesses vinicoles, et de faire
rendre à chacune d'elles la justice qui lui est due. Ce sera
bientôt l'œuvre de prédilection des Congrès vinicoles annuels.

Je voudrais, Messieurs, pouvoir vous rendre un compte
exact des débats soulevés par les graves questions soumises à l'assemblée; mais j'étais là surtout pour m'ins-
truire, et j'ai trop bien écouté pour avoir eu le temps de
prendre des notes. Les Actes du Congrès d'ailleurs, seront
moins tardivement publiés cette année, et les viticulteurs
y liront avec fruit des discussions approfondies sur plusieurs points controversés avec chaleur, mais aussi avec

une urbanité digne d'une telle réunion. Le programme n'a pu être épuisé, un jour de la session ayant été pris pour visiter les beaux vignobles de Riveauvillers, de Riquewihr et d'Hunawihr, promenade instructive dont le récit trouvera place également dans le volume promis.

Un épisode de cette session, ai-je dit, nous a été particulièrement agréable; je le crois digne de vous être raconté, Messieurs; il est tout populaire, et je voudrais que tous les ouvriers de nos vignobles en entendissent le récit.

En 1815, les vignerons de Colmar ont formé une association basée sur des statuts approuvés par le maire de la ville, M. Chappuis, qui les aime, les honore et les protége. Je copie à peu près les clauses principales du traité.

— Le but de l'alliance est le soulagement des vignerons pauvres et malades, le maintien de l'ordre moral, l'amélioration de la culture de la vigne et de ses produits. — Pour être admis, il faut être vigneron, avoir vingt-un ans, et jouir d'une bonne réputation de moralité. — Quand le maire, ou l'un des adjoints, assiste aux réunions, la présidence lui est déférée, et sa voix est prépondérante. — La cotisation est d'un franc par mois, payable le premier dimanche de chaque mois. Les fonds sont versés à la caisse d'épargne, et servent à secourir les membres malades, infirmes et indigents, qui reçoivent 1 fr. 20 c. par jour. L'association a son médecin. A tour de rôle, deux membres du conseil vont visiter les malades chaque semaine. En cas de décès, la famille, quel que soit son état de fortune, reçoit 50 fr. pour faire face aux funérailles. — Tout vieillard dans l'indigence, s'il a payé la cotisation pendant vingt-cinq ans, reçoit 10 fr. par mois, indépendamment de 1 fr. 20 cent. qui sont alloués en cas de maladie. — Sont exclus les membres qui troublent l'ordre dans les réunions, ou qui ont subi une condamnation, même de simple police; ils perdent tous leurs droits. — Des prix se décernent chaque année aux vignerons les plus méritants. — Les fonds courants de la compagnie sont déposés dans une caisse *ayant la forme de l'arche de Noé.*

Le jour de Saint-Michel, patron de cette société respectable, elle vint prendre, à l'Hôtel-de-Ville, le corps municipal et le Congrès, pour se rendre à la cathédrale de Colmar et assister au service divin. Le bataillon des sapeurs-pompiers, en magnifique tenue, son excellente musique en tête, accompagnait le cortége. Devant nous, l'arche de Noé, sorte de châsse élégamment ciselée, était soutenue par quatre membres du conseil de l'association; quatre autres tenaient des rubans bleus attachés à ce bel ouvrage. Toute la population de Colmar contemplait respectueusement cette marche solennelle et d'un aspect aussi curieux que touchant. Ah! Messieurs, qu'il fait bon voir les hommes fraternellement unis et se tenant par la main! des hommes simples et croyant à quelque chose! des travailleurs honnêtes et doux, pleins de confiance et d'affection dans les chefs de la cité qui sont pénétrés eux-mêmes de sentiments paternels pour ces braves ouvriers! La cathédrale était pleine de peuple, hommes, femmes, vieillards, enfants, tous propres, tous recueillis. Un sapin tout entier se dressait à chaque pilier du bel édifice; il y en avait jusque dans les orgues. Partout des guirlandes de feuillage, des fleurs, des caisses remplies de beaux arbustes. L'arche symbolique fut déposée sur un autel rustique en bois et gazon, au centre du chœur.

Après la cérémonie religieuse, le cortége s'est rendu sous une très belle halle couverte, où l'on avait préparé une immense exposition de fruits, de raisins et de légumes. De modestes instruments de travail furent distribués aux lauréats. A quatre heures, banquet superbe et très bien servi; table d'honneur pour le préfet, le maire, les adjoints, le Congrès, les officiers des sapeurs-pompiers; cantate composée pour la circonstance, et très bien chantée en chœur, aux grands éclats de rire de la portion féminine de l'assemblée, car cette cantate faisait une joyeuse et très plaisante description des choux énormes, des monstrueuses carottes, des betteraves colossales que tout le monde venait d'admirer. Toast allemand, porté par le président de l'association aux autorités et au Congrès. On a remarqué ce passage : « Je m'exprime dans notre vieil idiome allemand, mais, soyez-en sûrs, c'est bien du sang français qui coule dans mes veines! Combien nous sommes heureux de pouvoir témoigner, par nos *vivat*, à nos autorités et à nos pères dans la culture de la vigne, la joie que nous éprouvons de les recevoir aujourd'hui. »

Le président de la section d'œnologie, prié de répondre pour le Congrès, a porté le toast suivant, immédiatement traduit avec une grande exactitude, pour la partie de l'assemblée qui n'entendait pas le français :

« Messieurs, à la bonne santé des vignerons de Colmar, et de tous les vignerons de l'Alsace!

» Permettez-moi de vous faire les remerciements du Congrès, et de vous transmettre ses cordiales félicitations.

» C'est un vif plaisir pour nous, Messieurs, c'est un grand honneur que de nous asseoir à ce magnifique banquet près de vos belles, de vos bonnes, de vos respectables femmes; à côté de vous, braves gens de l'Alsace, hommes forts et courageux, qui formez le premier rempart de la patrie, qui êtes notre bastion avancé contre toute agression étrangère!

» Je vous félicite sur votre belle association. Vos statuts viennent de m'être remis, à peine ai-je eu le temps de les parcourir, et je suis frappé, je suis profondément touché de la sagesse, de la prévoyance, des sentiments honnêtes et nobles qui vous inspirent et vous guident. La religion, fondement impérissable, domine votre œuvre et la perpétuera. La morale, connaissance et pratique du bien, c'est l'honneur, c'est la gloire de votre société; car vous ne permettez pas à l'homme vicieux et corrompu de la souiller, et vous faites bien d'y mettre cette fierté, Messieurs; le vigneron ne tient-il pas le premier rang parmi les ouvriers français? La France, c'est le vieux royaume des bons vins; nulle contrée sur le globe n'en produit une aussi grande quantité, n'en fait d'aussi excellents, d'aussi légers, d'aussi salubres, d'aussi variés dans leur perfection incomparable; c'est l'industrie la plus française de toutes; j'ai donc raison de proclamer et d'honorer en vous les premiers ouvriers de France.

» Dans quelques-uns de nos vignobles, quand un vigneron est malade, ses voisins font sa besogne, c'est bien, c'est fraternel et touchant. Mais vous, Messieurs, vous allez bien au-delà. Celui d'entre vous qui tombe malade, vous allez le voir, vous le consolez, vous lui apportez, non pas une aumône, mais sa part dans les produits du travail de tous. Vous travaillez pour vos vieillards, vous travaillez pour les veuves, pour les petits enfants de ceux de vos camarades qui ne sont plus. Voilà certes une association magnifique! Nous vous admirons, Messieurs, et je prends l'engagement de porter vos actes à la connaissance de tous nos vignobles, qui voudront imiter votre conduite, j'en ai l'espoir.

» C'est avec le vin que vous faites ; c'est avec ce vin apéritif, ferme, corsé, vigoureux, énergique, aromatique et salutaire, l'un des plus généreux et des plus excellents ; c'est avec le meilleur vin de l'Alsace, que j'ai l'honneur de boire à l'Association vigneronne de Colmar. A votre santé, mes braves amis ! »

Peut-être l'allocution vous paraîtra-t-elle un peu longue, Messieurs ; peut-être le rapporteur eût-il mieux fait de l'abréger considérablement ; mais c'est un cri du cœur, et l'expression des sentiments vrais ne se mutile qu'avec difficulté. D'ailleurs, il y a là un engagement pris, et vous pouvez le remplir pour votre part.

Historien fidèle, je dois dire que quelque chose d'assez volumineux et de mystérieusement voilé, figurait sur la table, en face du président. Qu'était-ce ? une surprise ? une friandise quelconque et réservée ? — A un certain signal, le mystère se découvre enfin : ce sont les deux émissaires de Josué, revenant de la Terre-Promise, portant sur un bâton le colossal raisin, doux et charmant symbole d'une fécondité bienheureuse ! Les deux personnages et la grappe magnifique, hauts de trois décimètres, sont fort habilement sculptés et dorés sur bois ; c'est l'ouvrage d'un vigneron ; c'est le fruit de ses loisirs ; l'œuvre et l'ouvrier ont été applaudis avec enthousiasme. J'avais vu cette image taillée dans la pierre sur plusieurs maisons de l'Allemagne rhénane, je l'ai retrouvée peinte sur une porte à Mulhouse : elle figure en tête des statuts de la société des vignerons. Décidément, voilà un trait biblique en grande faveur dans ces riches contrées vinicoles.

Un très beau bal a terminé la fête.

Forcé de quitter Colmar vingt-quatre heures plus tôt que je ne l'avais projeté, je n'ai pu savoir encore où se tiendra la session de 1848 ; j'ai tout lieu de croire cependant que la ville de Blois aura été désignée, et je m'en réjouis sincèrement, Messieurs, dans l'espérance d'y voir et d'y saluer un grand nombre d'entre vous. Les Congrès vinicoles ont déjà porté d'heureux fruits ; soutenons avec persévérance cette utile institution, Messieurs. L'industrie vinicole de notre cher pays ne doit point déchoir ; elle vaut bien la peine d'être au moins tenue à la hauteur de celle des contrées voisines, où j'ai vu régner partout le zèle et une vive émulation. Or l'émulation, c'est la vie ; et l'indifférence, c'est le néant, ou quelque chose qui conduit là.

LOUIS LECLERC,
Membre correspondant de la Société industrielle d'Angers.

Extrait des procès-verbaux de la Société industrielle d'Angers.

SÉANCE DU 15 NOVEMBRE 1847.

. . . .

M. Marchegay donne lecture du rapport sur le Congrès de vignerons de Colmar, par M. Louis Leclerc, chargé par le bureau de remplacer M. Guillory aîné qui n'avait pu se rendre à Colmar. L'assemblée, s'associant aux vues du rapporteur et aux vœux qu'il forme pour l'avenir de ces Congrès, fondés par la Société, vote l'insertion au Bulletin de ce remarquable travail, et décide en outre que des remerciements seront adressés à M. L. Leclerc.

CONSIDÉRATIONS

SUR

LES CONGRÈS DE VIGNERONS

Lorsque nous songeâmes à l'introduction en France des Congrès de vignerons qui, en Allemagne, paraissaient produire de si heureux résultats, nous fûmes un moment arrêtés par cette pensée, qu'en présence de l'effervescence produite par l'*Union vinicole*, il serait bien difficile de maintenir la nouvelle institution dans la voie pratique qui seule pourrait lui donner de l'importance et de la vie.

En effet à cette époque, l'*Union vinicole*, formée dans la Gironde depuis près de deux ans, agitait le midi de la France, en l'excitant « à poursuivre par tous les moyens légaux, la modification du système économique et fiscal, dont le régime a détruit la prospérité d'une notable partie de ce royaume. »

N'y avait-il pas lieu de craindre que les débats animés qui se produisaient dans une association déjà organisée et à laquelle avaient été également appelés les producteurs de vins, ne réduisissent ainsi au néant ces *Congrès de vignerons* qui ne pouvaient être organisés que difficilement en présence surtout de cet élément déjà fortement constitué ?

24

Cependant on paraissait en Allemagne si satisfait de ces réunions toutes spéciales, que nous ne dûmes pas hésiter longtemps à essayer de doter notre patrie des *Congrès de vignerons.*

On crut mettre obstacle à ce que cet envahissement se produisît, en introduisant dans le règlement des Congrès un article qui en excluait toutes les discussions étrangères au but proposé, *le perfectionnement de la culture de la vigne et de la fabrication du vin.*

Un article réglementaire pouvait bien être une arme défensive, dans le cas où les membres d'un bureau seraient en mesure de le maintenir énergiquement; car il fallait s'attendre à ce que les questions d'économie politique qui préoccupaient alors la France vinicole, feraient des tentatives pour s'introduire dans les Congrès de vignerons, où elles trouveraient toujours des prétextes de s'immiscer; mais cet appui pouvait tout-à-coup manquer.

Dans ce cas, les matières économiques pouvant être traitées presque par tous les hommes instruits, il était bien certain, que maîtresses du terrain, elles empêcheraient de se produire les enseignements pratiques plus ardus et que peu de personnes pouvaient aborder. Il en résulterait que ces Congrès, au lieu de suivre l'exemple des Congrès allemands, à l'instar desquels ils auraient été créés, retomberaient dans la même voie que l'*Union vinicole*, dont l'importance acquise rendrait la nouvelle association inutile.

Ce ne fut donc pas sans de sérieuses inquiétudes, qu'on se décida à introduire en France l'institution allemande, dans un moment où elle avait tout à craindre; car un premier échec la rendait impossible à réaliser.

La Société industrielle ayant accueilli favorablement

le projet des Congrès de vignerons qui lui fut soumis au commencement de 1842, on se mit immédiatement à l'œuvre pour en préparer l'exécution, et la première session dut naturellement être organisée à *Angers*, où devaient être conviées toutes les personnes qu'on supposait s'occuper de viticulture et d'œnologie pratique.

Rien ne fut négligé pour donner la plus grande publicité à l'annonce du premier Congrès de vignerons français qui s'ouvrit à Angers le 12 octobre 1842.

Dès la première séance, un membre, trouvant incomplet le cadre des sections, demanda que les questions économiques et statistiques, qui se rattachent à l'industrie vinicole, figurassent au programme.

La réponse énergique du Président décida l'auteur à retirer cette motion.

La seconde session du Congrès de vignerons dut, sur la demande de la Société d'agriculture de la Gironde, avoir lieu à *Bordeaux*, là précisément où fonctionnait avec tant d'éclat l'*Union vinicole*.

La Société industrielle, préoccupée avec raison de cette circonstance, donna mission expresse à la députation qu'elle délégua au *Congrès de vignerons* de *Bordeaux*, « de faire tous ses efforts pour que l'institution ne s'écarte » point du but pour lequel elle a été créée, en ne laissant » traiter que des questions d'histoire naturelle et de cul- » ture qui se rattachent à la vigne, ainsi que celles rela- » tives à la fabrication du vin, en écartant toutes les dis- » cussions et les travaux qui feraient surgir des questions » d'économie politique et sociale (1). »

De cette députation composée de six membres, un

(1) Séance du 16 janvier 1843.

seul se rendit à *Bordeaux*, avec une aussi lourde tâche.

Le Congrès de vignerons s'ouvrit le 18 septembre 1843, précisément le surlendemain de la dernière séance de l'*Union vinicole*, dont les discussions avaient eu un immense retentissement. Aussi à peine le bureau fut-il constitué, que plusieurs orateurs montèrent successivement à la tribune et s'efforcèrent de faire admettre des propositions tendant à l'extension des travaux du Congrès dans le sens de ceux qui venaient de se terminer à l'*Union vinicole*. Si l'insistance d'une part fut grande, de l'autre la résistance du président n'en fut pas moins énergique ; et après une courte lutte, la question fut condamnée, pour ne se plus reproduire de la session.

La troisième réunion du congrès de vignerons français devant avoir lieu à *Marseille* en août 1844, la Société industrielle, qui comprenait toute la gravité des tentatives faites dans les premières sessions pour les écarter de leur but, voulut, en désignant son président pour aller l'y représenter, *lui enjoindre de nouveau de veiller avec un soin scrupuleux à ce que cette institution ne s'écarte en aucune manière des vues qui en ont inspiré la fondation.*

Ce fut donc encore fortifié par ce nouveau mandat que le délégué de la Société dut prendre une part active au Congrès de *Marseille*. Là, la lutte fut d'autant plus vive qu'elle fut encouragée secrètement par un membre influent du bureau. En s'appuyant énergiquement sur le règlement, le Président parvint promptement à la comprimer.

Plusieurs lettres anonymes lui furent personnellement adressées à ce sujet ; comme ces lettres ne pouvaient qu'entretenir ce dissentiment, on jugea prudent de ne pas les communiquer au Congrès.

Il n'est pas sans intérêt cependant de reproduire ici l'une d'elles, qui, à cause de ce refus de publicité, fut insérée textuellement dans la *Gazette du Midi* du 27 août, sans commentaire :

« Monsieur le Président,

» Dans votre savant et lumineux discours d'ouverture. vous avez fait ressortir avec beaucoup de justesse et une haute raison, les avantages des Congrès agricoles; vous avez surtout apporté à l'art vinicole un large tribut de précieux renseignements de statistique, fruit de patientes recherches, de consciencieuses études; vous avez enfin remercié dignement ces bienveillants étrangers qui, venant nous visiter, ont choisi notre ville pour être le siége du troisième Congrès de vignerons français.

» Oui, Monsieur le Président, vous avez bien compris les sentiments de gratitude qui animent à leur égard les œnologues du département, et vous avez su habilement les interpréter.

» Aussi votre parole a-t-elle fait une véritable sensation dans notre belle cité qui semble cependant n'avoir confiance et espoir que dans son florissant commerce.

» Les nombreux agronomes qu'elle renferme l'ont saluée avec bonheur, car ils n'ont pu y voir autre chose qu'une heureuse innovation dans les habitudes toujours timides, toujours routinières de l'agriculture.

» Vous l'avez très bien dit, Monsieur le Président, il faut à l'agriculture, comme à toutes les autres sources de la richesse nationale, il faut des rapprochements, des communications, des discussions; du choc jaillissent quelquefois les idées les plus fécondes. Cette vérité tous les propriétaires la sentent, tous en sont convaincus et s'ils se

réjouissent de voir dans leurs murs se tenir la session du
Congrès, c'est qu'ils ont la douce confiance, que comme
résultat et fruit de ses séances il en surgira quelque chose
de vraiment bon, et d'éminemment pratique.

» Permettez donc, Monsieur le Président, à un ami d'un
sage progrès, à un producteur de vin qui attend tout
d'une franche discussion, permettez-lui d'élever la voix
lui aussi, et d'apporter à la cause commune le tribut, si
faible qu'il soit, de ses idées, de ses réflexions, j'ai presque dit de son expérience.

» Oui, Monsieur le Président, j'aime la science ; les
investigations patientes, les travaux du cabinet, les labeurs
de l'intelligence me vont ; aussi, j'ai éprouvé un vrai
plaisir en assistant à quelques-unes de vos séances si
éminentes sous tous ces rapports. Mais involontairement
ma pensée se reportait vers le côté pratique de la grave
question dont vous êtes saisis, et je ne pouvais me défen-
dre de me dire :

« Mais à quoi bon tant d'érudition ? Notre vin se ven-
» dra-t-il mieux parce que nous pourrons préciser l'épo-
» que de l'introduction de la vigne dans les Gaules ?

» Qu'elle nous vienne des Phocéens, ou des Romains ;

» Qu'elle se soit propagée d'abord dans telle ou telle
» province ;

» Qu'elle puisse avec avantage être reproduite par les
» semis ;

» Qu'elle préfère les coteaux ou la plaine ;

» Que pour la rétablir il faille défoncer la terre à un
» mètre de profondeur ;

» Que la taille actuelle soit ou paraisse vicieuse ; »

» Qu'importe, Monsieur le Président, toutes ces questions à l'écoulement des vins ?

» Il me semble que la véritable question n'est pas comprise ; peut-être même est-elle éludée. Mais voici comment je la poserais :

» En Angleterre le vin, quelque commun qu'il soit, est un objet de luxe ; un très petit nombre seulement peut y atteindre, le reste de la population ne consomme que du cidre et de la bière ;

» Aux Etats-Unis la situation est identique, en Hollande et dans les Etats de l'Allemagne, même pénurie de vin, même privation pour les habitants qui ne consomment encore que de la bière et du cidre ; pénurie et privation fondées toujours, Monsieur le Président, sur la cherté du prix de revient.

» Qu'est-ce à dire ? que nous vendons ici nos vins trop cher, je vous reporte, Monsieur le Président, à la position qui était faite aux vins l'année dernière seulement : certes ce n'est pas vendre cher que de retirer 7 fr. 50 ou 8 francs par hectolitre d'un bon vin ; et je n'ai pas ajouté que les marchands eux-mêmes découragés, malgré ces vils prix, n'osaient se charger d'une marchandise d'un si pénible écoulement. D'où il résulte que la stagnation de nos vins n'a pas de cause fondée en nature, mais ne provient que d'obstacles factices ; or, demandez, poursuivez de toutes vos forces l'abolition de ces obstacles, obtenez par vos incessantes réclamations l'effet de vos demandes, et vous aurez alors rendu à l'agriculture de grands, de véritables services.

» Vous me comprenez, Monsieur le Président, je veux parler des traités de commerce ; qu'on abaisse ces barrières, qu'on se fasse entre peuples des concessions réciproques, toujours dans l'intérêt du plus grand nombre.

Tel pays voisin, limitrophe, regorge de viande, nous en manquons; nous regorgeons de vin, il en manque, eh monsieur! demandez, poursuivez, obtenez le retour à l'équilibre qui est brisé, obtenez, dis-je, ce retour d'une manière plus large, plus sensible qu'on n'a voulu le tenter l'année dernière. Je ne ferai pas ici l'énumération de tous les Etats qui manquent de vin, ni des produits sur lesquels nous pourrions en retour abaisser nos droits; il me suffit d'avoir appelé votre attention sur cet intéressant sujet, et d'avoir ramené la question, ce me semble, sur son véritable terrain; au Congrès maintenant que vous présidez, Monsieur, avec tant de distinction, l'honneur d'entamer sérieusement, de discuter et de résoudre ce grand problème des conventions internationales.

» Encore une réflexion, Monsieur le Président, à vous communiquer.

» On a dit que nos vins étaient de médiocre qualité et que cette infériorité expliquait et nécessitait l'écoulement pénible qu'ils avaient à subir.

» La cause du non-écoulement et de la mévente qui depuis nombre d'années frappent nos vins, est-elle dans la médiocrité?

» Je suis loin de le penser, Monsieur le Président, et la preuve de ce que j'avance, je la trouve sans tant de recherches, dans la seule comparaison des prix de l'année dernière à ceux de celle-ci.

» Nos vins en 1843, se sont écoulés à grand peine au prix ruineux de huit francs environ l'hectolitre. Ceux de l'année courante s'écoulent avec aisance au prix raisonnable de 18 à 20 fr. l'hectolitre : une différence si frappante d'où peut-elle venir? le vin de cette dernière récolte

s'est-il donc amélioré ? sa qualité devenue soudain supérieure est-elle donc la cause de l'empressement de nos
négociants en vin ?

» Non, Monsieur le Président, vous le saisissez fort
bien ; l'état des choses n'a pas varié , quant à la qualité
de nos vins ; ils sont cette année ce qu'ils étaient l'année
dernière, ce qu'ils seront toujours ; ce sont de bons vins
qui ne demandent pour se répandre qu'un peu de liberté,
un peu moins de ces entraves factices qui les étreignent
et les tuent.

» La cause passagère du mouvement qu'a éprouvé le
liquide qui nous occupe, tout le monde la comprend,
chacun l'indique, c'est un manque de récolte dans une
province voisine si féconde en vins vraiment médiocres ;
cette imputation de médiocrité appliquée à nos vins, pour
en expliquer le non-écoulement et la mévente, est donc
sans fondement.

» Souffrez, Monsieur le Président, que je porte votre
attention vers un autre ordre d'idées, que j'appellerais
volontiers d'économie sociale ·

» Que si dans les Bouches-du-Rhône, le Var, le Languedoc, la Gironde, dans tous les départements enfin
grands producteurs de vin, on posait aux candidats à la
députation, ces simples questions :

« Saisirez-vous à la Chambre toutes les occasions pour
» dégager l'intérêt vinicole des entraves de toutes sortes
» qui l'accablent ? Provoquerez–vous vous–même à son
» avantage des modifications sérieuses aux tarifs exis–
» tants ? »

» Ne pensez–vous pas, Monsieur le Président, qu'on
pourrait à la longue arriver à un résultat certain de bien-
être pour l'agriculture ? Car voulez-vous la rendre floris-

sante ? eh mon Dieu ! rendez-la profitable, rendez-la lu-
crative, et les progrès arriveront d'eux-mêmes.

» Telles sont, Monsieur le Président, les réflexions et
les idées qu'en cette occasion j'ai cru devoir émettre dans
l'intérêt de la belle cause qui vous occupe, trop heureux
si vous daignez les communiquer au Congrès, à cette réunion d'élite que vous présidez, Monsieur, avec tant de
bonheur, plus heureux encore si je voyais la discussion
se porter sur les traités, sur les conventions internationales, que je persiste à considérer comme les seuls
moyens efficaces de soulagement et de salut pour la très
grave question vinicole.

» Agréez, Monsieur le Président, l'assurance de mon
parfait dévouement.

» Timon,

» Vigneron des Bouches-du-Rhône.

» *Marseille le 22 août 1844.* »

L'extrait suivant du rapport de M. de Gasquet, délégué
de la Société d'agriculture du Var, au Congrès de Marseille, ajoute un nouvel éclaircissement à ce sujet :

« Après avoir discuté les meilleurs procédés employés
pour planter la vigne et la cultiver, le choix des espèces
de raisins, et les diverses méthodes de faire le vin, tous les
membres présents pensaient que l'on devait s'occuper des
moyens de faciliter l'écoulement des produits obtenus. Ce
but cependant, au grand étonnement général, n'était point
proposé par le programme des questions soumises au
Congrès, et lorsque, incidemment, M. de Gasquet a
essayé d'en dire quelques mots, en traitant d'autres questions, le président lui fit observer, avec beaucoup de politesse, que le programme ne présentait pas ce sujet à la

discussion. Il dut alors s'arrêter, en faisant toutefois des réserves et exprimant son étonnement de ce qu'on refusait de reconnaître à cette assemblée quelque indépendance et quelque souveraineté pour traiter tout ce qui pouvait avoir rapport à l'industrie viticole. » — (Journal d'agriculture pratique et du jardinage publié par le docteur Bixio. — N° 4, octobre 1844).

A Dijon, dans la deuxième section, les questions d'économie furent soulevées avec une vigueur et un talent qui avaient produit une vive impression sur l'assemblée ; aussi ne fut-ce qu'après une lutte opiniâtre, que le Président put convaincre l'assemblée du danger qu'on faisait courir à l'institution, et que l'ordre du jour fut repris.

La lettre de M. Nau de Champlouis, préfet de la Côte-d'Or, président général du Congrès, prouve toute l'importance que ce magistrat attachait à la ferme direction de cette réunion (1).

Au Congrès de vignerons de Lyon, les mêmes faits ne se reproduisirent plus, grâce à la prévoyante sollicitude du digne président de la Commission d'organisation, M. Sauzey, qui n'avait cessé de prémunir ses concitoyens contre les tendances économiques. Témoin de ce qui s'était passé à *Dijon*, il avait eu la sage attention de faire ajouter à l'art. 55 du programme de la cinquième session, à l'interdiction déjà formulée des matières religieuses et politiques, celle des matières d'économie politique.

La Commission d'organisation du Congrès de Colmar, ayant cru devoir laisser introduire dans le programme de la sixième session des innovations qui tendaient à fausser cette institution, le Président de la Société fondatrice

(1) Voyez page 324.

— 380 —

eut le devoir d'adresser le 3 juin à M. Chappuis, maire
de Colmar, président de la Commission d'organisation,
la protestation suivante :

« ..... J'ai vu avec un vif chagrin que la nouvelle ré-
» daction de l'art. 15 du programme, qui se combinait
» avec l'indication des travaux portés à l'art. 5, où on a
» ajouté à ceux antérieurement indiqués pour la deuxième
» section, l'écoulement des vins, y donne entrée à toutes
» les questions d'économie politique qui s'y rattachent
» plus ou moins directement.

» Bien convaincu que cette fâcheuse innovation sera le
» coup de mort d'une institution qui nous a coûté tant de
» peines, puisque nous n'avons pas craint d'aller la sou-
» tenir sur tous les points où elle a siégé, j'ai regardé
» comme un devoir impérieux de vous soumettre, M. le
» maire, ces observations, afin que vous puissiez prendre,
» s'il est encore temps, des mesures propres à empêcher
» le mal que nous redoutons. Je regrette beaucoup qu'une
» assez longue absence ne m'ait pas permis d'y satisfaire
» plus tôt.

» Veuillez, je vous prie, M. le maire, peser dans votre
» sagesse ce qu'il convient de faire dans l'intérêt de la
» conservation de nos Congrès, qui courent aujourd'hui
» un véritable danger, et agréer, etc., etc. »

M. le maire de Colmar répondit dans les termes suivants au président de la Société fondatrice des Congrès
de vignerons :

« ..... Quant à la crainte que vous manifestez sur les
conséquences que pourrait avoir dans les discussions du
Congrès, l'introduction dans les conditions du programme,
de la question relative à l'écoulement des vins, nous la
croyons exagérée, nous avons même l'intime conviction

qu'elle ne donnera lieu à aucune discussion étrangère à l'objet même du Congrès; c'est du moins ainsi que l'a compris le Comité d'organisation, lorsque la proposition lui a été faite par l'un de ses membres, d'introduire cette question dans le programme.

» Je désire vivement, Monsieur, que vos appréhensions ne se réalisent pas, et je verrais avec infiniment de peine qu'elles diminuent l'intérêt que dès le principe, vous avez paru prendre au Congrès de Colmar. J'aime à croire que vous lui rendrez vos sympathies, et que vous serez assez bon pour m'en donner l'assurance. »

Tout en protestant contre l'extension intempestive du programme de Colmar, le président de la Société industrielle s'empressa de soumettre ce grave incident aux Commissions organisatrices des derniers Congrès de Dijon et Lyon.

M. Delarue, secrétaire-général de celui de Dijon, satisfit à cette communication dans les termes suivants : « Je me hâte de répondre à la partie capitale de votre lettre : D'abord, j'approuve en tous points ce que vous écrivez au maire de Colmar, sur le programme de la sixième session du Congrès de vignerons, programme que nous ne connaissons pas encore à Dijon (26 juin). Je viens de communiquer vos commentaires remplis de sagesse, à nos collègues Demerméty, Mollerat et Perey que j'ai trouvés sous ma main ; ils partagent mon opinion, et si vous avez besoin de notre adhésion, répondez-moi par le courrier ; je convoquerai de suite la Commission d'organisation et de rédaction, et une protestation en forme sera rédigée séance tenante.

» Vous avez raison, cent fois raison de dire que si les questions d'économie politique s'introduisent dans le

Congrès, l'œuvre est perdue; toute raison de progrès direct est anéantie, la question industrielle, la question commerciale et celle plus brûlante de l'intérêt particulier, absorberont à l'instant même celles de viticulture et d'œnologie proprement dites.

» Si vous tenez à votre existence comme réunion scientifique ou simplement d'application théorique et pratique, restez dans votre programme, le moindre écart sera votre ruine. Et notre tâche est déjà assez belle, les bienfaits que nous cherchons à répandre, les liens d'union que nous nous efforçons d'établir, ont un bien autre avenir que les questions d'intérêt de localité, qui, quoi qu'on fasse, perceront toujours assez. »

La réponse de M. le conseiller Sauzey, président de la commission du Congrès de Lyon, ne se fit pas non plus attendre. Voici comme il s'exprimait : « J'entre volontiers dans vos inquiétudes, au sujet de l'économie politique, qui, là comme partout, cherchera à envahir la discussion. Un président sage saura l'éconduire, ou du moins la serrer dans de justes limites : car après tout n'est-on pas accoutumé avec elle ? tous les Comices viticoles ne s'épuisent-ils pas en élucubrations sur l'écoulement, les douanes, les droits-réunis, les octrois, les hypothèques, le crédit foncier, etc.? Prenez-en donc bravement votre parti : vous avez été assez heureux jusque-là, pour vous résigner enfin à quelque échec. Le moment serait moins inopportun que tout autre : l'abondance s'annonce, il est vrai ; mais le vin est cher, et quant à présent, il y en a peu dans le commerce : les doléances ne sauraient donc être bien acrimonieuses. »

On comprend d'après cela que les personnes qui, dans les Congrès de vignerons, allaient chercher une étude toute spéciale, impressionnées par ce fait, qui menaçait de les transformer, du moins en partie, aient été dissuadées de s'y rendre; ce qui pourrait expliquer pourquoi la réunion de Colmar fut beaucoup moins nombreuse que les précédentes et en resta la dernière.

Néanmoins, la Société industrielle, dans sa séance du premier août, désigna les délégués chargés de la représenter au Congrès de Colmar, et d'y porter le témoignage de la sympathie qu'elle n'a cessé de vouer à cette institution.

Tous ces faits prouvent combien il était difficile de continuer ces réunions exclusivement occupées de viticulture et d'œnologie pratique. Aussi après le Congrès de *Colmar,* dont les travaux n'ont pas été recueillis, et les événements politiques de 1848 ayant fait oublier le Congrès projeté à *Blois,* il n'a plus été possible de continuer à maintenir cette institution.

L'un des hommes qui avaient le plus fait pour l'œnologie, M. A. Puvis, de l'*Ain,* président du dernier Congrès, s'exprimait ainsi dans une lettre du 30 décembre 1849 : « Je ne sais que vous répondre sur la question des » Congrès vinicoles. Si au printemps le pays était calme, » que le choléra eût pris fin, on pourrait essayer un » Congrès au mois d'août. Mais je ne vous réponds pas » qu'il soit nombreux. Et puis, où le tenir, ce Congrès? » On avait indiqué *Blois* pour 1848, mais *Blois* et les » pays voisins, sont presque sans vignes; mieux vaudrait *Orléans* ou *Rheims; Rheims* surtout, vous offrirait à vous, Messieurs, producteurs de vins blancs, un » grand intérêt; d'autant mieux que la Champagne est le » seul des grands vignobles de France qui n'ait point » encore eu de Congrès viticole.

» J'avais rédigé dans le temps quelque chose pour le
» Congrès de Colmar, dont en votre absence je fus nommé
» président ; je dois même avoir envoyé pour être imprimé
» dans les actes du Congrès, une notice à M. Marcon, se-
» crétaire-général ; mais l'argent manquait pour l'im-
» pression, et la république est venue qui n'en a pas
» donné. Depuis lors je n'ai eu aucune nouvelle de
» Colmar. »

M. Marcon, secrétaire-général du Congrès de vignerons de Colmar, écrivait dans le même temps (24 décembre 1849) : « Je n'ai du reste aucun document imprimé
ou manuscrit sur le Congrès de 1847. En raison du petit
nombre de membres, les travaux des sections étaient suivis tour à tour par tous les membres présents, ce qui a dis-
pensé le secrétaire-général de faire un rapport en assemblée générale. Aucune séance de cette nature n'a eu lieu.

» Les dépenses du Congrès soldées, il n'est plus resté
en caisse qu'une somme d'environ 40 fr. J'ai donc été
dans le cas, avant d'entreprendre une publication des
actes, de demander une allocation de fonds au ministre de
l'agriculture que j'avais fait sonder par des députés de ce
temps-là, et on me faisait espérer une allocation sur les
fonds de 1848, mais février survint.....

» Dans cet état de choses, les différents membres qui
m'avaient remis des documents et travaux pour être publiés dans les Actes de 1847, les ont successivement
retirés et livrés à la publicité par diverses voies. »

Ainsi s'est éteinte cette association que la Société industrielle avait fondée avec tant de sollicitude et de
chances de succès. Ce qui doit nous consoler de cette
déception, c'est le résultat identique éprouvé par les
Congrès de vignerons allemands.

Nous avons vu que le huitième Congrès de vignerons allemands se tint en 1846, à *Bingen*, sur le Rhin (Hesse-Darmstadt). Celui de 1847, le neuvième, eut lieu à *Heilbronn* (Wurtemberg) ; on y émit déjà le vœu de se réunir l'année suivante à la Société des cultivateurs et forestiers allemands, moyennant une section spéciale pour les vignerons et pomologistes, afin de ne former qu'un grand Congrès.

Ce Congrès n'eut pas lieu en 1848, par suite des événements politiques ; mais celui de 1849, réuni aux agriculteurs forestiers, siégea à *Mayence*.

Voici ce qu'écrivait à son sujet, M. Ant. Humann, membre de la chambre des pairs de Hesse-Darmstadt, digne frère de notre ancien ministre des finances : « Les affaires politiques influent considérablement et défavorablement sur les affaires d'intérêt agricole. C'est ainsi que le dernier Congrès de cultivateurs, qui s'est tenu ici en 1849, a été presque nul. Les participants ont été si peu nombreux, que les délibérations n'ont pas présenté un grand intérêt et qu'on ne les a pas même publiées. »

Aussi en 1850, on voulut essayer encore séparément le Congrès allemand de vignerons et de producteurs de fruits ; il se tint à *Bonn*, les 14, 15 et 16 octobre ; mais il ne put réunir que 21 membres : cependant on y forma les deux sections ordinaires, et les travaux y furent assez intéressants.

A la fin de cette dernière session, on souleva de nouveau la question de savoir si désormais on continuerait ce Congrès indépendant, ou si l'on se joindrait à la Société d'économie rurale et forestière allemande qui devait se réunir en 1851, à *Salzbourg*. Ce parti fut adopté à l'unanimité, et nous n'avons point eu connaissance que de-

25

puis cette époque, il y ait eu d'autres Congrès de vignerons en Allemagne, où l'institution paraît avoir aussi fait
son temps.

Les résultats produits par les Congrès des vignerons
français ont été ainsi sainement appréciés par notre émi-
nent œnologue M. le comte Odart, juge si compétent en
la matière :

» Cette institution, malgré sa courte durée, a rendu de
véritables services à la viticulture et à l'œnologie. »

Les expositions œnologiques inaugurées par les Congrès
de vignerons en France, ne leur avaient pas survécu ; mais
renouvelées par la Société industrielle avec le plus grand
succès, à sa remarquable exposition régionale de 1858,
leur fructueuse utilité a été vivement appréciée ; continuées avec une égale réussite à l'exposition de Dijon, de
la même année et dans la plupart des concours agricoles
exécutés depuis dans notre région vinicole, elles paraissent enfin naturalisées chez nous.

L'importance de ces exhibitions est si bien appréciée
aujourd'hui, qu'elles devront exercer une heureuse influence sur notre production vinicole, qui a tant à faire
pour conserver sa supériorité vis à vis des vignobles
étrangers, sans cesse à la recherche des progrès qu'en-
courage chez eux le prix plus élevé des vins.

PIÈCE JUSTIFICATIVE.

CONGRÈS DE VIGNERONS ET DE POMOLOGISTES.

SIXIÈME SESSION, 26 SEPTEMBRE 1847.

Extraits du programme arrêté par la Commission d'organisation.

DISPOSITIONS GÉNÉRALES.

5º Les travaux du Congrès seront répartis en trois sections principales :

La première, relative aux travaux et cultures applicables aux vignobles ;

La seconde, à la fabrication, à l'amélioration, à la conservation des vins, et à *leur écoulement ;*

La troisième, à la culture des arbres fruitiers.

15º *Toute discussion sur des matières étrangères au but proposé et au sujet indiqué, est interdite* (1).

· · · · · · · · · · · · · ·

EXPOSITION ŒNOLOGIQUE.

22º Afin de compléter le cadre des travaux du Congrès, et d'en faciliter l'exécution, une exposition des différentes variétés de vignes cultivées en France ou à l'étranger, et de leurs produits, sera ouverte à la même époque et pour le même temps : chaque échantillon sera accompagné de tiges et de fruits, autant que la saison le permettra ; il devra porter le nom vulgaire, et autant que possible le nom scientifique sous lequel il est connu, ainsi que l'indication de ses principaux caractères botaniques et économiques.

23º Les vins seront admis avec les noms, les pays des exposants, l'année de la production, et toutes les fois que faire se pourra, avec un échantillon des fruits des espèces dont on les aura extraits.

Tous les renseignements adressés sur le climat, la nature, l'exposition des terres de chaque vignoble, sur leurs engrais, le mode de fabrication, et les soins d'entretien du vin qui en proviendra, seront accueillis avec empressement.

24º Appel est fait à tous les viticulteurs, œnologues, propriétaires, à tous les horticulteurs, pépiniéristes, pour cette Exposition, qui

_____

(1) Article du Congrès précédent :
Toute discussion sur des matières religieuses, politiques ou d'économie politique, étrangère au but proposé et au sujet indiqué, est interdite. }

renfermera non seulement les diverses espèces de vignes, et les raisins, mais les autres fruits, pommes, poires, etc..., autant que la saison pourra le permettre.

25° Les instruments et appareils nouveaux ou perfectionnés employés soit à la culture de la vigne, soit à la fabrication des vins, soit à l'entretien et à la taille des arbres fruitiers ; les dessins représentant des procédés de culture ou de vinification seront également admis.

QUESTIONS ARRÊTÉES PAR LA COMMISSION D'ORGANISATION.

. . . .

DEUXIÈME SECTION. — Œnologie.

1re Question. De l'égrappage, de l'écrasage et du foulage des raisins ; des avantages et des inconvénients de ces procédés.

2e id. Des pressoirs. — Avantages comparatifs de ceux usités. — Perfectionnements.

3e id. Du guillage du moût : influence sur la qualité et la maturité du vin.

4e id. De l'influence du séjour prolongé des vins sur la lie, sous le rapport de la durée et de la qualité.

5e id. De la maladie des vins connue sous le nom de fermentation acéteuse (Stich) : nature, causes. Moyens de la prévenir et d'y remédier.

6e id. De la maladie des vins, connue sous le nom de graisse. — Nature, causes, moyens de la prévenir et d'y remédier.

7e id. Théorie et phénomènes de la fermentation, des procédés et des substances employés pour l'activer ou la compléter.

8e id. Des celliers et des vases vinaires ; des moyens de suppléer à la rareté des bois mérains.

9e id. Du collage et du soufrage des vins.

10e id. Du mélange des vins et de leur alcoolisation.

11e id. Préciser le sens du mot *falsification* au point de vue œnologique, commercial et légal.

12e id. Déterminer par des expériences pratiques et des démonstrations scientifiques, les propriétés alimentaires, hygiéniques, thérapeutiques du vin en général et des vins supérieurs en particulier.

13e id. Déterminer les moyens de régler les rapports entre l'acheteur et le vendeur de vins, soit par l'entremise des gourmets, soit sans cet intermédiaire.

14e id. *Déterminer l'influence des droits d'octroi et de circulation sur la consommation des vins.*

15e id. *Déterminer les moyens propres à favoriser l'écoulement des vins.*

LES CONGRÈS DE VIGNERONS FRANÇAIS

Actes du Congrès de vignerons et de producteurs de cidre de France. — Première session tenue à Angers, en octobre 1842 ; un volume in-8° de XXII-196 pages, avec cartes, plans, dessins et tableaux. — Cosnier et Lachèse, imprimeurs à Angers. — Derache, libraire, rue du Bouloy n° 7, à Paris.

Actes du Congrès de vignerons français. — Deuxième session tenue à Bordeaux en septembre 1843 ; un volume in-8° de XIV-225 pages. — Se trouve à Bordeaux, chez Th. Lafargue, imprimeur-libraire, rue Puits de Bagne-cap, n° 8, et à Paris chez Derache, rue du Bouloy n° 7.

Actes du Congrès de vignerons français. — Troisième session tenue à Marseille, en août 1844 ; un volume in-8° de XVI-224 pages. — Se trouve à Marseille chez veuve Camoin, libraire, place Royale. L. Morty, libraire rue Saint-Féréol, n° 50 et à Paris chez Derache, rue du Bouloy, n° 7.

Actes du Congrès de vignerons français. — Quatrième session tenue à Dijon, en août 1845 ; un fort volume in-8° de 536 pages, dix tableaux de demi feuilles, etc.. — Se trouve à Dijon chez Lamarche et Drouelle, libraires.

Actes du Congrès de vignerons et de pomologistes français

et étrangers. — Cinquième session, tenue à Lyon, en août 1846; un fort volume in-8° de VIII-640 pages. — Se trouve à Lyon, chez Charles Savy, libraire-éditeur place Louis-le-Grand, n° 14, et à Paris, chez Dusacq, libraire-éditeur, rue Jacob, n° 26.

Des rapports spéciaux faits par des délégués de ces associations, ont été insérés dans les annales de plusieurs Sociétés agricoles. Des journaux d'agriculture, même étrangers et surtout le *Répertoire d'agriculture de Turin*, ont emprunté fréquemment aux travaux des Congrès de vignerons français les documents qui leur présentaient de l'intérêt.

Tous les Congrès de vignerons allemands ont aussi, moins le dixième, fait imprimer leurs actes, et la bibliothèque de la Société industrielle en possède la collection, ainsi que les documents qui s'y rattachent.

Voici l'indication de ces Congrès :

1839. 1re session, à Heidelberg (Bade).
1840. 2e — à Mayence (Hesse-Darmstadt).
1841. 3e — à Wurtzbourg (Bavière).
1842. 4e — à Stuttgard (Wurtemberg).
1843. 5e — à Trèves (Prusse-rhénane).
1844. 6e — à Durckeim (Bavière-rhénane).
1845. 7e — à Fribourg (Bade).
1846. 8e — à Bingen (Hesse-Darmstadt).
1847. 9e — à Heilbronn (Wurtemberg).
1849. 10e — à Mayence (Hesse-Darmstadt).
1850. 11e — à Bonn (Prusse-rhénane).

TABLE DES MATIÈRES

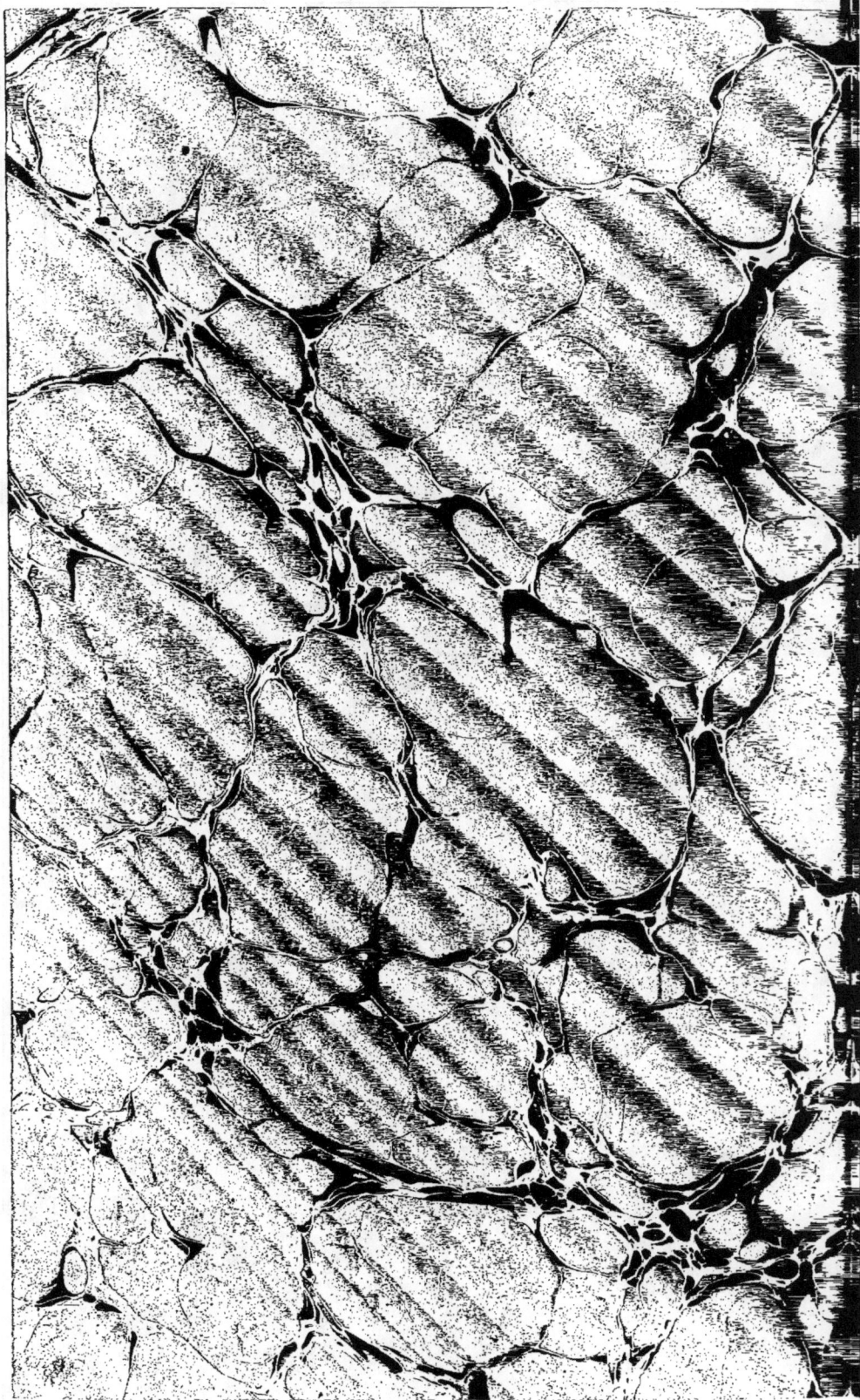

www.ingramcontent.com/pod-product-compliance
Lightning Source LLC
Chambersburg PA
CBHW061005220326
41599CB00023B/3837